O surpreendente mundo da
CIÊNCIA

superalimentos
e outros
casos
curiosos

Proibida a reprodução total ou parcial em qualquer mídia
sem a autorização escrita da editora.
Os infratores estão sujeitos às penas da lei.

A Editora não é responsável pelo conteúdo deste livro.
O Autor conhece os fatos narrados, pelos quais é responsável,
assim como se responsabiliza pelos juízos emitidos.

Consulte nosso catálogo completo e últimos lançamentos em **www.editoracontexto.com.br**.

JOE SCHWARCZ

O surpreendente mundo da
CIÊNCIA

superalimentos e outros casos curiosos

Tradução
Alcebiades Diniz Miguel

Copyright © Dr. Joe Schwarcz, 2024

Direitos de publicação no Brasil adquiridos pela
Editora Contexto (Editora Pinsky Ltda.)

Montagem de capa e diagramação
Gustavo S. Vilas Boas

Preparação de textos
Lilian Aquino

Revisão
Bruno Gomes Rodrigues

Dados Internacionais de Catalogação na Publicação (CIP)

Schwarcz, Joe
O surpreendente mundo da ciência : superalimentos e outros casos
curiosos / Joe Schwarcz ; tradução de Alcebiades Diniz Miguel. –
São Paulo: Contexto, 2025.
240 p.

ISBN 978-65-5541-541-4
Título original: Superfoods, Silkworms, and Spandex : Science and
Pseudoscience in Everyday Life

1. Ciência – Obras populares 2. Pseudociência 3. Ciência –
Aspectos sociais 4. Curiosidades e anedotas I. Título II. Miguel,
Alcebiades Diniz

25-3386	CDD 500

Angélica Ilacqua – Bibliotecária – CRB-8/7057

Índice para catálogo sistemático:
1. Ciência – Obras populares

2025

EDITORA CONTEXTO
Diretor editorial: *Jaime Pinsky*

Rua Dr. José Elias, 520 – Alto da Lapa
05083-030 – São Paulo – SP
PABX: (11) 3832 5838
contato@editoracontexto.com.br
www.editoracontexto.com.br

Sumário

Apresentação à edição brasileira 9
Natalia Pasternak

Introdução 13

Respiração e combustão 15

Abelhas e bananas 18

Pegando fogo 21

Prós e contras do nylon 24

O isqueiro de Döbereiner
e a lâmpada catalítica de Berger 27

A descoberta dos irmãos Dreyfus 30

Contrabando de margarina 33

É desta forma que a bola de borracha quica 37

Preocupações antibióticas 40

Superalimentos e superpromoção 43

Biofato ou biofarsa? 46

Atletas em conserva 49

Fascinante fibra de vidro 52

"Calmante, tranquilizador
e de uma delicadeza indescritível" 55

Do "leite de lavagem" à pasteurização 58

Fritar com água 61

Letreiro de neon lendário 64

O terceiro homem 67

Transformações de Rutherford 70

A ciência nos filmes 73

A grande moeda 76

Tin Pan Alley 79

Valentine e seu suco de carne 82

Torre de chumbo 85

Acônito assassino 88

As armadilhas da proposição 65 90

Terapia da luz vermelha 94

O efeito Leidenfrost 97

Experimento com um pássaro 100

Causalidade e correlação 103

Pepinos e plásticos 106

Tio Chico 108

Inflamação de informação 111

Vinho e saúde 114

Problemas com o óleo de palma 117

Problemas com o "Químico do Povo" 120

Morcegos, vampiros e longevidade 123

Hitler e probióticos 126

Moléculas e espelhos 129

Clarence Birdseye e os jantares de TV 132

Diamantes! 136

Transplantes de cabeças 139

Organocatálise 141

A casca que cura 144

Scho-Ka-Kola 147

Expansões no elastano...150

Cristais Swarovski...152

Conversores catalíticos e crime....................................155

Encher o tanque – com hidrogênio...............................158

A batalha contra o cabelo crespo................................161

O mal da desinformação..164

Turismo espacial..167

O pai da Medicina moderna.......................................170

James Bond e o baiacu..173

Guta-percha, bengalas e golfistas de nogueira..............175

John Dee e 007..178

Cerejas marrasquino...181

Mantenha a temperatura baixa...................................184

O ônibus escolar amarelo...187

Não, isto não aciona minhas células-tronco..................190

A verdade está lá fora...193

Implantes dentários..196

Cheira mal!...199

Estes "eternos" produtos químicos................................202

Cocô do bicho-da-seda..205

Oxigênio em Marte...208

Testículos de boi..211

Mas é natural!...213

Grafeno!...216

Fita adesiva...219

Porcelana e alquimia...222

Chumbo – é realmente tóxico.....................................224

Ah, aquele cheiro de livro velho!................................228

As raízes do vinho francês...230

Vamos jogar xadrez..233

O autor..239

Apresentação
à edição brasileira

Natalia Pasternak
(Presidente do Instituto Questão de Ciência
e professora da Universidade de Columbia – EUA)

Joe Schwarcz já era uma celebridade da divulgação científica quando o conheci em 2019. Seus livros faziam parte do meu repertório, e seu trabalho como comunicador e professor sempre foi uma inspiração. Joe já divulgava ciência quando eu ainda estava aprendendo a ler. Em 1982, foi convidado para fazer parte do time de docentes do departamento de Química da Universidade de McGill em Montreal, Canadá. Ali, criou disciplinas eletivas intituladas "O Mundo da Química", disponíveis não somente para quem estudava ciências básicas ou aplicadas, mas para todos os alunos da universidade. A ideia era justamente atrair estudantes de outras áreas do conhecimento: os cursos eram menos técnicos e mais informativos do que o convencional, e focavam a química presente no dia a dia.

O sucesso foi estrondoso. Os alunos adoravam saber como a química está presente nos produtos que usamos, na comida que comemos, o que é mito, o que realmente é perigoso, o que é bom ou danoso para o meio ambiente. Junto com um colega, Joe criou quatro cursos: Química dos alimentos, Química dos medicamentos, Química do meio ambiente e Química da tecnologia. Desde sua criação, eles já tiveram mais de 40 mil participantes.

Com o passar do tempo, percebendo que concentrar os esforços de popularização da ciência somente na química era muito limitado, Joe fundou o Centro de Ciência e Sociedade (Office for Science and Society – OSS), com o mote "*separating science from nonsense*", ou, em tradução livre, "separando ciência de bobagem". Além de seus esforços como docente, Joe escreveu 18 livros de divulgação científica, recebeu inúmeros prêmios, é colunista de jornal e apresenta um programa de rádio chamado *O show do Dr. Joe*.

Em 2021, organizei o Congresso Global de Pensamento Científico, uma parceria do Instituto Questão de Ciência, que presido desde 2018, com o Instituto Aspen nos EUA, mais precisamente com sua divisão de ciência e sociedade, dirigida pelo Dr. Aaron Mertz. Aaron e eu queríamos reunir palestrantes experientes em traduzir ciência para o público não especialista, mas queríamos sobretudo pessoas capazes de traduzir conceitos de ciência vistos como controversos e "cabeludos" pela população, e que afetam processos de decisão importantes. Ou seja, queríamos gente que soubesse separar ciência de bobagem. Joe aceitou nosso convite e participou comigo e com o professor Edzard Ernst, do Reino Unido, do painel sobre medicina alternativa. Como fizemos o painel em forma de entrevista rotativa, em que cada membro entrevista outro por dez minutos, tive o privilégio de entrevistar Joe Schwarcz!

Nesse dia, ele contou um pouco sobre seu trabalho na Universidade e sobre a importância de desmistificar crenças pseudocientíficas arraigadas no senso comum. A Química está cheia delas, mas não está sozinha. Todas as áreas da ciência são um campo fértil para a proliferação de pseudociências, algumas delas perigosas, que prometem curas de doenças, aumento da imunidade, emagrecimento e benefícios estéticos. Os riscos para a saúde e para o bolso do consumidor podem ser enormes. Todos os livros de Joe trazem essa pegada educativa ao mesmo tempo que divertem e entretêm. Com um senso de humor sagaz e uma didática invejável, ele nos leva por páginas e páginas de conhecimento, curiosidades, mitos e crenças, explicando conceitos complexos de maneira tão simples que até o leitor que achava química impossível na escola se pergunta por que nunca ninguém tinha explicado assim antes. É a mágica de Joe Schwarcz, que, aliás, também é mágico amador nas horas vagas.

Neste último livro, ele nos brinda com uma série de artigos pequenos sobre temas diversos. Alguns são narrativas históricas divertidíssimas, como a diarreia crônica de Hitler curada com probióticos por um médico picareta que também receitava anfetaminas e outros estimulantes disfarçados de um complexo de vitaminas; ou a história de por que morcegos-vampiros não sugam sangue de fato, mas podem esconder a solução para uma vida longa. Outros são sobre temas do dia a dia, como o uso de plásticos (devido e indevido), saúde e consumo de vinho, e por que superalimentos são uma jogada de marketing e individualmente não promovem nenhum grande benefício, mas podem causar um belo estrago no bolso. E outros ainda trazem curiosidades, como a composição de roupas de banho especiais de competições olímpicas, que podem fazer diferença nos milésimos de segundos necessários para vencer uma prova de natação, ou como a ciência – mesmo quando não é muito bem interpretada ou aplicada – ganhou espaço no entretenimento, aparecendo até nos enredos de filmes de James Bond, com direito à explicação biológica sobre os roteiristas terem acertado o veneno mas errado o antídoto – o que, se fôssemos levar a ciência ali ao pé da letra, sem a licença poética, levaria o herói à morte. Mas o Dr. Schwarcz vai além do entretenimento histórico e popular e oferece também algumas colunas sobre pensamento crítico, ensinando a diferenciar correlação de causa e a não se deixar enganar por curas milagrosas.

A divulgação científica é um grande guarda-chuva que abriga várias maneiras de falar sobre ciência com públicos diferentes. Desde jornalismo científico, que contempla notícias importantes sobre grandes descobertas ou sobre como proteger sua saúde, passando por documentários que tratam de biodiversidade ou curiosidades sobre os animais e o planeta, até chegar na comunicação pública da ciência, com promoção de pensamento crítico e racional, e no uso da ciência para tomada de decisões e formulação de políticas públicas. Joe Schwarcz faz uso de todos os formatos e estratégias. Consegue cativar, informar e provocar, tudo com a elegância e a simpatia da experiência de quarenta anos de estrada. Este livro é apenas mais uma deliciosa amostra do mestre em ação. Boa leitura!

Introdução

Ciência, ciência em todos os lugares... e, de fato, é isso mesmo. Mas o que isso significa? Essa palavra deriva do latim *Scientia*, cujo significado é conhecimento, o que é bem apropriado, pois a ciência poderia ser descrita como um sistema de aquisição do conhecimento através de observação e experimentação.

Um químico que deseja produzir plástico biodegradável, um biólogo empenhado em desvendar os mistérios do DNA ou um engenheiro trabalhando na melhoria de painéis solares estão todos buscando conhecimento e estão, obviamente, empregando ciência. Mas a exploração científica não se limita ao laboratório. Em certo sentido, todos nós praticamos ciência diariamente. Quer estejamos ponderando a relação entre vinho e saúde, questionando os motivos pelos quais um pepino japonês costuma ser embrulhado em plástico, percebendo o papel da inflamação em nosso corpo ou apenas imaginando a possibilidade de transplantar uma cabeça humana, o que realmente fazemos é procurar por conhecimento. Dessa forma, buscamos ciência.

Não consigo sequer me lembrar de uma época em que não me interessasse por ciência. Fui sempre intrigado pelo "o quê", "por quê" e "como" das coisas. O que é nylon? Por que antibióticos são adicionados à ração animal? Como é possível fazer um diamante? Em geral, obtinha as respostas pelas quais procurava mesmo naqueles dias pré-Google. Esse tipo de busca, contudo, trazia frequentemente outras perguntas à tona. Tudo bem, então nylon é um polímero feito pela reação de ácido adípico com hexametileno-diamina. Isso é interessante, mas como sabemos disso? A investigação aprofundada do assunto revela que essa reação foi descoberta na década de 1930 por um químico da DuPont, Wallace Carroters. Tudo bem, mas como ele pensou em combinar esses compostos? E como foi que os obteve? Como ele sabia que o produto era um polímero? E o que é um polímero, afinal? Perguntas e mais perguntas. Assim, percebi que aquilo que realmente apreciava era essa tentativa de rastrear as respostas.

O caminho, com frequência, é tortuoso, com alguma revelação fascinante em quase todas as curvas. Não importa o assunto, basta arranhar a superfície para revelar-se uma complexidade maior. Por exemplo, a declaração "Lavoisier mostrou que a respiração era equivalente à combustão" pode parecer algo simples em um livro didático, mas um mergulho mais profundo revela anos de experimentos engenhosos, apimentados por controvérsias e fraquezas humanas. Assim é com quase todas as descobertas. E essa é a diversão em abrir a cortina para olhar os bastidores. Você nunca sabe o que vai encontrar. Na maioria das vezes, um desfile de criatividade, inteligência, habilidade e originalidade. Em certos casos, porém, engano e fraude estragam esse desfile. De qualquer forma, há histórias para contar. Histórias que educam, histórias que surpreendem, histórias que entretêm e histórias cuja finalidade é separar o joio do trigo. Então, vamos adiante.

Respiração e combustão

A cobaia foi a prova. Respiração e combustão são processos equivalentes! Exatamente como Antoine Lavoisier suspeitava. Embora seja considerado o pai da Química moderna, graças a seus estudos no século XVIII sobre o papel do oxigênio na combustão, a descoberta da composição da água e a introdução de um sistema de nomenclatura dos produtos químicos, Lavoisier também pode ostentar o manto de pai do conceito de metabolismo.

Um dos principais interesses do grande químico francês era a combustão, um processo que intrigava as pessoas desde a descoberta do fogo. Ele já sabia que uma vela acesa, debaixo de uma redoma de vidro, ao final se apagaria. Percebeu que isso acontecia porque a vela consumia um componente do ar necessário para a combustão. Chamou esse componente de "oxigênio". A vela acesa também liberava um gás que, atualmente, chamamos de dióxido de carbono – conhecido à época como "ar fixo"–, que podia ser absorvido pela cal hidratada, uma solução de hidróxido de cálcio. O dióxido de carbono reage com a cal hidratada para produzir carbonato de cálcio sólido. O médico escocês Joseph Black demonstrou que o "ar fixo" também estava presente na expiração, o que levou Lavoisier a suspeitar que a respiração era uma forma de combustão. Mas como provar isso?

Nesse ponto, entra a cobaia. O cientista francês construiu um engenhoso dispositivo que consistia em três câmaras, sendo que a cobaia ficava justamente naquela mais interna. Esse local estava cercado por uma segunda câmara, que continha uma quantidade específica de gelo, envolvida, por sua vez, por outra externa destinada ao isolamento, repleta de neve. A câmara interna também estava equipada com um tubo contendo cal hidratada, para absorver qualquer "ar fixo" que fosse eventualmente produzido. E, como era de se esperar, parte do gelo derreteu, a água hidratada formou um precipitado de carbonato de cálcio, e a cobaia, ofegante, era a demonstração de que o oxigênio na câmara interna começava a acabar. De fato, a respiração tinha todas as características da combustão!

Lavoisier não usou o termo "metabolismo", que não apareceria na literatura científica até meados do século XIX e, hoje, tal termo refere-se à sequência de complexas reações químicas através das quais o corpo realiza o consumo de combustível – ou seja, comida – para atingir suas necessidades energéticas. Mas ficou claro para aquele cientista, a partir do experimento, que a manutenção da vida dependia de reações químicas que envolviam inalar oxigênio e exalar dióxido de carbono. Para explorar mais profundamente tal descoberta, uma cobaia humana se fazia necessária.

Um jovem químico, Armand Séguin, voluntariou-se para essa função. Dessa vez, Lavoisier projetou uma máscara equipada com uma entrada para armazenar dióxido de carbono e um tubo através do qual o oxigênio era inalado. Antes de vestir a máscara bem ajustada, o sujeito foi solicitado a se envolver em diferentes atividades, como comer, fazer exercícios ou apenas se sentar em uma sala fria. Os resultados foram claros. Após cada uma dessas atividades, Séguin inalou mais oxigênio e produziu mais dióxido de carbono. A implicação de tal descoberta era que a quantidade de oxigênio inalado ou dióxido de carbono exalado estabelecia uma medida da atividade química, ou metabolismo, que se dava no corpo da cobaia.

Uma conclusão óbvia dos experimentos com Séguin: qualquer pessoa ativa gastaria mais energia do que outra, sedentária. Esse princípio é descrito em todos os livros de fisiologia, bem como na infinidade de livros sobre dieta que inundam o mercado editorial. A mensagem, nesse caso, é que o exercício levaria à perda de peso, porque a energia extra necessária seria fornecida pela combustão dos estoques de gordura, carboidratos ou proteínas do corpo. A perda de peso, então, ocorreria quando o carbono nesses componentes corporais fosse convertido em dióxido de carbono para ser exalado. O exercício, portanto, seria promovido a parceiro essencial para a dieta, quando o objetivo fosse perder peso.

Por vezes, contudo, uma bela teoria pode ser destruída pela feiura dos fatos. Estudos de Herman Pontzer, antropólogo evolucionista da Universidade Duke, lançaram uma sombra enorme sobre o papel do exercício no controle de peso. Na década de 1950, Nathan Lifson, da Universidade de Minnesota, inventou um método de avaliação do gasto energético que não envolvia o uso de equipamentos incômodos para monitorar o oxigênio inalado e o dióxido de carbono exalado. Os indivíduos apenas tinham que beber "água duplamente marcada", na qual alguns dos átomos do hidrogênio e do oxigênio eram substituídos por seus isótopos – deutério e O-18, respectivamente. Os isótopos diferem da forma comum do elemento por possuírem nêutrons extras em seu núcleo. Incorporar isótopos em uma molécula não altera a atividade química.

Depois de algum tempo, urina, suor e saliva deveriam ser coletados e testados, para verificar a presença dos isótopos usando espectrometria de massa. Enquanto o deutério é expelido exclusivamente na água perdida, o oxigênio marcado aparece tanto no dióxido de carbono quanto na água. É possível, então, calcular tanto a produção de dióxido de carbono quanto o gasto de energia, subtraindo a taxa de eliminação do deutério daquela do O-18. Os primeiros experimentos eram bastante dispendiosos, sobretudo pelo alto custo da água duplamente marcada, mas no início dos anos 2000 o preço caiu significativamente, permitindo que o Dr. Pontzer realizasse estudos em larga escala sobre o gasto de energia.

Suas descobertas foram, sem dúvida, impressionantes! O povo caçador-coletor hadza, do norte da Tanzânia, extremamente ativo fisicamente, não gastava mais energia em suas rotinas diárias que os ocidentais sedentários! Como isso seria possível? Certamente, muito mais calorias são necessárias para longas caminhadas pela savana do que para assistir à Netflix no sofá. Não poderia haver dúvidas a respeito disso.

Todas as atividades exigem gasto de energia, incluindo os processos metabólicos usuais que ocorrem mesmo quando o corpo está em repouso, conhecidos como taxa metabólica basal (TMB). Entretanto, quando a atividade física aumenta, o corpo realiza uma compensação, tornando-se mais eficiente bioquimicamente – ou seja, reduz as calorias necessárias para abastecer o funcionamento do coração, fígado, rins e trato digestivo. Como resultado, os hadza não "queimam" uma quantidade maior de calorias por dia em comparação aos ocidentais muito menos ativos, eles apenas reduzem sua TMB, permitindo a disponibilidade de calorias para a atividade muscular. Embora a expressão "queimar calorias" seja amplamente usada, a verdade é que ela não faz sentido. Caloria é uma unidade para medir energia; ela não pode ser "queimada". Gordura, carboidratos ou proteínas podem ser queimados e liberam energia no processo, medida em termos de calorias. Por definição, uma caloria alimentar (kcal) é a quantidade de calor necessária para elevar a temperatura de 1 quilograma de água em 1°C.

As descobertas de Pontzer também fornecem uma explicação para o motivo pelo qual quem faz dieta pode, de fato, perder peso com exercícios, mas depois esse processo atinge uma espécie de platô. Como os hadza, seus corpos se reajustaram, de forma que as calorias necessárias para os exercícios passam a ser fornecidas através do corte de calorias necessárias para outras funções corporais, sem que gordura seja queimada.

Claro que isso não significa que exercícios não valem a pena. As evidências são esmagadoras e apontam que se trata de uma maneira eficaz de reduzir o risco de praticamente todas as doenças. Mas quando o assunto é perda de peso, o que importa é o que entra na boca, não o que acontece na esteira.

Abelhas e bananas

O entomologista suíço François Huber era cego, mas isso não o impediu de estudar abelhas e publicar suas descobertas pioneiras em 1792. Ele precisava de alguma ajuda, é claro, e a encontrou em sua esposa, Marie, e em seu fiel criado François Burnens. Este último ocuparia a função dos "olhos".

Huber estava familiarizado com a conjuntura que, de forma geral, desenvolve-se após uma picada de abelha, e que a dor não é o único problema com o qual a vítima tem de lidar. Outras abelhas surgem rapidamente, com a intenção de se juntar ao ataque. Huber sabia que, quando a abelha picava, seu ferrão terminava preso na pele da vítima, sendo arrancado do corpo da abelha em sua luta para retraí-lo. O resultado: a morte do corajoso inseto, que sacrificou sua vida para alertar outras abelhas de que a casa delas precisa ser protegida. Mas como as tropas de apoio eram atraídas? Essa foi a pergunta que Huber fez a si mesmo. De que forma as abelhas recebiam a mensagem de que havia uma ameaça potencial à colônia? Haveria alguma pista nos ferrões? Instruiu seu assistente a retirar ferrões de abelhas e colocá-los nas proximidades de uma colmeia.

Em pouco tempo, um enxame surgiu e seguiu na direção dos ferrões. Uma vez retirados, eles liberariam algum tipo de odor, percebido por outras abelhas? Huber não pôde prosseguir, pois, na época, não havia como determinar qual produto químico específico seria responsável por ampliar esse sinal de alarme. A identificação do feromônio de alarme teria que esperar até 1962, quando pesquisadores do Departamento de Agricultura do Canadá perceberam nos ferrões deixados pelas abelhas um odor adocicado que lembrava banana! Isso foi tão intrigante que motivou um experimento subsequente. Ferrões foram extraídos, macerados e a solução resultante submetida à análise por cromato- grafia gasosa (*gas chromatography*, GC).

GC é uma técnica instrumental que separa uma mistura de gases em com- ponentes individuais, conforme estes são empurrados por gás inerte através de uma coluna preenchida com material sólido, ao qual tais componentes se ligam em diferentes medidas. O tempo utilizado por determinado composto para emergir da coluna, conhecido como tempo de retenção, é específico para tal composto e registrado como um pico no papel do gráfico móvel. Cada pico representa um composto diferente, de modo que um cromatógrafo a gás é capaz de determinar o número de compostos em uma mistura. A invenção dessa técnica, geralmente, é creditada a um relatório de 1952, de autoria dos cientistas britânicos A.T. James e A.J.P. Martin, embora a química alemã Erika Cremer tenha, por sua vez, descrito a possibilidade de construir tal instru- mento em um artigo submetido ao periódico alemão *Science of Nature* em 1944. O artigo foi aceito, mas não publicado pelo fato de que a da gráfica do periódico fora destruída durante bombardeio aliado. O artigo da Dra. Cremer foi finalmente publicado em 1976 como item histórico, mas à época o crédito pela invenção já havia sido dado a James e Martin.

Quando os pesquisadores canadenses analisaram o cromatograma daquele extrato dos ferrões de abelha, encontraram um pico principal. Tendo notado que os ferrões liberavam o cheiro de banana, suspeitaram que esse pico fosse devido ao acetato de isoamila, um composto conhecido por sua importância

O SURPREENDENTE MUNDO DA CIÊNCIA

para a fragrância da banana. Curiosamente, o acetato de isoamila foi descrito como semelhante ao odor da banana antes mesmo de ser detectado em bananas! Em meados de 1800, químicos identificaram várias famílias de moléculas e aprenderam a fazer uso das reações químicas para sintetizar novos compostos. Por exemplo, quando álcoois reagiam com ácidos carboxílicos formavam "ésteres" que frequentemente tinham aromas frutados, sendo empregados em aromas artificiais de doces, bebidas e sorvetes. De forma mais específica, a reação do álcool isoamílico com ácido acético produziu acetato de isoamila, que possuía uma potente fragrância de banana. Essa imitação da essência de uma fruta encantou o público na exposição do Palácio de Cristal de Nova York em 1853,* 100 anos antes de ser descoberta naturalmente em bananas!

Não foi difícil verificar que o pico cromatográfico no extrato do ferrão de abelha era acetato de isoamila. Era necessário apenas a introdução de uma amostra autêntica desse composto no instrumento para determinar seu tempo de retenção. De fato, era idêntico ao do componente suspeito, presente no ferrão de abelha. Em seguida, veio a confirmação através da aplicação, em bolas de algodão, do acetato de isoamila sintético, material que posteriormente foi colocado diante de uma colmeia. As abelhas foram alertadas e ficaram agitadas, não deixando dúvidas de que o acetato de isoamila era o feromônio de alarme da abelha.

Mas como o acetato de isoamila desencadeou, de fato, a agressão nas abelhas? Essa questão foi respondida por um grupo de pesquisadores franceses e australianos que conseguiram desvendar o mecanismo neural envolvido. Abelhas foram expostas a uma corrente de ar que continha acetato de isoamila, depois anestesiadas e logo rapidamente congeladas em nitrogênio líquido, para evitar atividade bioquímica subsequente. Foram, então, dissecadas – seus fluidos cerebrais submetidos à cromatografia gasosa. Os resultados seriam, posteriormente, comparados aos de abelhas que não foram submetidas ao acetato de isoamila. Os insetos tratados tinham níveis mais altos do neurotransmissor serotonina em seus cérebros. Poderia ser tal componente o indutor do comportamento agressivo?

Quando o tórax de uma das abelhas (no qual certas substâncias podem ser prontamente absorvidas) do experimento foi tratado com serotonina, ela se

---

* N.T.: O Palácio de Cristal de Nova York (*New York Crystal Palace*) foi uma edificação para exposições, construída especialmente para receber a Exposição Universal de Nova York, no ano de 1853. Estava localizado em Reservoir Square, em um local atualmente denominado Bryant Park.

tornou hostil, e quando um antagonista da serotonina foi aplicado de forma semelhante, acalmou-se. A implicação seria que o acetato de isoamila não é o gatilho direto, responsável pela beligerância do animal, mas sim estimularia a regulação positiva da serotonina, que, por sua vez, sinaliza para as abelhas a necessidade de atacar e repelir uma ameaça. Assim, devemos parabenizar esses pesquisadores. Suspeita-se que uma boa dose de destreza manual é necessária para realizar a dissecação anatômica do cérebro de uma abelha.

Atualmente, o acetato de isoamila sintético é usado, de forma bem ampla, para conferir sabor de banana aos alimentos e deve ser identificado nos rótulos como "sabor artificial", mesmo que ocorra naturalmente nas bananas. No futuro, é possível que nossa dependência de tal composto seja ainda maior, já que a banana Cavendish,* aquela que encontramos em nossas lojas, está ameaçada pela doença do Panamá, uma infecção fúngica. Uma canção extremamente popular, "Yes! We Have No Bananas",** lançada em 1923, pode voltar a ser tendência em termos de moda. Dizem que foi inspirada pela doença,*** que, na época, exterminou a banana Gros Michel, substituída pela Cavendish.

Apesar das bananas conterem acetato de isoamila, não há evidências de que comer uma banana perto de uma colmeia aumente o risco de ser picado. Não é necessário ter cuidado com as abelhas, nesse caso.

Pegando fogo

A edição de 16 de maio de 1868 do *The Lancet*, que à época já era o principal periódico britânico da área médica, apresentava um artigo com um título que não era tão impressionante quanto seria hoje: "O Holocausto das

---

* N.T.: No Brasil, uma das variedades mais comuns da banana Cavendish é a banana-nanica.
** N.T.: "Yes! We Have No Bananas" é uma canção estadunidense composta por Frank Silver e Irving Cohn e lançada em 23 de março de 1923. Tornou-se um grande sucesso no ano de seu lançamento, tendo alcançado o primeiro lugar das paradas por cinco semanas consecutivas.
*** N.T.: A doença do Panamá é causada pelo fungo *Fusarium oxysporum* e está disseminada em todas as regiões produtoras de banana do mundo. Esse fungo pode sobreviver no solo por mais de 20 anos ou ainda em hospedeiros intermediários. No Brasil, diversas variedades tradicionais, como a banana-maçã, são suscetíveis a tal doença.

Bailarinas". O termo "holocausto" deriva do grego *"holos"*, para "inteiro", e *"kaustos"*, para "queimado", algo que explica o motivo pelo qual, nesse caso, seu uso seria apropriado. O texto descreve o caso trágico de uma jovem dançarina que sofreu queimaduras terríveis quando seu vestido de musselina entrou em contato com uma vela, incendiando-se durante uma apresentação teatral. Era apenas um exemplo de um risco ocupacional peculiar às bailarinas, concluía o artigo, que prossegue lamentando a negligência dos gerentes de teatro ao ignorar o fato de haver formas de tornar os figurinos de balé à prova de fogo através da utilização do tungstato de sódio.

O início do século XIX viu a introdução da iluminação a gás em casas, ruas das cidades e palcos de teatro. As luzes de proscênio (ou ribalta) no palco foram saudadas pelo público, mas suas chamas sem qualquer isolamento representavam um risco para os artistas – nesse sentido, os mais afetados eram os dançarinos, que passaram a empregar novos tecidos leves produzidos à época em seus figurinos, embora, infelizmente, altamente inflamáveis. Em 1808, o inventor inglês John Heathcote construiu um tear revolucionário capaz de tecer fibras em um tipo de renda que ficou conhecido como *"bobinete"*.* Tal invenção não foi bem recebida pelas rendeiras tradicionais, que temiam ter suas habilidades substituídas por máquinas. Em 1816, a fábrica de Heathcote foi atacada por luditas, uma organização radical de trabalhadores têxteis que se opunha à introdução de qualquer aparelho mecânico para a produção de tecidos. (Com o tempo, o termo "ludita" passou a se referir a qualquer um que se opusesse à introdução de novas tecnologias.)

Ao lado do bobinete, a musselina – tecido de algodão transparente, feito à mão – tornou-se moda na Europa. Era feito de fios delicados e seu nome deriva de Mosul, no Iraque, onde foi fabricado pela primeira vez. O problema era que a musselina era inflamável. Como a combustão requer contato com oxigênio, um tecido mais fino, com mais espaço entre as fibras, possui uma natureza muito mais combustível. Uma célebre ilustração de cunho satírico, realizada em 1802 por James Gillray –, sem dúvida inspirada em casos da vida real –, traz uma mulher dominada pelo horror quando um atiçador bastante aquecido pelo fogo cai em seu vestido, que se incendeia.

---

* N.T.: Em português, há um termo bastante usual para designar esse tipo de tecido: filó.

Em 1845, no Teatro Drury Lane, em Londres, a dançarina Clara Webster morreu quando sua saia – feita de um tecido de tramas abertas, semelhante a uma rede, denominado tule – encostou em uma lâmpada a gás e se incendiou. Mas o acidente mais notável, talvez o mais trágico, ocorreu no palco da Ópera de Paris em 1862. Emma Livry, a mais nova estrela da ópera, estava ensaiando uma cena quando o tecido delicado de sua saia atiçou a chama de uma lâmpada a gás. Ela sofreu queimaduras extensas e morreu em decorrência de tais ferimentos oito meses depois. A verdadeira tragédia foi que esse acidente, e muitos outros semelhantes, poderiam ter sido evitados. Em 1859, um decreto imperial na França exigiu que os figurinos de palco fossem feitos à prova de fogo, através de um tratamento com a mistura de cloreto de cálcio, acetato de cálcio e cloreto de amônio – método desenvolvido pelo químico francês Jean-Adolphe Carteron. Embora eficaz, o assim chamado *carteronnage* tornava o tecido rígido e de aparência encardida. Assim, essa técnica para tornar os tecidos à prova de fogo foi desprezada por Livry. Em uma carta ao diretor da ópera, ela concordou em assumir toda a responsabilidade se lhe fosse permitido dançar com seu traje, que não recebera o tratamento. Os restos carbonizados daquela vestimenta, uma lembrança macabra do acidente, agora são mantidos no museu da Ópera de Paris.

Carteron não foi o primeiro a inventar uma substância que fosse à prova de fogo. Em 1735, Jonathan Wild, na Inglaterra, recebeu uma patente pela utilização de alúmen, sulfato ferroso e bórax como substância com a mesma finalidade. Cem anos depois, o rei Luís XVIII, da França, encarregou Joseph Louis Gay-Lussac de investigar maneiras de tornar materiais à prova de fogo. O químico, mais conhecido hoje por ter descoberto a relação entre a pressão de um gás e sua temperatura, constatou que o cloreto de amônio, o sulfato de amônio e o bórax seriam eficazes nesse tipo de proteção. Em 1860, Frederick Versmann e Alphons Oppenheim obtiveram patente britânica para a utilização de alguns sais, incluindo o tungstato de sódio mencionado no artigo da *Lancet*, a qual poderia ter salvado muitos dançarinos.

Tecidos inflamáveis não representavam um risco apenas para dançarinos. No final do século XIX, a flanela de algodão – imitação em que o algodão substitui a lã – tornou-se popular devido ao seu baixo custo e conforto. Esse tecido era feito ao passar a superfície do algodão por rolos cobertos com arame de aço afiado, resultando em minúsculas fibras macias, que prendiam o ar e criavam uma sensação de calor e aconchego. Mas esse ar preso em contato com as fibras finas preparava o cenário para um desastre. Foram muitas as crianças com camisolas feitas desse tipo de flanela, longas até o chão – como as usadas pelas crianças Darling em *Peter Pan* –, que se tornaram vítimas de uma epidemia de queimaduras, pois suas roupas eram inflamadas pela chama de uma vela ou pelas faíscas da lareira.

A malfadada indústria de flanela de algodão procurou ajuda: consultou William Henry Perkin Jr., filho do célebre William Henry Perkin Sr., fundador da indústria de corantes sintéticos. O jovem Perkin tornara-se um químico renomado por méritos próprios; assim, após executar centenas de experimentos, descobriu que tratar um tecido de algodão, em primeiro lugar, com uma solução de estanato de sódio e, depois, aplicar solução composta por sulfato de amônio resultava em uma deposição de óxido estânico dentro do tecido. Essa solução tornava o material à prova de fogo e sem que essa característica fosse removida ao lavar, não importando a frequência com que entrasse em contato com água e sabão. Na virada do século, a ciência conseguiu conter o holocausto de ferimentos e mortes causados por tecidos inflamáveis.

Prós e contras do nylon

Uma torre no formato de um tubo de ensaio gigante, com luzes cintilantes que simulavam produtos químicos borbulhantes – assim eram recebidos os visitantes do pavilhão Wonder World of Chemistry (Maravilhoso Mundo da Química) da DuPont, na Feira Mundial de Nova York em 1939. No interior da torre, eram agraciados por uma exposição a respeito do nylon, o novo material milagroso da empresa, "feito de carvão e ar". Em 1935, Wallace Carothers, químico da DuPont, combinou ácido adípico e hexametilenodiamina para fazer "nylon 6,6", com o uso da terminologia "6,6" devido ao fato de cada componente ter seis átomos de carbono. Ambos eram derivados do ciclohexanol, que por sua vez derivava de benzeno obtido da destilação do alcatrão de carvão. O nitrogênio necessário para a síntese de hexametilenodiamina provinha do ar, portanto, "feito de carvão e ar".

Os visitantes ficavam impressionados ao ver a fibra de nylon sendo produzida diante de seus olhos – para logo depois ser tecida em meias. Em seguida, havia um cabo de guerra com as meias, como demonstração da resistência desse material. Um ano após a feira, meias de nylon foram colocadas à venda para o público, e cinco milhões delas foram comercializadas no primeiro dia. Visto como o primeiro material sintético superior a um equivalente natural, tornou-se tão popular que vendedores ambulantes chegavam a tentar vender meias de seda como sendo de nylon. Na época, não havia preocupações com as consequências ambientais da produção do nylon, ou a respeito do fato dele ser feito de matérias-primas não renováveis. Atualmente, a indústria do nylon é enorme, com a entrada em cena do "nylon 6". Trata-se de uma ideia que Paul Schleck, da IG Farben na Alemanha, teve em 1939. Com base no trabalho de Carothers, ele polimerizou uma pequena molécula contendo seis átomos de carbono, caprolactama, como "nylon 6". Cerca de 18 milhões de toneladas de nylon, somando todos os tipos, são produzidas anualmente hoje em dia com um valor comercial na casa dos US$ 10 bilhões. Cerdas de escova de dentes, lingerie, trajes de banho, tendas, brinquedos, suturas, redes de pesca, grama artificial, *airbags*, cabos de reforço para pneus, peças de automóveis e fios "invisíveis" para truques de mágica – todos esses itens utilizam nylon.

A utilidade do nylon é inquestionável, mas restam questões a respeito do impacto ambiental da produção de plástico em tal escala gigantesca. Há a questão relacionada às matérias-primas, provenientes de petróleo – ou seja, não renováveis. Depois, há o problema do óxido nitroso, liberado na manipulação do ciclohexanol com ácido nítrico para produzir ácido adípico. O óxido nitroso é usualmente conhecido como "gás hilariante", mas sua aparição na atmosfera não é motivo de riso. Trata-se de um gás relacionado ao efeito estufa 300 vezes mais potente do que o dióxido de carbono, sendo responsável por cerca de 10% da totalidade do efeito estufa. É bem verdade, contudo, que fertilizantes de nitrogênio e esterco animal são fontes muito mais expressivas de óxido nitroso, mas a produção de nylon possui contribuição significativa nesse sentido, com cerca de 30 g produzidos para cada quilo de ácido adípico.

O SURPREENDENTE MUNDO DA CIÊNCIA

A indústria de ácido adípico passou a utilizar, atualmente, catalisadores ou altas temperaturas para converter resíduos de óxido nitroso em gás nitrogênio inócuo, mas o ideal seria produzir ácido adípico sem qualquer formação de óxido nitroso. Então, entra em cena a "Biologia Sintética" – essa disciplina, além de resolver o problema do óxido nitroso, também é capaz de abordar a questão do uso de petróleo para a obtenção do nylon. É possível definir Biologia Sintética como a manipulação de microrganismos como leveduras, fungos ou bactérias com o objetivo de produzir substâncias químicas úteis. Um exemplo clássico: micróbios naturais, usados para a produção de dióxido de carbono através de leveduras para fazer uma massa crescer. Na década de 1970, cientistas descobriram métodos para modificar o DNA (ou seja, o código genético de um organismo) inserindo genes de outro organismo. *Bacillus thuringiensis* (Bt) é uma bactéria do solo que produz uma toxina fatal para insetos herbívoros. O gene que codifica essa toxina foi isolado e inserido no DNA de culturas alimentares como milho e soja, permitindo assim que produzissem a toxina necessária para evitar insetos, reduzindo a necessidade de pesticidas sintéticos.

Essa forma inicial da tecnologia de DNA recombinante dependia do uso de genes que existiam naturalmente. O próximo objetivo seria a possível síntese de genes em laboratório através da ligação de nucleotídeos, pequenas moléculas que são os blocos de construção do DNA. Na década de 1990, as metodologias necessárias foram elaboradas e genes sintéticos estavam sendo inseridos no DNA de bactérias, essencialmente convertendo-as em pequenas fábricas para produzir os produtos químicos codificados pelos genes sintéticos.

Pois bem, voltando ao nylon, os pesquisadores tinham por meta um gene responsável pela codificação de certa enzima, que permite a conversão da glicose em ácido adípico. A inserção desse gene no DNA de uma bactéria, por exemplo, a *E. coli*, permitiria que a bactéria geneticamente modificada convertesse glicose em ácido adípico. A glicose está disponível, de forma direta, em plantas como o milho – e isso significa que o ácido adípico poderia ser produzido a partir de um recurso renovável, eliminando a necessidade do petróleo. Além disso, não haveria oxidação de ciclohexanol envolvida e, portanto, nenhuma produção de óxido nitroso.

Uma empresa americana, a Genomatica, desenvolveu recentemente um processo usando Biologia Sintética para produzir não apenas ácido adípico,

|26|

mas também caprolactama. Cerca de uma tonelada de nylon 6 foi fabricada como demonstração de que essa tecnologia funciona. Portanto, a questão agora se concentra no aumento da produção, algo que já está em andamento, graças a uma parceria com a francesa Aquafil. A fábrica desta última empresa, localizada na Eslovênia, dedica-se à produção de nylon de origem renovável, com emissões de gases de efeito estufa bastante reduzidas.

A produção de nylon evoluiu muito desde a escassez experimentada na Segunda Guerra Mundial, quando foi solicitado que as mulheres abrissem mão de suas meias de nylon, transformadas em paraquedas. Agora, o desafio é fabricar essas meias e também paraquedas de uma forma ecologicamente correta.

O isqueiro de Döbereiner e a lâmpada catalítica de Berger

Alguns anos atrás, recebi um presente depois de apresentar-me em uma conferência de cosméticos. Tratava-se de um lindo item de porcelana, do tamanho de uma caneca grande de café, ornado artisticamente e descrito, em folheto anexo, como Lampe Berger. Após rápida leitura, compreendi que tal objeto deveria ser preenchido com álcool perfumado, que também fora fornecido, para depois ter sua extremidade acesa. Presumi que era semelhante a uma vela perfumada e o guardei. Depois, contudo, seu *status* foi elevado e ele está em exposição no pequeno museu localizado em meu escritório, junto de outras recordações e curiosidades científicas.

Meu interesse na Lampe Berger foi novamente aquecido devido a um comentário de Sir Humphry Davy, que encontrei durante minhas pesquisas históricas a respeito da lâmpada de segurança Davy. Sempre me interessei por Davy, o primeiro grande divulgador da química. Nos primeiros anos do século XIX, o público acorria às palestras de Davy na Royal Institution de

Londres* para uma diversão educativa, com demonstrações químicas e relatos de descobertas feitos por ele. O apontamento que despertou meu interesse foi a descrição de Davy de algo por ele observado como sendo "mais semelhante à mágica do que qualquer outra coisa que já tenha visto; depende de um princípio perfeitamente novo da combustão". Interessado em mágica e em combustão, tive de investigar isso mais a fundo.

Em 1815, uma das preocupações de Davy era com os perigos que os mineiros de carvão enfrentavam – as explosões de grisu, ou metano, como conhecemos esse tipo de gás na atualidade. Trata-se de um gás altamente inflamável, liberado dos veios de carvão durante o processo de mineração; nos tempos anteriores ao advento das luzes elétricas, o uso de velas ou lamparinas de querosene pelos mineradores representava grande risco de provocar a queima do metano, causando assim uma explosão. Haveria como produzir uma lamparina que reduzisse o risco de combustão do gás? Após muitas experiências, Davy descobriu que uma malha fina feita de metal absorvia o calor de uma chama e impedia que ela se espalhasse. A lâmpada Davy nasceu dessa forma: uma tela de metal ao redor da chama alimentada por querosene.

Foi durante esse processo de experimentação com metais que Davy fez sua observação "mágica" ao trabalhar com grisu e um fio de platina. Mantido próximo da chama, o fio começou a brilhar conforme era aquecido, o que não foi nenhuma surpresa. A surpresa veio quando, após a chama ser extinta, o fio de platina continuou a brilhar. De alguma forma, a combustão do metano ao redor do fio prosseguia, aquecendo o fio mesmo que não houvesse sinal visível de tal processo. Tratava-se, portanto, do novo tipo de combustão ao qual Davy havia se referido. Posteriormente, seu primo mais novo, Edmund Davy, investigou mais a fundo esse fenômeno. Um fio de platina aquecido, exposto ao etanol, permaneceu em brasa até que todo o álcool fosse consumido. Nenhum dos Davys percebeu que estavam fazendo experiências com um dos fenômenos mais importantes da química, a catálise. O fio de platina havia fornecido uma superfície na qual a combustão ocorria sem a necessidade das elevadas temperaturas de uma chama.

---

* N.T.: Organização dedicada à educação e investigação científicas situada em Londres. Foi fundada em 1799 pelos principais cientistas britânicos da época, incluindo Henry Cavendish, e segue ativa até hoje.

Em 1821, uma tradução alemã do relato de Edmund Davy chamou atenção de Johann Wolfgang Döbereiner, professor de Química e Tecnologia na Universidade de Jena. Ele repetiu o experimento, descobrindo que o etanol foi oxidado, transformado em ácido acético. Notou, contudo, que o fio de platina não foi consumido no processo. E então, no ano de 1823, ocorreu um experimento crucial. Döbereiner direcionou o fluxo delgado de hidrogênio gasoso para um fio de platina situado alguns centímetros de distância, permitindo alguma mistura com o ar antes de o fluxo atingir seu alvo. A platina rapidamente ficou vermelha e inflamou o hidrogênio.

Quando o químico sueco Jöns Jacob Berzelius soube dessa descoberta, escreveu: "De qualquer ponto de vista, a mais importante e, se posso usar a expressão, a mais brilhante descoberta do ano passado foi, sem dúvida, a feita por Döbereiner". Seria Berzelius quem, em 1835, cunharia o termo "catálise" para tal fenômeno, definindo-o como a "capacidade de substâncias de despertar afinidades químicas adormecidas a determinada temperatura, apenas por sua presença e não por sua afinidade própria". Atualmente, definimos catálise como a capacidade de uma substância de aumentar a taxa da reação química sem sofrer nenhuma mudança química permanente.

Döbereiner conseguiu capitalizar sua descoberta. Em 1827, ele havia criado o primeiro isqueiro do mundo. Na época, se você quisesse acender uma vela ou uma lamparina de querosene, precisava de uma acendalha e uma pedra de sílex. Döbereiner projetou um dispositivo no qual o gás hidrogênio, gerado por uma reação entre zinco e ácido sulfúrico, era lançado contra um fragmento de esponja de platina, que se inflamava. A chama poderia ser, então, usada para acender uma vela.

Essa incrível propriedade catalítica da platina, utilizada no isqueiro de Döbereiner, parece ter desencadeado uma ideia na mente de Maurice Berger, um francês com algum treinamento em química que estava interessado em conter os odores desagradáveis que assolavam necrotérios e hospitais. Já em 1856, surgiu um relato a respeito do odor de ozônio presente em um fio de platina aquecido, bem como relatos do ozônio como eliminador de odores. Dessa forma, Berger começou a realizar experiências com um queimador de álcool sem chama, na tentativa de eliminar odores. Descobriu que sua lâmpada catalítica funcionava e sugeriu que o ozônio era o agente ativo, embora sua formação nunca tenha sido confirmada. É mais provável que os compostos malcheirosos no ar entrassem em contato com a platina quente, sendo dessa maneira oxidados. As lâmpadas catalíticas ainda existem e são produzidas em vários modelos, com acabamento artístico, tornando-se itens de colecionador. São alimentadas por álcool utilizado para assepsia, combinado com ampla variedade de fragrâncias agradáveis.

Embora haja evidências anedóticas sobre a capacidade dessa lâmpada de remover odores, faltam estudos científicos adequados. Não há, no entanto, dúvida de que as lâmpadas catalíticas são itens colecionáveis com poder de atração bem considerável. Para mim, elas representam um vislumbre fascinante da história. Também aprecio que Döbereiner tenha se recusado a patentear sua invenção, declarando: "Amo a ciência mais do que o dinheiro. O conhecimento de que, graças a ela, realizei algo útil me deixa muito feliz".

A descoberta dos irmãos Dreyfus

Às vezes me perguntam como surgem as ideias para estes textos. Neste caso, foi ao ver um retroprojetor descartado. Por conta disso, recuperei memórias da minha primeira experiência no ensino, em 1973, quando todas as salas de aula eram equipadas com esse tipo dispositivo e escrevíamos em folhas de plástico, denominadas "acetatos". Naquela época, eu não havia pensado nesse termo, mas agora aquele projetor indesejado, atirado em uma lixeira, de alguma forma me fez pensar em todas as reações químicas que eu costumava escrever nesses acetatos. E algumas delas eram exatamente a síntese daquela mesma substância. "Acetato": o termo se refere ao acetato de celulose, um material que desempenhou papéis importantes em áreas como guerra, fotografia, moda, embalagem e Medicina.

Tudo começou em 1838, com o químico francês Anselme Payen isolando a celulose, substância que compõe a parede celular das plantas. Então, em 1865, outro químico francês, Paul Schützenberger, colocou a celulose para reagir com anidrido acético, resultando na formação de uma substância pegajosa, para a qual ele não encontrou nenhum uso. Mas essa mesma substância interessaria Camille e Henry Dreyfus, irmãos suíços que haviam recebido seus títulos de doutorado pela Universidade de Basileia. Em 1904, começaram a realizar experiências com acetato de celulose em um galpão no jardim paterno. Em pouco tempo, descobriram que aquela substância era solúvel em acetona. Quando uma fina camada da solução foi derramada sobre uma superfície, a acetona presente evaporou, resultando em uma folha de material plástico. Uma ideia nasceu imediatamente. Será que aquele material poderia substituir o celuloide em filmes fotográficos, que sofriam com o problema da inflamabilidade?

Agora precisamos de um pouco da história do celuloide. Em 1832, Henri Braconnot combinou fibra de madeira com ácido nítrico – sem saber, sintetizara nitrocelulose, uma substância altamente inflamável que ele chamou de "*xyloïdine*".* O químico suíço-alemão Christian Friedrich Schönbein encontrou uma formulação mais prática para a nitrocelulose em 1846, ao tratar o algodão com uma mistura de ácidos nítrico e sulfúrico. Ele escreveu animadamente para Michael Faraday, relatando ser capaz de moldar esse material em "todos os tipos de coisas e formas", mas não levou nada disso adiante. Schönbein estava mais interessado em seu composto, a "piroxilina", que queimava sem produzir fumaça, observações que levariam à produção de pólvora sem fumaça.

Foi em 1856 que Alexander Parkes, na Inglaterra, adicionou cânfora à nitrocelulose para produzir "*Parkesine*", o primeiro plástico sintético do mundo. Quase simultaneamente, John Wesley Hyatt, nos EUA, surgiu com uma formulação muito semelhante, que recebera estímulo singular: tratava-se da tentativa de ganhar um prêmio no valor de 10 mil dólares, oferecido por uma empresa de bolas de bilhar para o desenvolvimento de um substituto ao marfim. Foi Hyatt quem cunhou o termo "celuloide" para o novo plástico.

O celuloide tinha muitos usos, desde a confecção de colarinhos e punhos substituíveis para as camisas até pentes e filme fotográfico flexível, introduzido

---

* N.T.: No original, foi mantido em francês; como este termo foi abandonado em prol outros nomes, mantivemos em francês também.

por George Eastman na década de 1880. Mas todos os produtos de celuloide tinham o mesmo problema: eram altamente inflamáveis. O acetato de celulose não era, e foi por isso que os irmãos Dreyfus pensaram em utilizá-lo na substituição do celuloide nos rolos de filmes. Em 1912, a produção do filme de acetato foi iniciada por eles, de fato, mas então a incipiente indústria aeronáutica surgiu como obstáculo.

As asas dos primeiros biplanos eram cobertas por uma lona, que, ao ser molhada, criava problemas para o voo dessas máquinas. Uma cobertura à prova d'água, envernizada com acetato de celulose – que recebeu o nome de "dope"* – resolveu o problema. A British Cellulose and Chemical Manufacturing Company, juntamente com uma empresa semelhante nos EUA, foi criada por Camille Dreyfus com o objetivo de fabricar verniz para as asas de aeronaves. Esse material revelou-se, da mesma forma, um excelente revestimento para o tecido usado nos zepelins construídos à época na Alemanha.

Após a guerra, os irmãos Dreyfus fizeram outra descoberta. Ao passar uma solução de acetato de celulose nos pequenos orifícios de um dispositivo semelhante a um chuveiro, obtinha-se uma fibra adequada para tessitura de um tecido sedoso, que logo foi adotado amplamente pela indústria da moda. Para fabricar essa fibra, Camille Dreyfus fundou a American Cellulose & Chemical Manufacturing Company em 1918 e, em 1927, comprou a Celluloid Company, fundada por John Wesley Hyatt e seu irmão Isaiah. Dreyfus renomeou sua aquisição para Celanese Company of America, com o nome "Celanese" derivado de "cel", para acetato de celulose, e "ese",** pois os tecidos de acetato eram muito fáceis de manter. Na atualidade, "acetato" ainda aparece em muitas etiquetas, indicando em muitos casos que tal substância foi misturada com seda, algodão, lã ou nylon para produzir tecidos que tenham um toque suave, sejam resistentes a amassos e sequem rapidamente.

A Celanese Company tornou-se uma empresa bem-sucedida, de forma que os irmãos Dreyfus amealharam considerável fortuna. Quando Henry morreu, em 1944, seu irmão criou um fundo em sua memória – que

---

* N.T.: Esse processo de envernização bastante específico é também conhecido como "Aircraft Dope". Neste caso, "dope" se refere ao verniz necessário para evitar a umidade nas asas dessas aeronaves primitivas.

** N.T.: Trocadilho com *easy* (fácil).

ganhou outro nome, Camille and Henry Dreyfus Foundation, quando do falecimento de Camille, em 1956. Tal fundação administra diversos prêmios destinados a promover tanto a pesquisa quanto a educação em química. O Prêmio Dreyfus em Ciências Químicas, que é bienal, reconhece a realização de indivíduos cujo resultado é o avanço da Química por meio de uma pesquisa excepcional e original. O valor desse prêmio é de US$ 250.000. Em 2009, seu ano inaugural, ele foi concedido ao professor George Whitesides, de Harvard, um dos químicos mais amplamente citados do mundo. Ele foi reconhecido pela criação de novos materiais que representaram avanços significativos no campo da química e em termos de benefícios sociais.

Os próprios irmãos Dreyfus seriam candidatos dignos ao prêmio, se ainda estivessem vivos. O acetato de celulose beneficiou inquestionavelmente a sociedade de muitas maneiras. Basta pensar em todos os itens que têm origem naqueles primeiros experimentos de Camille e Henry Dreyfus. Fita magnética, filtros de água por osmose reversa, membranas para tubos de diálise, filme fotográfico "seguro" e, claro, aquele rolo de acetato ainda me encarando tristemente naquele retroprojetor descartado.

Contrabando de margarina

Vivendo e aprendendo. Descobri recentemente um dos significados da palavra *membrana*.* Mas vamos começar do princípio. Tal jornada singular iniciou-se com uma pergunta que fizeram para mim: "Como é possível vender um molho de guacamole sem abacate na lista de ingredientes?". Como nunca tinha ouvido falar desse produto, pensei em fazer uma busca por "truques químicos envolvendo o abacate" para ver se algum químico inteligente havia inventado uma maneira de cortar custos imitando o sabor do fruto.

---

* N.T.: No original, *caul*, uma palavra com diversas significados em inglês; boa parte deles, contudo, girando em torno de algum tipo de membrana que separa um espaço de outro.

O SURPREENDENTE MUNDO DA CIÊNCIA

Essa investigação, de alguma forma, levou-me a uma página que apresentava uma citação de 1882 de Joseph V. Quarles, senador norte-americano pelo estado de Wisconsin. Aparentemente, o político trovejara em seu discurso: "Quero manteiga que tenha o aroma natural da vida e da saúde. Recuso-me a aceitar, à guisa de substituto, gordura da membrana, amadurecida pelo frio da morte, misturada a óleos vegetais e aromatizada por truques químicos". Compreendi, então, o motivo de haver chegado naquele ponto, mas meu olho ficou preso em "gordura da membrana". O que era isso? E qual seria a razão das queixas do senador?

Na atualidade, não é difícil descobrir o significado de uma determinada palavra. Pois "membrana", no caso, é apenas outro termo para "omento", aquela camada gordurosa que cobre os intestinos dos animais, sendo por vezes usada como invólucro para salsichas. Parece que também já foi usada para fazer margarina. Agora compreendo a ira do senador. Ele era de Wisconsin, o "estado dos laticínios", um lugar onde substitutos baratos da manteiga não eram bem-vindos.

Esse tipo de falsificação foi produzido pela primeira vez em 1869, pelo químico francês Hippolyte Mège-Mouriès, em resposta a um prêmio financeiro oferecido pelo Imperador Napoleão III para a criação de uma alternativa para a manteiga. Os pobres não tinham dinheiro para comprar manteiga, e o exército tinha um problema com ela – não ficava muito boa após deslocamentos. Se não fosse resfriada, estragaria. "Um exército marcha sobre seu estômago", teria, supostamente, declarado Napoleão.

Mège-Mouriès sabia que manteiga, em essência, era a gordura do leite. Assim, começou a se perguntar de onde vinha a gordura. Como o leite continha gordura mesmo quando as vacas estavam subnutridas e perdendo peso, concluiu que a gordura do leite vinha da gordura corporal da vaca. Com alimentação insuficiente, as vacas pareciam se esvair. Então, tal inventivo químico fatiou um pouco de gordura de boi, adicionou leite, moeu um pedaço do estômago de uma ovelha para dar textura e cozinhou essa mistura em água levemente alcalina, obtendo dessa forma "manteiga". A mistura parecia o alimento, mas o gosto não era dos melhores. Faltava um pouco do sabor garantido pelo elemento "vaca". A solução de Mège-Mouriès foi adicionar úbere de vaca picado. Isso, aparentemente, funcionou, e Napoleão III, em 1870, concedeu ao químico o prêmio, além de oferecer-lhe uma fábrica de presente para produzir em massa o novo produto. Só restava encontrar um nome.

Em 1813, Michel Chevreul, outro químico francês, isolou uma substância ácida da gordura animal que formou intrigantes gotas peroladas. Batizou tal composto de ácido margárico, do grego *margaron*", para pérola. Como o ácido margárico vinha da gordura animal, que também era a fonte da descoberta de Mège-Mouriès, "margarina" parecia um nome adequado. Mais tarde, descobriu-se que o ácido margárico não era uma substância única, mas sim a mistura dos ácidos oleico e palmítico.

Na década de 1870, a margarina chegou à América do Norte – para grande aborrecimento da indústria de laticínios. Nos EUA, um forte esforço – na forma de um *lobby* – postou-se contra esse intruso, resultando na aprovação do Federal Margarine Act, de 1886, que impôs pesado imposto sobre a margarina. No mesmo ano, o Canadá deu um passo além e proibiu completamente a sua venda. Alguns estados, liderados por Wisconsin, seguiram o exemplo e também instituíram essa proibição. Nos locais onde a venda ainda era permitida, a margarina ganhou uma coloração amarela adicional para parecer mais com a manteiga. Em 1898, 26 estados proibiram a adição de corantes, enquanto outros adotaram uma abordagem diferente – exigiam que fosse empregado na margarina corante rosa para torná-la menos atraente. Essa medida acabou sendo derrubada pela Suprema Corte, com o argumento de que forçar a adulteração de alimentos é ilegal.

Quando da aprovação da lei canadense determinando o embargo da produção de margarina, a província de Terra Nova e Labrador* ainda não fazia parte do país. Não dispondo de uma grande indústria de laticínios, essa região abraçou a produção de margarina. Em 1925, uma empresa de nome curioso, Newfoundland Butter Company – que nunca chegou a produzir manteiga – surgiu e passou a produzir margarina, tendo por base óleo de peixe, de baleia e de foca. Por ser muito mais barata que a manteiga, a margarina era usualmente contrabandeada para o Canadá. Quando Terra Nova e Labrador se juntou à Confederação do Canadá, em 1949, foi com a condição de que a produção de margarina

---

* N.T.: O nome dessa província, em inglês, é Newfoundland and Labrador.

seria permitida. Tal condição foi acatada, embora as vendas para o restante do Canadá seguissem proibidas. Contudo, apenas um ano depois, o Canadá revogou a proibição da margarina e permitiu que a regulamentação das vendas de tal produto fosse responsabilidade das províncias.

Algumas exigiam que a margarina fosse de uma coloração amarela brilhante ou laranja, enquanto outras proibiam o uso com qualquer corante que fosse. Na década de 1980, a maioria das províncias havia derrubado as restrições, mas Ontário não permitiu a venda de margarina com a cor da manteiga até 1995. Quebec, a última província canadense em que a regulamentação dos corantes da margarina ocorreu, revogou a lei local, que exigia que a margarina fosse incolor, em julho de 2008.

As leis que proibiam a adição de corante fizeram alguns produtores recorrerem a truques químicos, como a inclusão de um pacote de corante amarelo com o produto. Os consumidores poderiam, dessa forma, fazer sua própria margarina amarela amassando o corante, um processo que resultava em considerável sujeira. Outra ideia, mais inteligente, foi a inclusão de um pequeno "tubo colorido" na embalagem plástica em que estava a margarina. Esse material poderia ser adicionado sem a necessidade de abrir a embalagem, resultando em margarina colorida sem sujeira.

Muito bem, voltemos à minha busca por truques químicos usados para fazer "molho de guacamole sem abacate". Inicialmente fiquei sem muitas opções de pesquisa, pois fui incapaz de encontrar qualquer produto comercial desse tipo. Achei, todavia, uma série de receitas que ofereciam truques para fazer guacamole sem abacate. A maioria dessas receitas empregava soja jovem, ainda na vagem verde, colhida antes de endurecer e comumente conhecida como *edamame* – disponível nas formas fresca ou congelada. O "truque" é triturar esse produto no liquidificador com cebolinha, suco de limão, alho, folhas de coentro, azeite de oliva, cominho e iogurte grego. Definitivamente, não é necessário a tal *membrana*. Não tenho ideia se essa mistura realmente tem gosto de abacate, mas, com o preço alto dessa fruta, pode valer a pena tentar.

Por outro lado, há um estudo de 2022 publicado no *Journal of the American Heart Association* que descobriu haver menor risco de doença cardíaca associado à maior ingestão de abacate... Hmmm.

É desta forma
que a bola de borracha quica

Os visitantes do pavilhão da Polymer Corporation na Expo 67* saíram com um presente: tratava-se de um conjunto com três bolas. A primeira delas quicava quase na mesma altura de onde foi lançada; a segunda, menos; e a terceira permanecia parada no ponto em que havia caído, praticamente sem quicar. Foram projetadas para despertar a curiosidade, que era o tema declarado da exposição Polymer. De fato, a curiosidade sobre como as coisas funcionam e as maneiras para fazê-las funcionar ainda melhor é a pedra angular da ciência. A chave para satisfazer a curiosidade está na compreensão da natureza fundamental da matéria, que, por sua vez, é determinada pela estrutura e pelo comportamento das moléculas que compõem essa mesma matéria. E as três bolas dadas como brinde ilustravam exemplarmente tudo isso.

A borracha é um polímero, o que significa que sua estrutura fundamental consiste em moléculas muito grandes, que poderíamos afirmar serem constituídas por pequenas moléculas, ou *monômeros*, cuja união em muito se assemelha a ligar vários clipes de papel em uma corrente. A borracha natural, um exsudato de árvores da espécie *Hevea brasiliensis*, é composta de poli-isopreno, uma molécula gigantesca formada pela ligação de pequenas moléculas de isopreno. Essas macromoléculas estão convolutas em uma bagunça emaranhada, muito parecida com os fios do espaguete cozido. No entanto, quando uma força de alongamento é aplicada, as moléculas tornam-se mais retilíneas e organizadas. Cientificamente falando, elas agora têm menos entropia, definida como o estado de ordem de um sistema. A natureza tende a passar de estados organizados para desorganizados, em uma busca pelo aumento da entropia. O derretimento do gelo seria um exemplo típico. No gelo, as moléculas de água estão em um estado fixo e ordenado, enquanto na água elas estão livres para se mover de forma desordenada.

---

* N.T.: A Exposição Mundial de 1967, realizada na cidade de Montreal, no Canadá.

Quando as moléculas de borracha são esticadas, a entropia do sistema diminui – assim, no momento em que a força é liberada, as moléculas tendem a retornar ao seu estado desorganizado. A capacidade de um material deformado retornar à sua forma original quando a força de deformação for removida é conhecida como elasticidade. A borracha natural não é muito elástica; além disso, seu uso é limitado: adquire consistência dura no inverno, e macia, pegajosa, no verão. Em 1839, Charles Goodyear experimentava, com dedicação incansável, formas de melhorar as propriedades da borracha quando fez uma descoberta acidental que acabaria se revelando monumental. Essas tentativas de aprimorar as propriedades da borracha envolviam misturá-la com os mais diversos tipos de substâncias, desde sopa até ácido nítrico. Certo dia, notável e fortuito, foi a vez do enxofre. Nada aconteceu, até que ele acidentalmente derramou a mistura em um fogão aquecido. Foi então que a borracha endureceu e se transformou em uma massa elástica. Goodyear patenteou o processo, cunhando o termo "vulcanização" em homenagem a Vulcano, deus romano do fogo. Embora não compreendesse isso na época, átomos de enxofre tinham forjado elos entre as longas cadeias de poli-isopreno, tornando-as mais difíceis de desembaraçar e aumentando sua tendência de retornar ao seu estado original. A apresentação da borracha vulcanizada de Goodyear foi uma das maiores atrações da Grande Exposição dos Trabalhos da Indústria de Todas as Nações, realizada em Londres, em 1851. No impressionante Palácio de Cristal,* construído para o evento, Goodyear exibiu barcos de borracha, balões gigantes, sapatos, instrumentos médicos e até móveis, todos feitos de borracha vulcanizada.

Com a introdução dos automóveis, a borracha vulcanizada ganhou importância adicional. Era inestimável para cintos, juntas e, claro, pneus. Mas as seringueiras não cresciam na Europa ou na América do Norte, e havia preocupação sobre a disponibilidade de um produto que tinha que ser enviado por longas distâncias, especialmente em caso de guerra. A borracha poderia ser feita sinteticamente? Era uma pergunta que cientistas costumavam fazer a si mesmos. Já em 1860, o químico inglês Charles Greville Williams havia submetido a borracha ao processo de destilação destrutiva e descobriu que a decomposição de tal composto resultava em isopreno. Essa descoberta deu início aos esforços para sintetizar

---

* N.T.: Em inglês, *The Crystal Palace*, uma gigantesca construção em ferro fundido e vidro erigida no Hyde Park, em Londres, Inglaterra, para albergar a Grande Exposição de 1851.

borracha a partir do isopreno, uma tarefa que se mostrou bastante desafiadora. Mas, em 1909, o químico Fritz Hofmann, da Bayer Company, conseguiu polimerizar um composto relacionado muito próximo, o metil isopreno, produzindo assim a primeira borracha sintética do mundo. Posteriormente, na década de 1920, Sergei Lebedev na Rússia polimerizou o butadieno, empregando sódio, para obter uma borracha sintética chamada "Buna", nome composto a partir do butadieno e do símbolo químico do sódio, *Na*. Tendo aprendido uma lição com a escassez de borracha durante a Primeira Guerra Mundial, a Alemanha embarcou em um programa massivo para produzir borracha sintética e, na década de 1930, os químicos da IG Farbenindustrie desenvolveram uma série de borrachas de tipo Buna, sendo que a mais conhecida ganhou a denominação de Buna-S, pois era criada a partir de butadieno e estireno. Durante a Segunda Guerra Mundial, grande parte dessa produção foi realizada através de trabalho escravo, em uma fábrica da IG-F em Auschwitz.

No Canadá, o governo estabeleceu a Polymer Corporation, localizada em Sarnia, Ontário, para produzir borracha sintética empregando essencialmente o processo alemão, com matérias-primas obtidas do petróleo. Após a guerra, essa corporação prosseguiu realizando pesquisas em polimerização, e esses esforços foram apresentados em seu pavilhão da Expo 67, com o destaque para o brinde das três bolas ofertado aos visitantes.

Pois bem, considere, então, o que acontece quando uma bola é lançada ao solo. O impacto com a superfície vai criar uma deformação muito parecida com o alongamento de um elástico. A forma como cada bola quica está determinada pela eficácia com que a forma original é restaurada, o que, por sua vez, é função dos monômeros específicos utilizados para criar a borracha – a extensão em que as cadeias de polímero foram reticuladas, ou seja, como foram "vulcanizadas". A bola feita de butadieno polimerizado restaura sua forma rapidamente, quicando alto. Se o butadieno for polimerizado junto com estireno, ele se torna menos saltitante. Já com a borracha butílica feita de isobuteno e isopreno, o ato de quicar praticamente desaparece. É tudo uma questão de química – essa é a mensagem tão eficazmente transmitida pelas bolas saltitantes da Polymer Corporation, primeiro elevando e depois satisfazendo a curiosidade despertada. Eu, da minha parte, recebi a mensagem. Essas bolas foram importantes para estimular meu interesse em Química.

Preocupações antibióticas

Eles são talvez a mais importante classe de medicamentos já produzida. Os antibióticos são a melhor arma que temos na luta contra bactérias causadoras de doenças. Trata-se de uma briga que não podemos perder. Contudo, isso pode ocorrer se as bactérias se tornarem resistentes aos antibióticos.

Embora sejam muito eficazes em matar bactérias, não são perfeitos. Algumas bactérias são mais resistentes do que outras; por outro lado, quando uma população de bactérias é exposta a um antibiótico, uma parte pode sobreviver. Tais sobreviventes, a partir daí, vão transmitir a maquinaria genética que permitiu sua sobrevivência para seus descendentes, tornando-os igualmente resistentes ao antibiótico em questão. Basicamente, toda vez que um antibiótico é usado, há chance de uma cepa de bactérias resistentes a esse antibiótico surgir. Como consequência, uma infecção subsequente causada por essa cepa será resistente ao tratamento com antibióticos. A moral, nesse caso, é que os antibióticos devem ser usados apropriadamente, não de forma leviana, o que traz à tona o tópico de seu uso na pecuária.

Gado, porcos, aves e peixes podem sofrer infecções bacterianas, algo que exige tratamento com antibióticos. Tais medicamentos, em geral, são administrados na comida ou na água dos animais, seguindo as orientações de um veterinário especializado nas doenças bacterianas dos animais em fazendas. Nenhuma intervenção médica está isenta de riscos – com os antibióticos, há o problema duplo dos resíduos e da resistência. Um tratamento com antibióticos pode deixar resíduos do medicamento na carne após o abate, que podem entrar no nosso organismo quando a consumimos. A questão aqui não é toxicidade, mas a preocupação de que o medicamento elimine bactérias suscetíveis permitindo, por outro lado, que as resistentes prosperem. É um risco bem pequeno, dado que os resíduos de antibióticos na carne são regulamentados com muito cuidado, e os animais tratados só podem ser abatidos após o tempo específico necessário para que tais resíduos sejam eliminados.

Temos um problema bem mais significativo do que os resíduos com a passagem direta de bactérias resistentes para as pessoas. É inevitável que um animal tratado com antibióticos desenvolva algumas bactérias resistentes, que podem ser transferidas aos humanos por meio do contato com fezes dos animais. Trabalhadores rurais podem ser infectados e, assim, espalhar doenças. A carne também pode ser contaminada durante o abate, pois traços de matéria fecal são muitas vezes encontrados na carne comercializada em estabelecimentos comerciais. Embora o calor possa matar a maioria dos contaminantes bacterianos, o cozimento inadequado ou o manuseio impróprio antes do cozimento podem contaminar superfícies e, possivelmente, outros alimentos que não passam por cozimento. Evidentemente, também há o fato de que ninguém deseja consumir carne de animais doentes, portanto a eliminação total de antibióticos dificilmente seria a resposta. A ênfase deve estar no uso adequado e criterioso desses medicamentos que salvam vidas.

Mas o que constituiria um uso impróprio? Alimentar animais com antibióticos para fazê-los ganhar peso rapidamente seria um caso. Embora a penicilina tenha sido descoberta por Alexander Fleming em 1928, foi somente na década de 1940 que ela passou a ser amplamente utilizada, graças ao trabalho dos doutores Flory e Chain, que conseguiram isolar o medicamento do fungo *penicillium*, desenvolvendo assim métodos para produzi-lo em larga escala. Tal feito também desencadeou uma busca das empresas farmacêuticas por outros antibióticos e, em 1945, pesquisadores no Lederle Laboratories isolaram a clortetraciclina de uma amostra de solo, retirada de um campo na Universidade do Missouri. Com os testes desse novo medicamento, percebeu-se que um de seus efeitos era ganho de peso em animais. Tal descoberta foi rapidamente transformada em um empreendimento comercial – ou seja, vender antibióticos para fazendeiros que estavam interessados no aumento de seus lucros ao obter a maturidade para seus animais rapidamente. O conceito de resistência a antibióticos nem estava no horizonte na época, e a adição de antibióticos à ração animal se tornou uma prática generalizada.

No início do século XXI, o problema das bactérias resistentes fomentado pelo uso de antibióticos em humanos e animais foi reconhecido e, em 2006, a União Europeia proibiu o uso de antibióticos como promotores do crescimento em animais. Uma década depois, tanto o Canadá quanto os EUA seguiram esse exemplo. Como as empresas não poderiam mais vender antibióticos aos fazendeiros como estimulante para o crescimento, mudaram o foco, que passou a ser a promoção de antibióticos em baixa dosagem na ração como uma forma de prevenir doenças. Como resultado, não houve redução significativa na exposição dos animais aos antibióticos. A crescente preocupação com a resistência bacteriana e com a resistência do consumidor em comprar uma carne que possa conter resíduos de antibióticos afastou definitivamente os fazendeiros de uma utilização profilática dos antibióticos.

A alteração de práticas também pode reduzir a necessidade de tal profilaxia. Por exemplo, leitões desmamam naturalmente por volta dos três ou quatro meses de idade; em fazendas industriais, contudo, tal desmame geralmente acontece após um mês. Nesse caso, esses animais não tiveram acesso aos anticorpos do leite materno de forma suficiente, tornando-os mais propensos a doenças gastrointestinais e diarreia pós-desmame. O desmame precoce também interfere no desenvolvimento de um microbioma saudável – ou seja, o equilíbrio adequado de bactérias saudáveis e prejudiciais no intestino do animal. O microbioma debilitado pode ocasionar doenças posteriores, para as quais serão necessários antibióticos. O microbioma avícola também é afetado por certas práticas de manejo semelhantes, bastante intensas. Os pintinhos absorvem microrganismos pelos poros do ovo durante a chocagem; na pecuária atual, contudo, os ovos são retirados da mãe, e sua superfície passa por um processo de limpeza. Além disso, depois que nascem, os pintinhos não terão a oportunidade de ciscar em um solo repleto de todos os tipos de bactérias, que diversificariam seu microbioma e preveniriam doenças. Assim, os fazendeiros precisam novamente apelar aos antibióticos profiláticos. Uma pena, de fato.

Embora os resíduos de antibióticos na carne provavelmente não tenham impacto na saúde humana, a geração de bactérias resistentes a antibióticos em animais representa uma ameaça às pessoas. Esse é o motivo pelo qual a carne rotulada como "sem uso de antibióticos"* costuma obter vendas maiores, apesar do custo mais alto. No entanto, deve-se ressaltar que o uso impróprio de

---

* N.T.: Em inglês, *"no antibiotics ever"* (uma variação seria *"never given antibiotics"*), um selo empregado por algumas granjas nos EUA. Ou seja, animais que não receberam antibióticos em nenhum momento de seu desenvolvimento. Tal selo costuma ser comprovado por documentação enviada ao Departamento de Agricultura dos EUA (United States Department of Agriculture – USDA).

antibióticos em humanos apresenta um risco muito maior do que seu uso em animais. Pressionar os médicos a prescrever antibióticos quando eles não são indicados é equivalente a gritar "lobo" sem necessidade. Se um lobo de fato aparecer na porta, os gritos não vão servir para trazer ajuda.

Superalimentos e superpromoção

Nos dias de hoje, é difícil caminhar pela seção dedicada à alimentação em uma livraria ou folhear uma revista sem encontrar os "superalimentos". O termo não tem definição oficial, mas geralmente é compreendido com o seguinte significado: um determinado alimento traria algum tipo de benefício à saúde além da simples nutrição. Embora a descrição de um alimento como sendo "super" – termo originário do latim "acima" – seja relativamente recente, a crença de que alguns alimentos têm propriedades desejáveis acima dos outros é antiga.

Já em 2000 a.C., os chineses consideravam o alho um auxiliar digestivo, e os gregos o empregavam para energizar soldados nas batalhas, além de melhorar o desempenho dos primeiros atletas olímpicos. Costuma-se dizer que os faraós egípcios forneciam alho aos trabalhadores dedicados à construção das pirâmides para que pudessem obter força extra. O célebre *Papiro Ebers*, datado de cerca de 1500 a.C., recomenda "meia cebola e a espuma da cerveja como remédio delicioso contra a morte". Hipócrates indicava lentilhas como tratamento para úlceras, enquanto o médico romano Galeno, em seu tratado *As faculdades dos alimentos*,* descrevia como os "quatro humores" do corpo poderiam ser afetados pela dieta. A ideia de que esses humores (bile amarela, bile negra, sangue e catarro) eram a chave para a saúde só começou a perder força no século XVIII, quando a demonstração de James Lind de que era possível curar o escorbuto utilizando frutas cítricas e a descoberta do metabolismo por Lavoisier lançaram as bases para a ciência nutricional moderna.

---

* N.T.: Tradução para o português (disponível em formato digital pela Imprensa da Universidade de Coimbra), a partir do título original desse tratado, em latim, *De Alimentorum Facultatibus*.

A determinação de Justus von Liebig – de que os alimentos eram basicamente uma combinação de gorduras, carboidratos e proteínas – alterou o foco dos quatro humores para a sua composição química como determinante da saúde. A ligação da fisiologia à dieta possibilitou, da mesma forma, o surgimento de gurus que começaram a promover alimentos específicos para a saúde. Nos EUA, Sylvester Graham defendeu uma dieta de vegetais e grãos grossos e, em 1837, até abriu uma *loja de provisões Graham*, em Boston – a primeira de alimentos saudáveis do país. Um discípulo de Graham, James Caleb Jackson, introduziu a *granula*, uma farinha rica em fibras, cozida e fragmentada em pequenos pedaços, que não só deveria ser saudável, mas também serviria para dissuadir as pessoas de buscar "autoprazer", prática vista como prejudicial à saúde. Outro devoto de Graham, Dr. John Harvey Kellogg, introduziu o iogurte como um alimento saudável e, na década de 1940, J. I. Rodale atribuiu propriedades maravilhosas à agricultura orgânica, além de promover diversos suplementos alimentares.

Dessa forma, as bases para os "superalimentos" foram estabelecidas; o primeiro uso exato desse termo, contudo, é algo misterioso. Alega-se que certo poema, publicado em um jornal jamaicano durante a Primeira Guerra Mundial, usou essa palavra em referência ao vinho; vários artigos sobre superalimentos na internet, por sua vez, citam material supostamente publicado em Alberta, no *Lethbridge Herald* em 1949, que descrevia um tipo de *muffin** como "um superalimento que contém todas as vitaminas conhecidas e algumas que ainda não haviam sido descobertas". Talvez tais versões sejam verdadeiras, mas uma busca no Google não foi capaz encontrar nem o poema jamaicano, nem o artigo sobre o tal *muffin*. Assim, as bananas assumiram o manto de "superalimento": em um artigo de 1924 de Sidney Haas sobre o tratamento da doença celíaca em crianças, é sugerida uma dieta de bananas, leite, sopa, gelatina e um pouco de carne. Na época, não se sabia que essa doença era uma reação adversa ao glúten – assim, as bananas receberam o crédito. Tal dieta funcionava não porque incluía bananas, mas porque excluía o glúten.

---

* N.T.: Há várias traduções possíveis para essa expressão que costuma indicar um bolo simples (sem cobertura ou recheio). Contudo, como *muffin* é um termo de ampla utilização em português na sua forma anglicizada original, mantivemos em inglês.

Quando a questão é implantar a ideia de "superalimentos" na mente do público, eu diria que o crédito um tanto duvidoso deve ser dado ao osteopata e naturopata* britânico Michael van Straten, um prolífico escritor de livros dedicados à "saúde natural" e apresentador do *Bodytalk*, programa de rádio de longa duração. Em 1990, ele publicou *Superfoods*, atribuindo propriedades terapêuticas, bem como para prevenção de doenças, a maçãs, brócolis, cebolas, nozes, abacates e uma série de outros alimentos. Seguiu com outros livros nessa linha "super", com títulos bastante atraentes: *Super Juice, Super Soups, Superfoods Super Fast, Super Boosters, Super Herbs* e, para aqueles que não se alimentam dos superalimentos, *Super Health Detox*.**

As ideias de Van Straten a respeito de superalimentos foram inspiradas por um tônico suíço, o Bio-Strath, inventado pelo químico alemão Walter Strathmeyer. Ao recomendar esse tônico para seus pacientes na década de 1960, Van Straten recebeu relatos de como a substância resultava em aumento de energia e na solução de todos os tipos de problemas de saúde; assim, abriu uma empresa para importar e comercializar esse produto. O Bio-Strath resultava da mistura de uma ampla variedade de plantas medicinais e levedura de cerveja rica em vitamina B. Foi essa mistura que impulsionou Van Straten à fama de forma singular.

Barbara Cartland já era à época uma escritora romances bastante célebre, tendo publicado cerca de 723 títulos que acumulavam vendas em mais de 1 bilhão de livros. Apesar de não ter nenhuma educação científica, ela também se aventurou na área de nutrição, descrevendo como consumia até 100 suplementos alimentares diariamente. Quando Margaret Thatcher ocupou o cargo de primeira-ministra, recebeu uma carta de Cartland com um anexo contendo pílulas que "levariam oxigênio a todas as partes do corpo, incluindo o cérebro".

---

* N.T.: Temos aqui duas práticas de medicina alternativa – a *osteopatia* (utilização de técnicas de mobilização e manipulação articular, bem como de tecidos moles, para tratar dores e problemas de mobilidade) e a *naturopatia* (forma alternativa de medicina que emprega terapias naturais para tratamento de doenças em geral).

** N.T.: Os livros deste autor não tem tradução no Brasil. Mas aqui estão as possíveis traduções para esses títulos: "Supersuco", "Supersopa", "Superintensificadores" (no sentido de alimentos de amplificam supostos efeitos positivos à saúde, como a imunidade), "Superervas" (como temperos ou ervas medicinais) e "Desintoxicação Supersaudável".

Em 1964, Cartland escreveu um artigo abordando o fato de que estava deprimida devido à morte de seu marido. Em resposta, Van Straten lhe enviou algumas garrafas de Bio-Strath, o que inspirou uma longa amizade. A dupla chegou até mesmo a abrir uma loja de alimentos orgânicos e saudáveis; quando Cartland foi convidada a participar de um programa de rádio a respeito de comida junto a cinco professores, impôs como condição para aceitar o convite que Van Straten pudesse ir também. Ele deve ter se saído bem, pois logo lhe ofereceram um programa regular próprio, que abriu caminho para sua série de livros com prefixo *super*. Uma enxurrada de publicações de outros autores se seguiu, promovendo bagas de goji, suco de noni, sementes de chia, couve, quinoa, kefir, espirulina, chá verde, algas marinhas e alho como instrumentos necessários para manter a morte ceifadora distante.

No entanto, o fato é que "superalimento" é um termo da propaganda, não da ciência. É possível ter uma dieta saudável sem incluir nenhum dos alegados superalimentos, e uma dieta não saudável mesmo consumindo café chaga,* frutos de maquis ou nozes-de-tigre. O único alimento que poderia ser legitimamente chamado de superalimento seria qualquer coisa consumida pelo Super-Homem.

Biofato ou biofarsa?

No marketing, o prefixo "bio" impulsiona as vendas – e muito. Os consumidores, que se tornam mais e mais conscientes dos problemas ambientais, são atraídos por termos como "biodegradável" e "de base biológica" nos rótulos dos produtos. Certamente, a perspectiva de uma sacola plástica convencional ou da garrafa de água descartada persistirem pelos próximos quinhentos anos

---

* N.T.: Uma das mais recentes tendências em suplementação alimentar é o uso do cogumelo chaga (*Inonotus obliquus*) no pó de café, solúvel ou não.

não é nada atraente. Mais reconfortante é a ideia de um plástico biodegradável, cuja decomposição ocorra pela ação de bactérias ou fungos em componentes que não tenham quaisquer impactos adversos ao meio ambiente. Embora existam maneiras de produzir plásticos biodegradáveis, o problema é que eles se decompõem apenas em condições ideais, em um período de tempo imprevisível. Experimentos demonstraram que uma sacola supostamente biodegradável, enterrada no solo ou lançada no oceano, praticamente não sofre alterações em um prazo de três anos. Plásticos "compostáveis" são mais ecológicos, mas apenas quando o fim desse tipo de plástico acontecer em uma instalação de compostagem industrial.

Na atualidade, o termo "de base biológica" aparece nos rótulos com frequência cada vez maior. *Bio* vem da palavra grega para "vida", de modo que a sugestão de produtos com o rótulo "de base biológica" é de um material que se origina de uma fonte viva, renovável, em vez de petróleo, que não é renovável. Pressupõe-se que as substâncias de base biológica têm menor impacto ambiental em termos de emissões dos gases responsáveis pelo efeito estufa, além de cadeias de suprimentos mais sustentáveis. Um exame mais detalhado, contudo, sugere que tais benefícios são bem mais sutis do que parecem.

Os surfactantes são moléculas que possuem cabeça hidrofílica, atraída pela água, e cauda hidrofóbica, traço que favorece as substâncias oleosas. Essa estrutura os torna ideais para remover manchas gordurosas de superfícies, razão pela qual são usados em produtos de limpeza. Os surfactantes também encontraram ampla aplicação em cosméticos, pois permitem que as fases oleosa e aquosa se misturem suavemente. A maioria dos surfactantes é produzida sinteticamente, e pelo menos alguns de seus componentes são obtidos do petróleo. Por exemplo, o lauril éter sulfato de sódio (SLES, na sigla em inglês), um dos surfactantes mais amplamente utilizados, é feito de álcool laurílico e óxido de etileno. A produção do álcool laurílico se dá a partir de óleo de palmiste ou do óleo de coco, enquanto o óxido de etileno é feito de etileno derivado de petróleo não renovável ou gás natural.

Se o etileno fosse produzido a partir de plantas, o SLES poderia ser descrito como "100% de base biológica". Ótimo para o marketing. De fato, alguns fabricantes do SLES de base biológica buscam atrair seus clientes – as principais empresas de detergentes e de produtos voltados à higiene pessoal – oferecendo provas de que nenhum derivado de petróleo foi usado na síntese de sua substância. Essa prova seria possível ao se demonstrar a ausência de qualquer traço do isótopo de carbono-14.

Quando raios cósmicos, partículas de alta energia que se originam no espaço sideral, bombardeiam a atmosfera da Terra, eles produzem nêutrons que podem tirar um próton do núcleo de um átomo de nitrogênio e convertê-lo no isótopo C-14. O resultado é que cerca de uma em cada trilhão de moléculas de dióxido de carbono no ar tem um átomo C-14 em vez de C-12. Como o dióxido de carbono do ar é a fonte de todos os átomos de carbono nas plantas por meio da fotossíntese, as plantas vivas conterão algum C-14. Mas o carbono-14 é radioativo, tendo meia-vida de cerca de 5.700 anos, o que significa que o petróleo, formado a partir de matéria viva há pelo menos 65 milhões de anos, não conteria mais qualquer traço de C-14. Uma consequência disso é que os compostos derivados do petróleo não apresentarão nenhum desses isótopos em sua composição, enquanto aqueles originários de matéria viva terão alguns.

Mas o SLES "100% de base biológica" não é necessariamente mais "verde", no fim das contas. Em primeiro lugar, porque, embora o álcool laurílico venha de uma fonte vegetal, há bastante processamento envolvido. As gorduras precisam ser quebradas para a produção do ácido láurico, que é então convertido em álcool laurílico pela reação com hidrogênio. E ambos os processos requerem o uso de combustíveis fósseis. E será esse o procedimento seja no caso de SLES sintético ou de base biológica. Outro componente-chave, o etileno necessário para fazer óxido de etileno, pode ser feito de etanol – em substituição ao petróleo –, que, por sua vez, deve ser produzido pela fermentação de milho ou cana-de-açúcar. Com o álcool laurílico e o óxido de etileno podendo ser obtidos de fontes vegetais, a alegação "100% de base biológica" poderia, em termos, ser justificada.

Milho e cana-de-açúcar são recursos renováveis, enquanto o petróleo, evidentemente, não é. No entanto, isso não significa necessariamente que o óxido de etileno de base biológica tenha um impacto ambiental menor. Há emissões significativas de gases responsáveis pelo efeito estufa associados ao cultivo de milho ou cana-de-açúcar. Essas culturas exigem pesticidas e fertilizantes, cuja produção depende de combustíveis fósseis; além disso, há o combustível destinado aos caminhões e implementos agrícolas necessários. Em termos gerais, o SLES de base biológica pode até estar associado a emissões de gases relacionados ao efeito estufa em escala um pouco menor, mas o impacto geral provavelmente não será muito significativo – a menos que o etanol seja fermentado a partir de palha residual e o CO2 produzido pela fermentação, capturado no processo.

Em vez de surfactantes de base biológica, que tal um "biossurfactante"? Alguns micróbios produzem glicolipídios, moléculas naturais que possuem partes hidrofílicas e hidrofóbicas, podendo atuar como surfactantes. Podem ser produzidos por uma cepa específica de levedura isolada do mel. Embora nenhuma síntese química esteja envolvida, o problema é que a levedura tem que ser alimentada com certas matérias-primas, como açúcar ou óleo de girassol. Isso requer o uso de produtos químicos agrícolas, cuja "pegada de carbono" é significativa.

Qual é o ponto principal aqui? Que determinar o impacto ambiental dos itens de consumo é complicado e o prefixo *bio* não significa necessariamente melhor. Uma análise cuidadosa é necessária para distinguir entre "biofato" e "biofarsa"

Atletas em conserva

Ainda hoje, segue conhecido como "o jogo do suco de picles". Tratava-se da abertura da temporada da National Football League (NFL) em 2000: o Philadelphia Eagles jogava com o Dallas Cowboys, na cidade de Dallas. Era um desses dias escaldantes, com temperaturas atingindo os 43ºC no campo. Não demorou muito para que alguns jogadores do Cowboys saíssem mancando do campo, com cãibras; aqueles que jogavam pelo Eagles, contudo, não foram afetados por esse tipo de problema. No jogo mais quente da história da NFL, o time da Filadélfia triunfou por 41–14. Grande parte do crédito pela vitória foi para um treinador do Eagles, que sugeriu aos jogadores beber salmoura de alguns potes de picles.

Isso intrigou Kevin Miller, então um estudante de graduação em Ciência do Esporte na Universidade de Wisconsin. Estudar os líquidos de conserva ou "suco de picles" era algo que se tornaria sua paixão. Tudo começou na Universidade Brigham Young, onde o título de sua tese de doutorado foi

Respostas de plasma e EMG durante uma cãibra muscular induzida eletricamente após a ingestão de água e líquido de conserva. Já quando era pesquisador da Central Michigan University, Miller viria a se tornar o maior especialista do mundo em suco de picles e conduziu o estudo mais citado sobre o assunto — um estudo que, na verdade, mostrava que os Eagles talvez soubessem exatamente o que estavam fazendo. Provavelmente não seja material para o Prêmio Nobel, mas os resultados foram bem recebidos por atletas, para os quais essas dores são uma maldição. Afinal, não é incomum ver um jogador de basquete se contorcendo no chão, lutando contra cáibras.

O termo "suco de picles", nesse sentido, não é de fato um nome muito adequado. Ao contrário de laranjas ou maçãs, os picles não são espremidos para produzir suco. A referência do termo está na salmoura na qual os pepinos são fermentados para sua conversão em picles. Tal transformação é bem simples, conhecida há milhares de anos. Basta submergir os pepinos em água salgada e esperar de três a quatro semanas. *Voilà!* Alho, endro e sementes de mostarda podem ser adicionados para tornar o resultado mais saboroso, mas não são necessários para a salmoura, provavelmente o método mais antigo para preservação de alimentos.

Necessários, no entanto, são o sal e as bactérias que habitam naturalmente a superfície do pepino, absorvidas do ar ou do solo. As mais importantes são da família dos lactobacilos, pois produzem ácido láctico: a chave para a preservação. Existem diversos tipos de bactérias que colonizam o pepino – em alguns casos, ocasionando deterioração ou até mesmo enfermidades. Felizmente, as outras bactérias são inibidas pelo sal em uma extensão muito maior do que os lactobacilos. Quando se trata da batalha dos micróbios, desde que a solução na qual os pepinos são imersos seja suficientemente salgada, os lactobacilos vencem. Pois sua multiplicação é veloz: logo digerem os carboidratos do pepino para produzir ácido láctico, o que aumenta a acidez da solução, produzindo o sabor ácido desejado. Ainda mais importante, o aumento da acidez impede que outras bactérias menos desejáveis se multipliquem.

Os lactobacilos precisam de um ambiente sem oxigênio, ou anaeróbico, para seu desenvolvimento, enquanto outras bactérias costumam se multiplicar na presença de oxigênio. Por isso, é importante excluir o ar enquanto a fermentação está acontecendo. Quaisquer picles ou salmoura expostos passam a ser ambiente propício para a proliferação de micróbios, que danificarão todo o lote.

Então, o que há no "suco de picles"? Muito sal. Também um pouco de ácido láctico, produzido pelos pepinos fermentados junto a pequenas quantidades de potássio, magnésio e cálcio. Então, é claro, também temos as bactérias do ácido láctico, que estão no reino dos "probióticos", definidos como micróbios que têm efeitos benéficos quando introduzidos no corpo humano. Mas essa mistura pode realmente ajudar a resolver cãibras?

A crença comum a respeito das cãibras estabelecia que elas seriam causadas por uma combinação de desidratação e perda de sódio e potássio. Assim, houve estímulo aos atletas para que consumissem bebidas esportivas, como Gatorade, mas um experimento inteligente de Miller demonstrou que a causa das cãibras é mais complicada. Ele inventou uma maneira de desencadear cãibras no dedão do pé por meio de estimulação elétrica; além disso, fez voluntários pedalarem em uma bicicleta ergométrica semi-reclinada até o ponto de desidratação. Mesmo assim, a quantidade de estímulo elétrico necessária para causar uma cãibra foi a mesma de antes do exercício. A desidratação não seria, dessa forma, primordial para provocar a cãibra.

Quando as cãibras foram induzidas após os voluntários ficarem exaustos por conta do exercício na bicicleta, elas duraram cerca de dois minutos e meio. Em seguida, os voluntários receberam cargas elétricas novamente – assim que as cãibras começaram, eles beberam 75 ml de água deionizada ou de "suco de picles" de um pote da marca *Vlasic*. Dessa vez, as cãibras duraram apenas cerca de 85 segundos nos indivíduos que beberam o líquido de conserva, levando ao resultado amplamente divulgado de que "o suco de picles alivia cãibras 45% mais rápido do que não beber líquidos e 37% mais rápido do que beber apenas água".

O alívio foi tão rápido que o líquido mal teve tempo de chegar ao estômago. Consequentemente, o efeito não pôde ser explicado pela restauração de eletrólitos encontrados no líquido de conserva usado nos picles, com a predominância do sódio. Em vez disso, pesquisadores sugeriram que o líquido de conserva poderia desencadear um reflexo na boca que enviaria um sinal para inibir o disparo de neurônios motores no músculo com cãibra. Quanto ao fato de que o "suco de picles" realmente melhorar o desempenho, como alguns jogadores de tênis chegaram a alegar, não é verdade, segundo Miller, com base em um experimento no qual homens jovens beberam, alternativamente, água deionizada ou líquido de conserva antes de correrem até atingir o ponto de exaustão. Não houve diferença entre a água e o "suco".

Alguns consumidores levantaram questões concernentes à segurança de beber "suco de picles", ou mesmo apenas consumir picles, dado que a Agência Internacional de Pesquisa em Câncer (International Agency for Research on Cancer – IARC) classifica vegetais em conserva como "potencialmente cancerígenos para seres humanos". Alguns fungos nesses vegetais podem transformar nitratos naturais em nitritos, que então formam nitrosaminas cancerígenas. Mas não se preocupe: tais conclusões relacionam-se a dietas asiáticas, nas quais vegetais em conserva muitas vezes são consumidos diariamente, como um alimento básico. Aquele endro que você come de vez em quando, junto com seu sanduíche de carne defumada, não vai causar problema algum. Esteja atento, porém, ao teor de sódio. Se você tem uma dieta com alto teor de sódio, isso pode, digamos, azedar sua situação.

Fascinante fibra de vidro

Eram mais de 27 milhões de pessoas aglomeradas na Exposição Universal,* realizada em Chicago no ano de 1893 – uma celebração de seis meses que homenageou a chegada de Cristóvão Colombo ao Novo Mundo. Todas essas pessoas vieram para ver réplicas dos navios de Colombo, andar na primeira roda-gigante da história e assistir às apresentações de Harry Houdini – com seu irmão Theo –, que ocorriam durante o evento. Elas também foram admirar o famoso vestido de vidro da Libbey Glass Company. Se essas pessoas acreditavam que o vestido seria transparente, ficaram decepcionadas. Pois não era. As tonalidades do vestido eram opacas – na verdade, tratava-se de um tecido de seda com fibras delgadas de vidro. Estava fadado a ser nada além de uma curiosidade, pois era pesado e bastante desconfortável, pois as fibras de vidro se quebravam facilmente. Mas

---

* N.T.: O autor utiliza, no original, o nome pelo qual essa edição da Exposição Universal ficou particularmente conhecida: *Chicago's Columbian Exposition*.

apenas 76 anos depois, tecidos feitos de fibras de vidro voltariam a ser notícia, no momento em que os astronautas andavam na Lua protegidos por trajes espaciais munidos de camada externa em fibra de vidro.

Fibra de vidro, como o termo indica, refere-se a um fio delgado, feito de vidro. Familiarizei-me com essas fibras na época da pós-graduação, quando, por vezes, era necessário moldar tubos de vidro em um formato desejado. Trata-se de algo que pode ser feito ao amolecer o vidro na chama de um bico de Bunsen; contudo, se em vez de dobrar, o vidro aquecido for rapidamente puxado, ele forma um fio. Costumávamos brincar para ver quem conseguia produzir o fio mais longo e mais fino. Com um pouco de prática, você pode produzir uma fibra fina o suficiente para uso em um tecido. Tal tecido seria exatamente a "fibra de vidro".

Hoje, é claro, todo esse processo é realizado por máquinas – a fibra produzida dessa forma pode ser mais fina que um fio de cabelo. Quando tais fibras são emaranhadas, conseguem capturar o ar, o que faz delas um excelente material isolante, muito utilizado em paredes e sótãos. Nesse caso, a descrição do material como "fibra de vidro" é precisa: trata-se de um material feito apenas de vidro. No entanto, alguma confusão pode surgir, pois "fibra de vidro" também é uma expressão comumente usada para descrever certo material composto surgido da impregnação de uma rede de fibras de vidro com resina fluida, depois "tratada" para formar uma substância mais dura.

Tal tecnologia foi desenvolvida pela primeira vez, por químicos alemães, no final da década de 1930. Eles descobriram que a resina de poliéster pode ser tratada pela combinação com estireno e um "iniciador", peróxido de hidrogênio. O peróxido desencadeia uma reação que permite ao estireno realizar ligação cruzada das longas moléculas do poliéster para formar uma rede rígida. Enquanto a mistura permanece fluida, pode ser despejada em moldes, nos quais endurecerá enquanto a reação de ligação cruzada continua acontecendo.

Durante a Segunda Guerra Mundial, agentes da inteligência britânica conseguiram roubar o segredo dessa reação dos alemães e o entregaram à Cyanamid, uma empresa americana. Não demorou muito para que peças de avião, painéis para navios e cúpulas para proteção dos equipamentos de radar passassem a ser fabricados. Após a guerra, o "plástico reforçado com vidro" passou à produção de varas de pesca, embarcações de lazer e, em 1953, da carroceria do *Corvette*, da Chevrolet.

Alan Shepard, o primeiro astronauta americano, foi lançado ao espaço em 1961 sentado em um assento de fibra de vidro, moldado sob medida para seu corpo. Em sua cápsula Mercury, estava protegido do calor da reentrada por um escudo térmico que consistia em uma estrutura em forma de colmeia, feita de alumínio coberto por múltiplas camadas de fibra de vidro. A cápsula Apollo, que levaria os astronautas à Lua, assim como o módulo lunar, tinha seu isolamento todo em fibra de vidro.

A viagem à Lua exigiu inúmeros testes da cápsula Apollo ainda no solo antes do primeiro voo em órbita baixa terrestre, planejado para 1967. Tragicamente, esse lançamento nunca ocorreu porque os astronautas Gus Grissom, Ed White e Roger Chaffee morreram em um incêndio que atingiu a cápsula durante um teste no solo. A atmosfera na cápsula foi projetada para ser 100% oxigênio – medida tomada com o objetivo de reduzir peso. Embora o oxigênio não queime, ele favorece a combustão. Uma faísca elétrica desencadeou o incêndio instantaneamente; o fogo foi alimentado por materiais combustíveis, como velcro, amplamente utilizado na cápsula.

Os astronautas trajavam vestimentas à prova de fogo – feitas de Nomex da DuPont –, mas elas não resistiram à intensidade das chamas. Assim, a Nasa lançou uma investigação em larga escala, além de encarregar algumas empresas de criar um material de qualidade superior. A Owens Corning Company enfrentou esse desafio com seu "tecido Beta", feito de fibras de vidro extremamente finas e firmemente revestidas com Teflon. Tal solução garantia um material não inflamável, além de ter ponto de fusão mais alto do que o Nomex e uma trama apertada, algo que impedia a penetração de gases ou partículas microscópicas. Tratava-se de um material perfeito para a camada externa dos trajes espaciais da missão Apollo.

Walter Bird, um engenheiro que, na década de 1940, havia trabalhado no design de revestimentos para instalações de radar, viu certo potencial do "tecido Beta" em aplicações mais terrestres. Em 1975, sua empresa, Birdair, instalou um telhado feito de painéis de fibra de vidro revestidos de Teflon no Pontiac Silverdome, em Detroit. Essa solução, desde então, espalhou-se na forma de instalações semelhantes ao redor do mundo, incluindo o caso das estruturas em forma de vela que cobrem o Canada Place de Vancouver, a cobertura do estádio Dallas Cowboys e o telhado do Estádio Olímpico, em Montreal.

O telhado original do estádio, construído para as Olimpíadas de 1976, foi projetado para ser retrátil e foi feito em Kevlar, o famoso material à prova de balas da DuPont. Infelizmente, ele não resistiu bem aos rigores impostos pela necessidade de abrir e fechar constantemente, sendo substituído em 1998 por um teto não retrátil construído com painéis de fibra de vidro da Birdair. Embora o tecido tenha resistido às demandas do espaço sideral, ele não conseguiu lidar com a neve de Montreal. O peso que se acumulava no teto era responsável por diversos danos; assim, a cidade está mais uma vez procurando outro empreiteiro para projetar um novo teto. Considerando que químicos e engenheiros foram capazes de resolver os problemas monumentais envolvidos em colocar homens na Lua, é de se esperar que eles sejam capazes de colocar um teto em nosso Estádio Olímpico. Depois, só faltaria encontrar um time para jogar debaixo dele.

"Calmante, tranquilizador e de uma delicadeza indescritível"

Essa foi a descrição da rainha Vitória a respeito do clorofórmio, anestésico que lhe fora administrado por seu médico, Dr. John Snow, para aliviar as dores do parto quando ela deu à luz o príncipe Leopold, em 1853. Snow era o principal anestesista da Grã-Bretanha na época, tendo seguido os passos de William Morton, que em 1846 introduziu a anestesia com éter em Boston. Em um ano, Snow projetou um inalador de éter e publicou *On the Inhalation of Ether* (Sobre a inalação de éter), um guia prático para a administração daquele medicamento.

No mesmo ano, o médico escocês James Simpson descobriu propriedades indutoras do sono no clorofórmio. Todas as noites, após o jantar, Simpson e dois assistentes tinham o hábito de experimentar vários produtos químicos, verificando se teriam algum efeito anestésico. O clorofórmio foi o vencedor. Em poucos dias, Simpson utilizou tal substância para realizar pequenas cirurgias e, quando sua paciente Jane Carstairs sentiu fortes dores de parto, aproveitou a oportunidade para experimentar o clorofórmio naquela situação. Um lenço embebido em clorofórmio colocado sobre a boca de Jane bastou para induzi-la ao sono; assim, a mãe inconsciente começou a dar à luz um bebê saudável. Alguns relatos afirmam que essa mulher ficou tão grata que deu ao bebê o nome de Anestesia. Seria uma ótima nota de rodapé para a história, caso fosse verdade. Não é. O bebê recebeu o nome de Wilhelmina.

Ao ouvir notícias do sucesso de Simpson, Snow investigou o clorofórmio, como havia feito com o éter, e descobriu que tal droga era mais potente, mas também potencialmente bem mais perigosa. Em 1848, soube da morte de Hannah Greener, de 15 anos, que havia sido anestesiada com clorofórmio em preparação para uma pequena cirurgia de sua unha encravada. Em poucos minutos, Hannah ficou sem pulso e morreu. Snow concluiu que o clorofórmio tinha que ser administrado de forma cuidadosamente controlada e projetou um vaporizador capaz de fornecer quantidades mensuráveis dessa droga. A rainha Vitória, que havia lutado em sete partos anteriores e se referia à gravidez como "o lado sombrio do casamento", colheu os benefícios do novo mecanismo.

A administração de um anestésico para a realização do parto não estava isenta de controvérsias. Alguns médicos acreditavam que o alívio da dor retardaria o progresso no trabalho de parto, e a Igreja da Inglaterra se opôs ao alívio da dor no parto por motivos teológicos. O pecado original de Eva condenou todas as mulheres a dar à luz com dor. A oposição, no entanto, foi subjugada depois que Vitória deu à luz Leopold e, mais tarde, princesa Beatrice, ambos sob efeito de anestesia com clorofórmio. Se clorofórmio *à la reine** era bom para Sua Majestade, então certamente seria bom para todos.

A maioria dos relatos da história do clorofórmio se inicia com a autoexperimentação de James Simpson, sem levantar a questão a respeito de onde o clorofórmio veio. Investigar essa origem torna a história ainda mais interessante.

No final do século XVIII, um grupo de ricos cientistas amadores de procedência holandesa formou a Sociedade Bataviana** para estudar, entre outras

---

*   N.T.: Expressão em francês – "para a rainha" – que se popularizou no século XIX justamente graças ao uso dessa substância pela rainha Vitória.

** N.T.: No original, "Batavian Society". O autor aqui se refere a Koninklijk Bataviaasch Genootschap van Kunsten en Wetenschappen (ou "Real Sociedade Bataviana das Artes e da Ciência"), uma organização fundada pelo naturalista holandês Jacob Cornelis Matthieu Radermacher em 1778 na cidade de Jacarta (que, à época, se chamava Batávia), na Indonésia. Com a independência da Indonésia em 1949, essa sociedade teve que mudar de nome até ter suas operações finalmente encerradas em 1962.

coisas, uma nova ciência, a química. Em 1794, os membros desse grupo relataram a possibilidade de tratar álcool com ácido sulfúrico para produção de certo gás que, quando borbulhava em uma solução de cloro, produzia um fluido oleoso que passou a ser chamado "óleo holandês". Atualmente, é sabido que a reação do álcool com um ácido produz etileno, e que o etileno reage com o cloro para formar dicloroetano. O tal "óleo holandês" era dicloroetano, mas, claro, tal informação ultrapassava os conhecimentos da época.

O álcool estava disponível aos membros da Sociedade por fermentação, e o ácido sulfúrico era conhecido desde o século VIII, quando o alquimista Jabir ibn Hayyan aqueceu o "vitríolo verde" (sulfato de ferro) para produzir "óleo de vitríolo", o termo original para tal ácido. E o cloro? Essa substância foi descoberta em 1774 pelo químico sueco Carl Wilhelm Scheele, que misturou o ácido clorídrico com o mineral pirolusita (dióxido de manganês).

Em 1820, um médico de Glasgow chamado Thomas Thomson descobriu que a solução alcoólica do "óleo holandês", para a qual cunhou o termo "éter clórico", era um estimulante. Samuel Guthrie, médico americano e também químico amador, ouviu falar disso e, em 1831, pensou ter encontrado uma maneira mais simples e barata de produzir a substância, reagindo uísque com cal clorada (hipoclorito de cálcio). Sua única evidência era que o produto obtido tinha odor semelhante a éter clórico e, quando inalado, produzia um efeito estimulante agradável. Contudo, Guthrie estava errado. O que ele realmente havia produzido era clorofórmio.

A lendária autoexperimentação de Simpson teve início quando ele soube da introdução do éter como anestésico por Morton. Simpson seria capaz de encontrar algo que funcionasse ainda melhor? Experimentou éter etílico, mas reclamou com seu antigo amigo da faculdade de medicina, David Waldie, que os resultados não eram bons. Waldie, que havia desistido da prática médica em favor da química, estava familiarizado com o éter clórico, pois havia destilado clorofórmio a partir dele. Sugeriu, então, que Simpson tentasse clorofórmio puro.

A questão era onde obter o produto químico. Simpson abordou dois químicos de Edimburgo, William Flockhart e John Duncan, que tinham uma pequena empresa farmacêutica. Os dois trabalharam durante a noite para produzir uma amostra pura de clorofórmio. O resto, como dizem, é história. Duncan Flockhart & Co. tornou-se um dos principais fabricantes de clorofórmio – forneceram esse material para as forças britânicas e aliadas durante as duas Guerras Mundiais. Foi o clorofórmio produzido por tal empresa aquele que John Snow administrou à rainha Vitória.

O clorofórmio não estava isento de problemas. Em mais de uma ocasião, foi reportado que tal substância causava insuficiência respiratória e arritmia cardíaca. Quando anestésicos mais sofisticados foram desenvolvidos, o clorofórmio desapareceu. Mas ainda era usado em 1953, quando minhas amígdalas foram removidas. Lembro-me vividamente do médico despejando um pouco em uma gaze que foi então presa sobre minha boca. Disseram-me que minhas amígdalas foram arrancadas em um minuto e meio, aparentemente estabelecendo um novo recorde na época. Eu reencontraria o clorofórmio quando derramei um pouco na minha mão, no laboratório. A sensação de queimação entre meus dedos não foi uma experiência muito agradável.

Embora Snow tenha feito contribuições altamente significativas para a prática da anestesia, na verdade ele ficou mais conhecido por sua descoberta de que a cólera pode ser transmitida por água contaminada. Sua investigação sobre uma epidemia de cólera rastreada até uma bomba de água na Broad Street em Londres e seu conselho para remover a manivela da bomba e, assim, interromper a epidemia são atualmente considerados as primeiras investidas bem-sucedidas da história da epidemiologia.

Do "leite de lavagem" à pasteurização

Isabella Beeton certamente não pretendia prejudicar as crianças. Mas uma observação casual em seu livro extremamente popular em 1861 *Mrs. Beeton's Book of Household Management* (O livro para administração do lar da Sra. Beeton) a respeito do ácido bórico como forma de depurar o leite foi responsável pelo adoecimento e mesmo morte de muitas crianças por beberem leite contaminado com as bactérias da tuberculose bovina.

Após o advento da Revolução Industrial e o crescimento das cidades na Inglaterra vitoriana, os laticínios urbanos não conseguiam atender à demanda por leite. Infelizmente, o transporte das fazendas, naqueles tempos anteriores à refrigeração e à pasteurização, levava tempo suficiente para que vários micróbios no leite se multiplicassem. Alguns desses micróbios são responsáveis por enzimas que convertem a lactose, e as proteínas do leite, em compostos de odor e sabor desagradável. Assim, os fazendeiros descobriram, de alguma forma, uma solução alternativa. Adicionar ácido bórico, uma mistura de borato de sódio (bórax) e seu derivado acidificado, neutralizava o cheiro desagradável e o gosto ruim do leite. A Sra. Beeton sabia disso e garantiu aos seus leitores que o ácido bórico era inofensivo, chegando a recomendar que eles mesmos o adicionassem para conservar o leite por mais tempo. Péssima ideia!

Os compostos de boro não são inofensivos. De fato, um artigo de 1887, publicado no *The Lancet* – o principal periódico médico da época –, afirmava que "mesmo pequenas quantidades de ácido bórico são capazes de exercer uma ação nitidamente prejudicial ao organismo humano". Esse, contudo, não era o maior problema. Embora o ácido bórico retardasse o crescimento de micróbios que propiciavam o aparecimento de propriedades sensoriais desagradáveis, ele não impedia o crescimento dos organismos causadores de doenças. Quanto mais tempo o leite era guardado – e o ácido bórico permitia isso –, mais tempo a bactéria da tuberculose tinha para se multiplicar. A infecção de crianças vitorianas com tuberculose bovina era comum, e muitas mortes poderiam ter sido evitadas se o ácido bórico não tivesse contribuído para a ilusão de segurança.

O leite também estava matando crianças deste lado do oceano. Na América do Norte, o problema não era mascarar o leite estragado com ácido bórico, mas sim o leite contaminado, extraído de vacas mantidas em condições precárias e alimentadas com resíduos de cervejaria, a "lavagem". Nova York, como Londres, tornara-se uma cidade enorme e movimentada, com uma demanda crescente por leite para alimentar as crianças. As destilarias locais produziam grandes quantidades de mosto alcoólico, substância que sobrava durante a fabricação do uísque, e isso era algo que não passava despercebido pelos produtores de leite.

Surgiram locais para produção de laticínios ao redor das destilarias, estabelecimentos nos quais as vacas eram alimentadas com lavagem. Para maximizar os lucros, os animais eram espremidos em baias estreitas – ficavam cobertos de moscas e chafurdavam em seus próprios excrementos. Não é de se admirar que ficassem tão doentes que mal paravam em pé. Até o leite que produziam parecia doentio. Para alterar sua cor azulada, gesso e melaço eram adicionados, enquanto o emprego de farinha se fazia necessário como espessante. Um editorial do *New York Times*, escrito em 1858, descreveu o "leite de lavagem" como um "composto, de tonalidade branca e azulada, de leite verdadeiro, pus e água suja", produzido pela "passagem de resíduos das destilarias pelos úberes de vacas moribundas e pelas mãos sujas dos ordenhadores". O *Times* estimou que, a cada ano, uma média de 8 mil crianças morriam por beber esse leite de lavagem.

Agora, vamos voltar para a Europa, local em que, em 1856, Louis Pasteur – à época, professor de Química na Universidade de Lille – investigava o motivo pelo qual o vinho, por vezes, torna-se avinagrado. Olhando através de um microscópio, notou a presença de bactérias que, então, determinou serem capazes de converter álcool em ácido acético. Essas bactérias, seguindo a descoberta de Pasteur, podiam tornar-se inativas através do calor. Essa desativação ficou conhecida como "pasteurização". Pasteur não foi o primeiro a notar que bebidas ou alimentos podiam ser preservados com calor. Cerca de 40 anos antes, Nicolas Appert havia mostrado que ferver alimentos em um frasco de vidro, posteriormente selado, evitava que o conteúdo estragasse. A contribuição de Pasteur foi descobrir condições que permitissem o aquecimento a uma temperatura mais baixa, por menos tempo, preservando textura e sabor. Mas ele não trabalhou com leite. Foi Franz von Soxhlet, um químico alemão de especialidade agrícola, quem sugeriu pela primeira vez, em 1886, que o leite vendido ao público fosse "pasteurizado".

E voltamos a este lado do oceano mais uma vez. Nathan Straus, que havia emigrado da Alemanha para os EUA ainda jovem, cresceu e se tornou o rico coproprietário da loja de departamentos Macy's. Ele se interessou por leite quando soube que uma vaca de sua fazenda havia morrido de tuberculose, apesar de parecer saudável. O leite de vacas assim estaria entrando no mercado e acarretando doenças para crianças?

Ao saber da sugestão de Von Soxhlet de "pasteurizar" o leite, Straus se tornou um defensor apaixonado dessa técnica. Em 1893, construiu o Nathan Straus Pasteurized Milk Laboratory (Laboratório de Leite Pasteurizado Nathan Straus) e montou estações em áreas pobres de Nova York para doar leite, estabelecendo 297 estações de leite em 36 cidades, tudo às próprias custas. Estima-se que Nathan Straus tenha conseguido, com suas ações, salvar diretamente a vida de quase meio milhão de crianças.

Straus foi um grande filantropo. Ele escreveu em seu testamento: "Aquilo que é dado para a causa da caridade relacionada à saúde é ouro, o que é dado quando da doença é prata, e o fornecido no momento da morte, chumbo". Teve uma vida longa e saudável, doou milhões, construiu abrigos para os sem-teto, distribuiu comida e carvão para os pobres e fundou um centro de saúde em Jerusalém, que afirmou ser destinado a todos os habitantes do país, independentemente de raça, credo ou cor. A cidade israelense de Natanya recebeu tal nome em sua homenagem.

A pasteurização do leite estabeleceu-se como uma das medidas de saúde pública mais bem-sucedidas de todos os tempos, mas não escapou às críticas. Os defensores do consumo de "leite cru" alegam que a pasteurização destrói nutrientes vitais no leite e que não há problema em beber leite cru de vacas saudáveis. Os fazendeiros que produzem leite cru, segundo eles mesmos, são melhores em cuidar de suas vacas do que os fazendeiros industriais.

Mas eu prefiro jogar no seguro e ficar com o leite pasteurizado. Quanto ao bórax? Ele pertence à máquina de lavar, não ao leite.

Fritar com água

Dizer aos alunos que é possível fritar um ovo na sala de aula não causa muito alvoroço até que você diga a eles que fará tal atividade utilizando água. Então, é necessário despejar um pouco de água em uma forma de alumínio para tortas, depois cobri-la com outra forma de torta vazia. Um ovo quebrado naquela que fica por cima começará a fritar em poucos minutos. Mágica? De certa forma, sim. A mágica da química.

O "truque" é colocar um pouco de óxido de cálcio, ou cal viva, na forma de baixo. Embora reconheçamos a água como um recurso extremamente importante quando se trata de limpeza, cozimento, irrigação ou como solvente, em geral não pensamos nela como um reagente em reações químicas. No entanto, essa simples molécula de H_2O pode estar presente em uma série de reações químicas de grande utilidade. De fato, sem uma dessas reações, não existiríamos. A fotossíntese, da qual toda a vida depende, é a reação da água com dióxido de carbono para produzir glicose e oxigênio.

E há muito mais. Uma etapa fundamental na produção de ácido sulfúrico, o produto químico industrial mais importante do mundo, é a reação do trióxido de enxofre com água. O gás hidrogênio, vital para a produção de fertilizantes, é produzido pela reação do metano com água.

O óxido de cálcio tem uma sede extrema por água e reage com ela muito rapidamente, daí o termo "cal viva". O produto da reação é o hidróxido de cálcio, ou "cal apagada", assim chamada porque a sede da cal viva por água foi "apagada", por assim dizer. Essa é uma reação altamente exotérmica, produzindo calor suficiente para fritar rapidamente um ovo. É também a tecnologia usada em latas de alimentos ou bebidas autoaquecidas. Essas latas têm duas câmaras, uma contendo o que quer que seja aquecido, enquanto a outra contém óxido de cálcio separado da água por uma barreira. Apertar um botão na lata quebra a barreira e o calor é gerado rapidamente, pois a cal viva reage com a água.

A capacidade de gerar calor está longe de ser o principal uso do óxido de cálcio. É essencial para a produção de cimento, que quando combinado com cascalho e areia produz concreto, o material mais amplamente usado no mundo. A produção de óxido de cálcio se dá pelo aquecimento de calcário (carbonato de cálcio), que é, então, queimado com argila para dar origem ao cimento. Como o aquecimento do calcário libera dióxido de carbono, e as altas temperaturas necessárias para reagir o óxido de cálcio com argila exigem a queima de combustíveis fósseis, a produção de cimento tem uma pegada de carbono colossal. Aproximadamente 8% de todas as emissões globais de carbono causadas por humanos são causadas pelo cimento. Mas a vida sem cimento é inimaginável.

A produção do cimento envolve uma série de reações químicas complexas, compreendidas apenas parcialmente, mas a chave é a reação da cal viva com água para formar cal apagada, que então absorve lentamente dióxido de carbono do ar para formar carbonato de cálcio insolúvel. Ainda que isso remova carbono do ar, de certa forma tal absorção não compensa a quantidade de dióxido de carbono liberada na fabricação do cimento.

Embora esteja claro que a água pode atuar como um reagente em algumas reações extremamente úteis, ela também pode dar início a reações cujas consequências podem ser mortais. O pior acidente industrial do mundo, a tragédia de Bhopal, é um exemplo disso. Muitos aspectos do desastre são debatidos até hoje, mas não há dúvida de que, na noite de 2 de dezembro de 1984, uma quantidade enorme de gás isocianato de metila (ou MIC), altamente tóxico, foi liberada de uma fábrica da Union Carbide na cidade indiana de Bhopal. Ele rapidamente envolveu os arredores e resultou na morte imediata de mais de 3 mil pessoas, sendo que outras 15 mil pereceriam mais tarde. Quase meio milhão tiveram ferimentos que variavam de cegueira a bronquite crônica.

O isocianato de metila líquido estava armazenado em um grande tanque que, conectado por encanamento, era controlado por uma válvula – quando aberta, permitia que a substância fosse liberada em uma espécie de câmara, para então reagir com naftol, produzindo o pesticida carbaril. A introdução acidental de água no tanque de MIC parece ser a explicação mais provável para tal desastre. Aparentemente, certo dia, um técnico cujo treinamento foi insuficiente não conseguiu fechar corretamente a válvula enquanto limpava os canos com água. O isocianato de metila reage rapidamente com a água, formando dimetilureia e dióxido de carbono. Embora esses componentes não sejam tóxicos, tal reação é extremamente exotérmica; assim, o MIC armazenado no tanque entrou em ebulição. O aumento da pressão estourou uma válvula de segurança, resultando em cerca de 40 toneladas do vapor tóxico de MIC espalhadas pela maior parte de Bhopal.

A fábrica da Union Carbide foi projetada com vários sistemas de segurança, mas eles falharam ou estavam inoperantes devido aos custos. Um sistema de refrigeração, utilizado para resfriar o tanque MIC, e um depurador de hidróxido de sódio estavam desligados. No caso do depurador, sua função seria neutralizar qualquer isocianato de metila que escapasse, reagindo com ele para produzir compostos inócuos, mas estava desligado como uma medida de corte de custos. A Union Carbide alegou, sem nenhuma evidência real que corroborasse sua afirmação, que a tragédia não foi um acidente, mas um ato de sabotagem.

Após inúmeras disputas legais, a empresa concordou em utilizar US$ 470 milhões para a criação de um fundo voltado às vítimas dessa catástrofe e construir um hospital em Bhopal, dedicado aos tratamentos delas. A terrível tragédia resultou na instituição de medidas de segurança rigorosas para a produção de produtos químicos de todos os tipos, mas sem dúvida deixou uma grande mancha na indústria química. Uma parte triste da história é que o carbaril pode ser produzido por um método que não requer isocianato de metila. Trata-se de um processo mais dispendioso, contudo, e a empresa optou pela rota mais barata.

E aqui uma nota final a respeito desse caso. Quando o isocianato de metila reage com a água, os produtos que se formam não são prejudiciais. Se a população da área tivesse sido instruída a cobrir a cabeça com uma toalha molhada em caso de vazamento químico da fábrica, muitos ferimentos, principalmente nos olhos, teriam sido evitados. A água obviamente pode ser um reagente útil, mas também, por vezes, perigoso.

Letreiro de neon lendário

Peça a um morador de Montreal para nomear os marcos mais icônicos da cidade e você provavelmente ouvirá Oratório de São José, Schwartz's Deli, Estádio Olímpico e o letreiro de neon "Five Roses". Este último faz parte do horizonte da cidade desde a década de 1940 e apresentava, até 1993, os dizeres: *Farine Five Roses Flour*; a palavra "*Flour*" foi removida, acredite ou não, porque estava em inglês. "*Five*" saiu incólume. Tal letreiro, com suas letras de quatro metros e meio de altura, ainda brilha em vermelho vivo todas as noites, algo que nos conduz a uma jornada pela história do neon.

Nossa viagem começa em 1785, com o "filósofo natural" (a forma como os cientistas eram conhecidos na época) Henry Cavendish e sua descoberta: uma pequena quantidade de gás permanecia quando havia remoção do "ar flogisticado" (nitrogênio) e do "ar deflogisticado" (oxigênio) de uma amostra de ar atmosférico.* Cavendish não conseguiu identificar o gás, que permaneceu um mistério por mais 100 anos até que William Ramsay e Lord Rayleigh se interessaram pelo problema. A dupla fez com que ar passasse por cima de cobre incandescente para remover oxigênio – que se tornaria óxido de cobre – e, em seguida, sobre magnésio quente para remover nitrogênio – tornado nitreto de magnésio. Uma pequena quantidade de gás, aproximadamente 1% do original, persistiu, demonstrando uma propriedade curiosa: não se envolvia em nenhuma reação química. Batizaram esse resíduo de "argônio", termo grego para "inativo" ou "preguiçoso".

Ramsay conseguiu, em conjunto com seu colega Morris Travers, liquefazer esse resíduo, resfriando-o; sua descoberta indicava que, quando tal resíduo era aquecido lentamente, pequenas quantidades de outros gases passavam a ferver. Tais gases constituíram uma série de novos elementos, batizados neon, criptônio e xenônio – termos gregos para "novo", "oculto" e "estranho". Eles passaram a ser conhecidos como "gases nobres" porque, como no caso da nobreza, não tinham tendência a se associar com plebeus.

Cerca de 40 anos antes de Ramsay identificar os gases nobres, o vidreiro alemão Heinrich Geissler conseguiu, empregando uma bomba de vácuo, drenar parcialmente um tubo de vidro. Quando ele aplicou alta voltagem aos eletrodos que haviam sido encaixados nas extremidades do tubo, seu interior começou a brilhar. Na época, não havia explicação para esse fenômeno: trata-se, na verdade, de uma consequência dos vestígios de gases presentes no tubo. Uma justificativa para isso pode ser encontrada na teoria quântica contemporânea, que descreve como os elétrons em um átomo conseguem existir em diferentes estados de energia. Quando absorvem energia elétrica, ficam excitados e, ao retornar ao estado fundamental, liberam a energia absorvida como luz visível. Se traços de nitrogênio estiverem presentes no tubo, a luz emitida será rosada; se houver dióxido de carbono, branca; e traços do vapor de mercúrio resultam em luz azul-esverdeada. No início do século XX, Daniel Moore, um ex-funcionário da Edison, fez uso dessa constatação e comercializou a lâmpada fluorescente Moore.

---

* N.T.: A teoria do flogisto (ou do flogístico) foi desenvolvida por, entre outros, Georg Ernst Stahl (químico e médico alemão) entre os séculos XVII e XVIII. Segundo essa teoria, os corpos combustíveis possuiriam uma matéria chamada flogisto, liberada ao ar durante os processos de combustão (material orgânico) ou de calcinação (metais). "Flogisto" é uma expressão de origem grega e significa "inflamável", "passado pela chama" ou "queimado". O abandono dessa teoria viria através dos experimentos de Lavoisier que, em 1789, conseguiu explicar a existência do oxigênio sem utilizar o conceito de flogisto.

O SURPREENDENTE MUNDO DA CIÊNCIA

Os gases nobres não eram visíveis, mas Ramsay descobriu que, quando selado em um tubo de Geissler e energizado, o neon produzia uma luz laranja-avermelhada, muito brilhante, que ele descreveu animadamente em seu discurso de aceitação do Prêmio Nobel, em 1904, concedido pela descoberta dos gases nobres. A aplicação comercial, no entanto, teria que esperar até que o gás neon pudesse ser produzido em larga escala. Nesse momento, Georges Claude, apelidado de "Edison francês", entra em cena. Seu objetivo era liquefazer o ar para que pudesse ser destilado fracionariamente e, assim, produzir oxigênio, necessário para a fabricação de aço. Claude conseguiu fazer isso em escala industrial, o que também significava que os gases nobres, subprodutos nesse processo (especialmente o neon), poderiam ter produção em quantidades significativas. Inspirado pelos tubos fluorescentes de Moore, Claude conseguiu produzir tubos de neon. Ele os exibiu pela primeira vez no Salão do Automóvel de Paris, em 1910; em 1912, instalou o primeiro letreiro de neon comercial em uma barbearia de Paris, abrindo caminho para uma verdadeira batalha de letreiros de neon em cidades ao redor do mundo. A Times Square, em Nova York, tornou-se um viveiro de extravagância em neon, com letreiros que davam a ilusão de movimento ao ligar e desligar habilmente tubos de neon de vários formatos. A maioria desses letreiros foi substituída por telas de televisão gigantes e iluminação LED, mais eficiente e ecológica.

Com o início da era do computador, o neon vestiu outro manto. Pequenos tubos de neon encontraram aplicação como interruptores binários em circuitos digitais; as primeiras calculadoras eletrônicas de mesa tinham grandes telas de leitura iluminadas por neon. Agora, são relíquias históricas, com interruptores e letreiros de neon substituídos por chips semicondutores e telas de LED. Mas isso não significa que o neon foi descartado. Muito pelo contrário. O gás é um componente essencial dos lasers usados na fabricação de chips de computador. Por exemplo, o laser de "excímero" depende da reação do argônio com flúor para produzir uma molécula transitória de fluoreto de argônio, que então retorna para seu estado como argônio e flúor, com a emissão de luz ultravioleta refletida para frente e para trás, entre espelhos, para produzir um feixe de laser. A física aqui é muito complicada, mas o neon é necessário para aumentar as colisões entre argônio e flúor – a chave para o funcionamento de um laser.

|66|

Cerca de metade de todo o neon em grau semicondutor utilizado era produzido por duas empresas ucranianas. Isso decorre do fato de a Ucrânia ser um dos principais produtores mundiais de trigo e aço. O trigo precisa de fertilizantes à base de amônia, que, por sua vez, exigem nitrogênio para sua produção; já a fabricação de aço necessita de oxigênio. Ambas as substâncias são produzidas a partir do ar líquido, com o neon sendo um subproduto. Com a guerra a partir de 2022 entre Rússia e Ucrânia, as duas empresas interromperam a produção, algo que deixou a indústria de chips semicondutores em frenesi.

De volta a William Ramsay, ele prosseguiu seu trabalho, identificando outro gás nobre, o radônio. Na época, o perigo de trabalhar com substâncias radioativas não era claro, mas há pouca dúvida de que o câncer nasal, que tirou a vida daquele cientista, foi causado por emissões de radônio. Embora Georges Claude mereça crédito por seu trabalho com neon, outro aspecto de sua vida foi bem menos brilhante. Ele apoiou publicamente a colaboração francesa com os nazistas; como consequência, foi julgado após a guerra e condenado à prisão perpétua.

Agora, talvez o letreiro luminoso *Five Roses* tenha adquirido mais significado e possa ser contemplado com mais admiração.

O terceiro homem

Nenhuma visita a Viena estará completa sem uma volta na Wiener Riesenrad, a roda-gigante que, desde sua construção em 1897, é um marco no famoso parque de diversões da cidade, o Prater. Ouvi falar dessa atração pela primeira vez pelo meu pai, que foi enviado por meus avós para uma escola de contabilidade em Viena no início da década de 1930. Ele me contava histórias a respeito de delícias como o *Sachertorte*,* do bife à milanesa ao estilo de Viena (*Wiener Schnitzel*)** e dos passeios nas cabines da roda-gigante.

---

* N.T.: No texto original, "*Sacher cake*". Trata-se de um bolo de chocolate austríaco, inventado por Franz Sacher em 1832 para ser oferecido ao príncipe de Metternich-Winneburg-Beilstein, Klemens Wenzel Nepomuk Lothar, importante estadista à época.
** N.T.: *Wiener Schnitzel* significa em alemão "escalope à moda de Viena" ou "escalope vienense". Trata-se de um dos pratos mais famosos da cozinha austríaca. No Brasil, o equivalente seria o nosso bife à milanesa.

O SURPREENDENTE MUNDO DA CIÊNCIA

Depois de escaparmos dos russos para a Áustria, durante a Revolução Húngara de 1956, rastejando pela lama debaixo de uma cerca de arame farpado que marcava a fronteira, terminamos em Viena. Que emoção foi ser levado ao Prater! A Riesenrad era ainda maior do que minha imaginação projetara.

Acho que essa foi uma das razões pelas quais me tornei fã do filme *O terceiro homem*,* clássico de 1949, em que o confronto crucial entre Holly Martins, o mocinho, e Harry Lime, o gângster desonesto, acontece dentro de uma das cabines da roda-gigante. Mas há outras razões pelas quais a obra mantém seu encanto. Ela tem uma conexão científica fascinante. A fraude fictícia em que o personagem Harry Lime está envolvido – a venda de penicilina falsa – foi, de fato, inspirada em eventos reais. Além disso, o comércio de medicamentos falsificados se tornou ainda mais real, expandindo-se em uma indústria global e deixando um rastro de miséria por onde passa.

A penicilina foi a primeira droga legitimamente milagrosa que existiu no mundo – eficaz no tratamento de várias infecções microbianas, incluindo doenças venéreas. Embora tenha se tornado disponível pela primeira vez em 1941, os suprimentos eram limitados e, em sua maioria, restritos ao uso militar. Isso levou a um intenso comércio no mercado clandestino e, em 1946, o ano em que a trama de *O terceiro homem* acontece, sete homens e três mulheres foram presos em Berlim acusados de fabricação e venda de penicilina falsa. A quadrilha incluía um médico e dois ex-soldados americanos, além de um ex-soldado do Exército alemão – este último, o líder que organizava o roubo de frascos de penicilina usados. Tais frascos eram, então, preenchidos com o medicamento antimalária, quinacrina e pó facial, dissolvido em uma solução de glicose. Além de ser totalmente ineficaz, a penicilina falsa também estava contaminada por impurezas que, pelo menos em um caso, deixaram bastante doente um oficial russo que havia recebido a medicação, administrada de forma injetável.

Graham Greene, que escreveu o roteiro do filme, trabalhou para o serviço secreto de inteligência britânico durante a guerra e estava ciente do comércio ilegal de penicilina. Ele até sabia que a droga havia sido usada como uma ferramenta de espionagem pelo major Peter Chambers, um oficial da inteligência

---

* N.T.: Filme *noir* dirigido por Carol Reed, com roteiro de Graham Greene, estrelado por Joseph Cotten, Orson Welles e Alida Valli.

norte-americana que extraiu segredos de soldados soviéticos em troca de penicilina para tratar gonorreia e sífilis. Os soldados estavam bastante interessados nesse acordo, dado que contrair aquelas doenças poderia levar a uma corte marcial. Segundo os historiadores Paul Newton e Brigitte Timmermann, que descreveram esse esquema no *British Medical Journal*, Chambers havia dado a método o memorável codinome "Operação Conversa Fiada".*

No filme, Lime organiza o roubo de penicilina de um hospital militar através de um funcionário e convoca um médico, Winkel, para diluí-la e vendê-la ao hospital onde será usada para o tratamento de crianças com meningite bacteriana. O apartamento do médico está repleto de objetos de arte caríssimos, indicação de que ele, evidentemente, foi bem pago por seus crimes no mercado clandestino. E ele realmente cometera crimes, pois as crianças tratadas com os medicamentos adulterados estavam morrendo.

Harry Lime havia tramado um esquema inteligente para fugir das autoridades, fingindo sua própria morte. Holly Martins, por sua vez, viera para Viena a convite de seu velho amigo Harry, que ele logo descobre ter morrido em um acidente de automóvel. Holly, contudo, alimenta suspeitas a respeito dessa morte; logo, ouve de uma testemunha o seguinte: ao contrário do relatório policial, afirmando que dois homens resgataram Harry após o acidente, havia um "terceiro homem". O herói finalmente descobre que Harry ainda estava vivo, e que o homem morto no acidente e enterrado em seu lugar era o funcionário que havia roubado a penicilina. Harry seria o "terceiro homem" na cena, que teria empurrado o funcionário na direção do carro?

Quando Holly desvenda, através do investigador da polícia, que Harry estava envolvido no esquema da penicilina, é convidado a visitar o hospital e ver por si mesmo o "assassinato" das crianças. Logo, ele concorda em cooperar com a polícia e prender Harry. Uma perseguição pelos esgotos de Viena se segue, e no final Harry aprende que o crime não compensa.

Infelizmente, hoje, o crime compensa – pois há muitos criminosos ao redor do mundo envolvidos na produção de medicamentos falsificados. Cerca de um terço de todos os medicamentos consumidos nos países em desenvolvimento são falsos, e há diversas transações no mundo desenvolvido

---

* N.T.: Em inglês, "Operation Clatrap".

expostas às falsificações de farmácias on-line ligadas a operações criminosas. Alguns dos falsos medicamentos não têm nenhum ingrediente ativo, outros são fármacos deteriorados e um terceiro tipo são os medicamentos legítimos, embora diluídos em níveis ineficazes. Obviamente, medicamentos para malária, câncer, hipertensão e infecções que não possuam seus ingredientes ativos são diretamente responsáveis por matar pessoas, mas os antibióticos diluídos ou medicamentos contra malária são prejudiciais de outra forma. Eles não têm ingrediente ativo em quantidade suficiente para tratar a doença, mas é o que basta para promover resistência em bactérias e no parasita que causa a malária. A covid também deu origem a medicamentos falsos, incluindo hidroxicloroquina e ivermectina. Até mesmo a hidroxicloroquina real é um problema, porque, embora seja ineficaz contra a covid, pode causar resistência contra o parasita da malária.

Assim como Harry Lime, os produtores de drogas falsas não se importam com vidas. Quando Harry está olhando para baixo, no Riesenrad, ele pergunta a Holly se ele sentiria pena se um dos "pontinhos" – as pessoas que andavam embaixo da roda-gigante – parasse de se mover para sempre, se oferecessem 20 mil libras para cada pontinho que parasse. "Você realmente, meu velho, diria para eu ficar com meu dinheiro ou calcularia quantos pontos estaria disposto a dispensar?" Os criminosos que trabalham com essas falsificações não se importam com quantos pontinhos eliminam da face da Terra.

Transformações de Rutherford

"Toda ciência é Física ou é coleção de selos." Essa citação, repetida em muitos artigos e livros, é atribuída a Ernest Rutherford, amplamente reconhecido como o pai da Física Nuclear. No entanto, há pouca evidência de que ele tenha dito isso. A primeira referência pode ser rastreada até um livro do físico John Bernal, escrito em 1939 – dois anos após a morte de Rutherford –, no qual o autor faz um comentário casual de que "Rutherford costumava dividir a ciência em Física e coleção de selos".

Há também a questão do que Rutherford quis dizer se ele realmente proferiu tal opinião. A citação é frequentemente interpretada como uma forma de desabonar outras ciências pela sugestão de que a Física representaria a única forma de pesquisa legítima. Como seu Prêmio Nobel, concedido em 1908, foi em Química, e como seu principal colaborador em seus experimentos de radioatividade na Universidade McGill – aqueles pelos quais receberia seu prêmio – foi Frederick Soddy, um químico, é improvável que Rutherford tenha menosprezado outras ciências.

Rutherford é conhecido por ter sido altamente crítico em relação aos teóricos do campo científico, como Werner Heisenberg, desprezando teorias que, em sua opinião, não derivavam de experimentos. É possível que a citação tenha sido uma alfinetada nesses teóricos. Rutherford era, acima de tudo, um físico experimental, e ele pode ter usado o termo "Física" na citação com o significado de experimentação.

Rutherford, nascido na Nova Zelândia, foi talvez o maior cientista experimental desde Michael Faraday. Ele identificou a radioatividade como a desintegração espontânea de átomos instáveis, resultando na emissão de energia e partículas menores. Essas partículas menores foram identificadas como elétrons e núcleos de hélio, sendo denominadas por Rutherford de radiação "beta" e "alfa", respectivamente. Essa desintegração também poderia ser acompanhada por ondas eletromagnéticas energéticas, que ele chamou de "raios gama". A determinação, feita por Rutherford, das "meias-vidas", o tempo que metade dos átomos em uma amostra de dado elemento radioativo leva para decair, lançou as bases para a datação por radiocarbono. Todo esse trabalho foi realizado na McGill e lhe valeu o Prêmio Nobel, mas a descoberta mais famosa de Rutherford veio depois que ele deixou a McGill para assumir um cargo na Universidade de Manchester.

Foi nessa universidade que, em colaboração com Hans Geiger e Ernest Marsden, Rutherford realizou o "experimento da folha de ouro", que estabeleceria a estrutura do átomo como o conhecemos. Já no século V a.C., os filósofos gregos Leucipo e Demócrito introduziram a ideia de que toda a matéria é composta de "átomos" – uniformes, sólidos, maciços, incompressíveis

O SURPREENDENTE MUNDO DA CIÊNCIA

e indestrutíveis –, do grego para "indivisível". Infelizmente, Aristóteles, o filósofo mais influente de seu tempo, não dava crédito aos átomos e, dessa forma, o conceito permaneceu adormecido até que a teoria atômica foi ressuscitada por John Dalton nos primeiros anos do século XIX. Cem anos depois, J. J. Thomson, com quem Rutherford havia estudado, descobriu o elétron e formulou o "modelo do pudim de ameixa", que descrevia os átomos como esferas uniformes de matéria carregada positivamente, nas quais os elétrons estavam embutidos como ameixas em um pudim.

Assim, surgiu o experimento clássico de Rutherford, descrito em todos os textos introdutórios de Química e Física. Coloca-se um pedaço fino de folha de ouro exposto diante de uma barragem de partículas alfa emitidas pela decomposição radioativa do radônio, gás que Rutherford havia identificado anteriormente como um novo elemento químico. Uma tela fosforescente atrás da folha de ouro brilha onde quer que seja atingida por uma partícula alfa. A maioria das partículas alfa atravessa diretamente a folha de ouro, mas algumas ricocheteiam. Rutherford, atônito, comparou tal efeito a uma bala disparada que ricocheteasse em um pedaço de papel de seda. Isso só poderia acontecer, deduziu, se o modelo de Thomson estivesse errado – os átomos de ouro seriam, em grande parte, um espaço vazio, exceto por uma massa minúscula, densa e carregada positivamente que repelia as partículas alfa, carregadas positivamente. Essa massa passou a ser chamada de "núcleo", estando cercada por espaço vazio, através do qual os elétrons circulavam. A teoria da estrutura atômica de Rutherford estava essencialmente correta, embora refinamentos posteriores tenham mostrado que os elétrons não circulam aleatoriamente pelo núcleo, mas estão restritos a certos níveis de energia.

Em 1971, a Nova Zelândia emitiu dois selos diferentes para comemorar o centésimo aniversário do nascimento de Rutherford. Um deles descreve com precisão o experimento da folha de ouro, enquanto o outro apresenta uma reação na qual o nitrogênio se combina com partículas alfa para formar átomos de oxigênio e de hidrogênio. Trata-se de uma ilustração da primeira transmutação de um elemento, com o nitrogênio sendo convertido em oxigênio, que rendeu a Rutherford a reputação de "primeiro alquimista bem-sucedido do mundo".

|72|

Infelizmente, essa reação não deveria ter aparecido no selo pela simples razão de que Rutherford nunca a realizou.

Rutherford mirou átomos de nitrogênio com partículas alfa energéticas e demonstrou que um próton, de fato o núcleo simples do hidrogênio, foi emitido, mas ele não identificou os outros produtos da reação. Na verdade, ele acreditava que o bombardeio havia causado a quebra dos átomos de nitrogênio em outros átomos, que ele não conseguia identificar. Foi Patrick Blackett, trabalhando no laboratório de Rutherford em Cambridge, que estudou essa reação sistematicamente; em 1925, finalmente obteve dela uma interpretação correta. As partículas alfa não causaram a quebra do núcleo de nitrogênio, mas se combinaram com ele para formar um átomo de oxigênio. A chave para esse trabalho foi o desenvolvimento de Blackett da câmara de nuvem de Wilson, um dispositivo para rastrear o caminho de partículas carregadas, pelo qual recebeu o Prêmio Nobel de Física de 1948.

Rutherford ganhou muitos elogios merecidos por sua elucidação da radioatividade e formulação da teoria nuclear do átomo. Mas chamá-lo de "o primeiro alquimista bem-sucedido do mundo", como muitas publicações fizeram, não é correto; com certeza, Rutherford se oporia ao projeto do selo que o apresenta como responsável pela transformação do nitrogênio em oxigênio. Embora não tenha realizado essa transformação, comentou a respeito de outra. Em seu discurso de aceitação do Prêmio Nobel de Química, Rutherford brincou: "Observei muitas transformações enquanto trabalhava com materiais radioativos, mas nenhuma tão rápida quanto a minha, de físico para químico".

A ciência nos filmes

Qualquer apresentação sobre a história da medicina incluirá momentos cruciais, como a introdução da anestesia por William Morton em 1846 e a descoberta de *Salvarsan*, o primeiro agente antimicrobiano verdadeiramente eficaz, por Paul Ehrlich em 1909. Dado o impacto dessas descobertas médicas e sua história por vezes controversa, não é nenhuma surpresa que tenham chamado a atenção de cineastas.

Filmes como *Triunfo sobre a dor* (1944) e *A vida do Dr. Ehrlich* (1940) abordam essas histórias épicas de forma divertida e acertam, nos termos da ciência apresentada, em grande parte. Também gosto da representação de cientistas como tendo vidas fora do laboratório e da narrativa centrada no fato de as descobertas não surgirem em momentos *eureka* únicos, mas sim de uma mistura de capitalização de trabalhos anteriores de outros, colaborações frutíferas e, muitas vezes, alguma dose de sorte.

Triunfo sobre a dor é a história da descoberta do éter como anestésico pelo dentista William Morton, contada em uma série de *flashbacks* enquanto Eben Frost, o primeiro paciente de quem Morton extraiu um dente usando éter, relembra sua experiência com a viúva de Morton. Conforme a história evolui, descobrimos que Morton estava interessado em aliviar a dor, como um dentista estaria, e fica cativado pelo uso um tanto bem-sucedido do óxido nitroso, ou "gás hilariante", pelo colega Horace Wells. No entanto, ele também estava ciente da tentativa fracassada de Wells de demonstrar o gás ao cirurgião John Collins Warren e colegas do Massachusetts General, em Boston, porque ele não havia tomado o cuidado de fornecer tempo suficiente para que o óxido nitroso fosse absorvido de maneira adequada.

Morton se pergunta: haveria outra substância mais confiável? Busca, então, conselhos do professor de Química de Harvard, Charles Jackson – infelizmente, retratado no filme como um cientista louco. Jackson diz a Morton que teve algumas experiências interessantes utilizando cloro etílico como um agente anestésico, mas Morton erroneamente compra uma garrafa de éter, que deixa em uma mesa próxima da lareira. Enquanto folheia um texto de química, a rolha da garrafa estoura, ele inala os vapores do éter e adormece. Isso lhe dá a ideia de usar éter como anestésico. Há uma licença poética considerável nesse momento do filme. Jackson realmente recomendou o uso de éter, mas Morton desmaiando acidentalmente é ficção.

De qualquer forma, Morton prossegue com a aplicação de sua descoberta, conseguindo extrair um dente de Eben Frost sem qualquer sinal de dor. Isso o leva a abordar o cirurgião Warren, declarando que dispõe de algo superior ao óxido nitroso. Embora Warren esteja cético, recordando do fiasco de Wells, ele concorda. Morton, contudo, já havia registrado a patente para o anestésico como "Letheon", sem declarar a natureza de tal fármaco. A Sociedade Médica local considera o uso de uma substância desconhecida inaceitável, não permitindo que ela fosse administrada. Quando Morton descobre que Warren, então, prosseguirá com a amputação da perna de uma jovem sem nenhuma anestesia, ele cede e revela que o Letheon é éter. Isso leva a um final feliz, embora fictício, para o filme. Na verdade, o momento crucial foi em 16 de outubro de 1846, quando Warren removeu com sucesso um tumor do pescoço de Edward Gilbert Abbott empregando a anestesia de éter, administrada por Morton.

O filme retrata com precisão, embora de forma estranhamente excêntrica, a batalha legal entre Morton, Wells e Jackson pelo reconhecimento como inventor legítimo da anestesia. No entanto, a história registra que quatro anos antes da demonstração de Morton, um médico da Geórgia, Crawford Long, colocou uma toalha saturada com éter sobre a boca de um paciente para remover, com sucesso, um tumor. Long passou a realizar uma série de amputações empregando anestesia com éter, mas não publicou seu trabalho até 1849. Long recebeu uma referência breve, de uma linha, no filme. As atuações em *Triunfo sobre a dor* são quase cômicas, mas o filme lança alguma luz no que diz respeito à fascinante história da anestesia.

A vida do Dr. Ehrlich apresenta os eventos que levaram à introdução do *Salvarsan* – originalmente chamado "606" –, o primeiro medicamento verdadeiramente eficaz contra a sífilis. O filme detalha com precisão como a descoberta de Ehrlich foi estimulada pela observação de que certos corantes sintéticos costumam ser preferencialmente absorvidos por bactérias, tornando-os mais visíveis ao microscópio. Se uma toxina, como arsênico, pudesse ser incorporada a tal corante, talvez as bactérias pudessem ser mortas sem prejudicar outros tecidos. A única maneira de testar essa teoria da "bala mágica" era através de tentativas. Com a ajuda do pesquisador japonês Sahachiro Hata, Ehrlich conseguiu sintetizar moléculas de dado corante, incorporando o arsênico. Uma delas foi capaz de tratar efetivamente de camundongos infectados com sífilis, uma doença bastante disseminada na época. Esse composto foi codificado com um número, "606" – tal número resulta em um equívoco frequente (aliás, o filme também comete esse erro) de que 605 experimentos teriam sido realizados antes que surgisse o primeiro considerado, de fato, bem-sucedido. Mas é certamente verdade que "606" foi colocado à venda como *Salvarsan*, nome derivado de "arsênico seguro".

Na época em que o filme foi realizado, os temas nele abordados eram regidos pelo Código de Produção de Cinema;* introduzido em 1930, tal código proibia menções à "higiene sexual e doenças venéreas". Os produtores do filme alegaram que não abordar uma das principais descobertas de Ehrlich era injusto com seu legado e conseguiram aprovação, desde que o tratamento de pacientes com sífilis não fosse exibido e que a publicidade do filme não mencionasse a doença.

Houve ainda outra controvérsia com *A vida do Dr. Ehrlich*. Paul Ehrlich era judeu e, em 1940, os nazistas eliminaram todas as referências às suas realizações. Os EUA ainda não haviam entrado na guerra e, além disso, os filmes americanos eram populares na Alemanha. Quando o roteirista, Norman Burnstine, lançou sua ideia para um filme sobre Ehrlich, ele queria abordar o antissemitismo e teria dito: "Não há um homem ou mulher vivos que não tenha medo de sífilis... diga a eles que um pequeno judeu chamado Ehrlich domesticou esse flagelo"; acrescentando: "Talvez eles possam persuadir seus amigos criminosos a manterem os punhos longe dos correligionários de Ehrlich". Os produtores decidiram que o filme deveria ficar longe de tais questões, e as palavras "judeu" ou "judaico" não são mencionadas. Assim, parece óbvio haver muito mais nos filmes do que vemos na tela.

A grande moeda

A maior moeda do mundo é um níquel canadense, produzido em 1951. Mas não será possível colocar tal moeda no bolso, pois ela tem cerca de 9 metros

---

* N.T.: Trata-se do Código Hays (oficialmente, "Motion Picture Production Code" ou "Código de Produção de Cinema") – um conjunto de normas morais aplicadas aos filmes lançados nos EUA entre 1930 e 1968 pelos grandes estúdios cinematográficos. Seu nome deriva de Will H. Hays, advogado e político presbiteriano que foi presidente da Associação de Produtores e Distribuidores de Filmes da América (Motion Picture Producers and Distributors of America – MPPDA) de 1922 a 1945.

de altura e 60 centímetros de espessura. A *Big Nickel*, uma atração turística popular em Sudbury, Ontário, é uma comemoração ao ducentésimo aniversário do processo de isolamento do níquel metálico, desenvolvido pelo mineralogista e químico sueco barão Axel Frederik Cronstedt; indiretamente, também homenageia a engenhosidade de outro químico, Ludwig Mond, que desenvolveu o primeiro processo comercial para produzir níquel puro. A área de Sudbury é rica nesse minério, com uma longa história de fornecimento de tal metal para o mundo – um processo no qual Mond também desempenhou importante papel.

No século XVII, mineradores alemães em busca de cobre descobriram um minério avermelhado, que parecia ser a fonte daquele metal. No entanto, por mais que tentassem, não conseguiram extrair cobre algum e concluíram que uma brincadeira havia sido feita com eles por *Nickel*, um maroto demônio da mitologia alemã. Então, denominaram aquele minério, que não produzia cobre, de "*Kupfernickel*", que significa "demônio do cobre". Realmente, não seria possível extrair cobre daquela fonte pela simples razão de que não havia nada parecido ali, como foi finalmente demonstrado por Cronstedt, que em 1751 aqueceu *Kupfernickel* com carvão e produziu um metal nunca visto antes, o qual claramente não era cobre. Cronstedt abandonou o termo "*kupfer*" e chamou o metal de "níquel". Ele havia descoberto um novo elemento.

O níquel é brilhante, sólido e resistente à corrosão, o que o torna ideal para uso em moedas e aço inoxidável. A couraça em navios, anteriormente feita em ferro, tornava-se muito mais reforçada quando o ferro era ligado ao níquel. Produzir níquel puro a partir de sua jazida, no entanto, era um desafio enfrentado por Ludwig Mond – que, certamente, não se propôs a purificar o níquel. Como muitas descobertas, essa surgiu de forma indireta.

Mond nasceu no ano de 1839, em uma proeminente família judia na Alemanha. Seu pai conseguiu enviá-lo para as melhores escolas, incluindo a Universidade de Heidelberg, onde estudou com Robert Bunsen, famoso por seu trabalho com queimadores. Deixou a universidade antes de concluir seu doutorado, aparentemente mais interessado na Química prática do que na teórica. O jovem Mond encontrou ocupação em uma fábrica que produzia ácido acético pela destilação da madeira; lá, ele descobriu uma forma econômica de combinar ácido acético com cobre para produzir verdete, pigmento esverdeado cuja procura era muito grande. O próximo passo na carreira do químico foi dado em uma fábrica de soda Leblanc, que produzia carbonato de sódio – frequentemente abreviado como "soda", um produto químico essencial na fabricação de papel e vidro. Nesse caso, o problema eram as grandes quantidades de um resíduo, sulfeto de cálcio, produzido junto com a soda. Mond conseguiu desenvolver um processo para converter o sulfeto de cálcio em enxofre comercializável. Tal feito chamou a atenção da John Hutchinson Company, fabricante inglesa de soda, e levou Mond a se mudar para a Inglaterra em 1862. Ficou um tempo nessa empresa, mas logo decidiu trabalhar por conta própria, com o parceiro John Brunner.

O principal concorrente do processo Leblanc era o processo "amônia-soda", desenvolvido pelo químico belga Ernest Solvay. Além de ser mais eficiente, Mond acreditava que o resíduo gerado, cloreto de amônio, poderia ser convertido lucrativamente em gás cloro. Assim, viajou para a Bélgica, onde convenceu Solvay a conceder uma licença para a Brunner, Mond, and Company produzir carbonato de sódio utilizando seu método. Foi durante a conversão do cloreto de amônio em cloro que Mond fez a descoberta que iniciaria o próximo passo de sua carreira: a produção de níquel.

A produção de cloro envolvia vaporizar cloreto de amônio, depois passá-lo por uma rede de tubos e válvulas. O níquel, devido à sua resistência diante da corrosão, era usado para construir as válvulas. Embora o processo funcionasse bem, as válvulas tendiam a vazar, pois ficavam recobertas por misterioso sedimento preto. Mond, intrigado, estudou-o e descobriu, para seu espanto, que, com o calor, tal material transformava-se em níquel metálico brilhante. Análises posteriores revelaram que o depósito era carbonila de níquel, formado pela reação do níquel com monóxido de carbono. Mas de onde vinha o monóxido de carbono? Descobriu-se que os tubos eram periodicamente lavados com dióxido de carbono para expelir vapores residuais de amônia; assim, o dióxido de carbono estava contaminado com traços de monóxido de carbono.

Enquanto alguns poderiam ter se limitado a resolver o problema, eliminando o monóxido de carbono, Mond percebeu que havia feito uma descoberta importante. Produzira níquel extremamente puro. Ao explorar essa descoberta fortuita, fundou a Mond Nickel Company e comprou minas desse minério ao redor de Sudbury. Lá, o minério era fundido, e o níquel impuro enviado para uma refinaria no País de Gales, onde era tratado com monóxido de carbono para produzir o carbonil de níquel, posteriormente aquecido para produzir níquel puro.

A soda de Mond e, logo depois, seu negócio com níquel o tornaram um homem rico. Ele era generoso com seus empregados: um dos primeiros industriais a oferecer férias remuneradas, jornadas de trabalho de oito horas e benefícios complementares, como clubes recreativos e campos esportivos. Grande promotor da pesquisa química, doou vultosas somas para Royal Institution da Grã-Bretanha e para Children's Hospital of London, além de realizar doações para sua *alma mater*, a Universidade de Heidelberg. Mond também era um entusiasta apoiador das artes, tendo doado sua prestigiosa coleção de pinturas renascentistas italianas para a National Gallery em Londres, a maior doação individual que aquele museu já recebera.

Embora a moeda de 1951 que serviu de modelo para a *Big Nickel* fosse feita de 99,9% de níquel, a escultura gigante é de aço inoxidável, que, naturalmente, contém um pouco de níquel. E aquelas moedas que estão no seu bolso, neste instante? São feitas de aço e cobre, com um fino revestimento de níquel. Apenas o suficiente para fazer você pensar nas contribuições de Ludwig Mond para a ciência, as artes e a reforma social.

Tin Pan Alley

Não sei exatamente qual tipo de som uma panela de estanho faz quando é batida. Isso porque encontrar uma panela de estanho é muito difícil. É fácil encontrar panelas de ferro ou cobre revestidas com estanho para protegê-las da corrosão, mas utensílios de cozinha feitos de estanho puro são raros, já que se trata de um metal bastante macio. No entanto, na década de 1800, xícaras e pratos feitos de estanho existiam, incluindo algumas frigideiras chamadas "frigideiras de cowboy", populares para cozinhar ao ar livre. As panelas de estanho também eram usadas pelos garimpeiros. Elas eram leves e fáceis de transportar – bastante úteis na lida do garimpo em busca de ouro.

O SURPREENDENTE MUNDO DA CIÊNCIA

Por que estou interessado em bater uma panela de estanho? Porque sou fascinado por Tin Pan Alley e como esse singular momento musical ganhou esse nome. A partir da década de 1890, várias editoras musicais se estabeleceram em um pequeno trecho da 28th Street entre a Quinta e a Sexta Avenida em Nova York. Embora Thomas Edison tenha inventado o fonógrafo em 1877, a gravação de músicas na década de 1890 permanecia mais ou menos uma curiosidade. Os cilindros de Edison produziam cerca de dois minutos de música estridente, um milagre virtual na época, mas certamente não substituíam a música ao vivo.

Pianos eram populares nas residências naquele período, o que também significava que o comércio de partituras se tornou um negócio lucrativo. Os compositores inundavam as editoras com suas músicas – que, então, trabalhavam para aumentar as vendas, contratando pianistas para tocar novas peças voltadas a clientes em potencial. Os sons dessas músicas, tocadas em velhos pianos, espalhavam-se pela 28th Street. Aparentemente, o compositor e jornalista Monroe Rosenfeld comparou o barulho ao som de panelas de estanho batidas em um beco. Outro relato sugere que os pianistas tentaram tornar o som produzido por pianos mal afinados menos "metálico" pendurando tiras de papel nas cordas. Ambas as histórias podem ser apócrifas, mas não há dúvida de que o trecho da 28th Street onde a indústria de publicação musical estava concentrada ficou conhecida como *Tin Pan Alley* ("Beco das Panelas de Lata", em tradução livre).

De onde Rosenfeld teria tirado sua analogia? Talvez estivesse familiarizado aos ardis dos manifestantes franceses na década de 1830, que demonstravam sua oposição ao regime de Luís Filipe I em atos nas ruas, batendo em panelas para fazer barulho. Essas panelas eram comumente chamadas de panelas de lata – ou seja, estanho –, embora provavelmente fossem feitas de outro metal revestido com estanho. Mais recentemente, em 2012, na cidade de Montreal, estudantes e seus apoiadores bateram em panelas e frigideiras em uma manifestação, para se opor ao aumento nas mensalidades. Quando o governo aprovou uma lei para limitar o escopo dos protestos estudantis, a resposta foi mais protestos, acompanhados da percussão ainda mais enfática com utensílios de cozinha.

Que tal a explicação alternativa do som "metálico" para a origem da expressão *Tin Pan Alley*? Como o estanho, sendo muito macio, nunca foi um bom substituto para outros metais na maioria das aplicações, seu nome ficou associado a algo que não estava muito à altura. Como o som de um piano frágil. Os pianos podiam estar desgastados, mas não era o caso da música produzida pelo Tin Pan Alley. Canções como "Alexander's Ragtime Band", de Irving Berlin, e "Rhapsody in Blue", de George Gershwin, tornaram-se clássicos.

A música mais vendida na história do Tin Pan Alley, no entanto, não foi escrita por um compositor cujo nome seja muito conhecido dos amantes da música, mas pelo pioneiro do movimento, Charles K. Harris, que ficou conhecido como o "Rei do sentimentalismo". Essa música era "After the Ball"; nela, um homem diz à sobrinha que nunca se casou porque viu sua amada beijar outro homem em um baile e se recusou a ouvir a sua explicação. Muitos anos depois, após a morte daquela mulher, ele descobriu que o homem era irmão dela. A partitura dessa música – ao final, incorporada ao musical *A Trip to Chinatown* – vendeu mais de 5 milhões de cópias. O show ficou em cartaz por dois anos na Broadway, tornando-se o musical com maior permanência até então. O enredo lembra, na verdade, o de *Hello, Dolly!*: uma viúva que arranja encontros amorosos de forma bem-humorada.

O Tin Pan Alley desapareceu depois que toca-discos, rádio e televisão passaram a levar música à população de forma muito mais fácil. No entanto, cinco prédios na 28th Street foram tombados e preservados como o *Distrito Histórico de Tin Pan Alley*, com uma placa na calçada declarando que ali ficava "o lendário Tin Pan Alley, onde o negócio relacionado à música popular americana floresceu durante as primeiras décadas do século XX".

O papel que o estanho desempenhou ainda é um tanto ambíguo, mas como não consegui encontrar uma panela desse material para tirar um som, chutei uma lata. Ela fez um som metálico. Mas hoje em dia, "latas de estanho" são feitas de alumínio. Assim como o próprio "papel alumínio". Para finalizar, vamos observar que quando Edison proferiu "Mary Had a Little Lamb" em seu fonógrafo – para que fosse reproduzido depois –, essa gravação foi feita em papel alumínio enrolado em um cilindro acionado por uma manivela manual, no qual uma agulha presa a um diafragma gravava as marcas. Você pode ouvir on-line. Um pedaço real da história. Mas que soa metálico, como uma lata.

Valentine e seu suco de carne

Mann Valentine, de Richmond, na Virgínia, amava sua esposa. Ele ficou bastante perturbado quando ela adoeceu; a mulher parecia estar definhando, incapaz de comer alimentos sólidos. Estávamos em 1870 e, uma vez que os médicos se revelaram incapazes de oferecer muita ajuda, Valentine decidiu resolver o problema por conta própria. Ele era alguém que dispunha de certa familiaridade rudimentar com a ciência nutricional – à época ainda baseada na ideia de "músculo para músculo", existente desde os antigos gregos e calcada na ideia de que consumir carne muscular dos animais auxiliava a ganhar força. "Basta extrair a essência da carne", era a ideia que ocorreu a Valentine. Talvez o suco da carne fosse a chave para restaurar a força de sua esposa.

Assim, o futuro inventor teria descido ao seu porão e desenvolvido um método de cozinhar carne para daí extrair seu suco. A administração tal mistura para sua esposa resultou em notável melhora na saúde dela, algo que, Valentine pensava, deveria ser usufruído por um público mais amplo. Em um ano, montou uma empresa e começou a produzir o Suco de Carne Valentine, comercializado em uma garrafa âmbar no formato de pera que se tornaria icônica. As vendas crescentes, após depoimentos entusiasmados de pacientes e médicos, fizeram de Valentine um homem rico.

Uma característica bastante notável dessa história é que Valentine parece ter reinventado a roda. Aparentemente, aquele inventor não estava familiarizado com o Extrato de Carne de Liebig, introduzido na Europa em 1865 com base nas ideias do químico alemão Justus von Liebig – à época, um dos principais cientistas do mundo. Liebig havia descoberto a presença de compostos de nitrogênio na urina e postulou que decorriam de processos realizados pelos músculos durante atividades físicas, já que se percebia ser a musculatura composta por proteínas que continham nitrogênio. Sua preocupação central girava em torno de que muitas pessoas talvez não pudessem comer carne em quantidade suficiente para manter a saúde; assim, em 1847, começou a experimentar o desenvolvimento de um substituto de carne que fosse concentrado, acessível e nutritivo. Liebig descobriu que deixar carne magra macerando em solução de ácido clorídrico diluído para depois ser vigorosamente misturada tinha como resultado uma pasta que podia ser coada para produzir extrato de carne concentrado.

Quando Liebig publicou seu método, farmacêuticos e médicos começaram a solicitar pequenos lotes daquele "chá de carne". Em 1851, o médico William Beneke relatou no *Lancet* a utilização bem-sucedida desse "chá" no tratamento de moléstias como tuberculose, tifo e "distúrbios estomacais". Liebig concordou, defendendo o uso do "chá de carne" como medicamento, mas reconheceu que havia pouco potencial comercial para o extrato, já que o processo de fabricação era tedioso, e a carne bovina era um produto dispendioso na Europa.

George Giebert, um engenheiro alemão que havia construído estradas no Brasil, buscou Liebig com uma possível solução para seu problema. Na América do Sul numerosas cabeças de gado estavam sendo criadas, sobretudo para a extração do couro, e a carne frequentemente acabava sendo descartada. A mão de obra local também era barata, e Giebert sugeriu comprar fazendas de gado naquele continente para depois enviar o maquinário da Europa para produção do extrato.

Liebig gostou da ideia e, em 1865, a Liebig's Extract of Meat Company foi fundada; em pouco tempo, o produto chegou ao mercado. A princípio, era vendido como um remédio para "fraqueza e distúrbios digestivos", mas logo a publicidade tornou-se mais elaborada. O próprio Liebig apregoou sua capacidade de aliviar a "excitação cerebral" e, em uma British Pharmaceutical Conference, palestrantes afirmaram que "provavelmente, nenhum alimento disponível seria tão eficaz na restauração dos tecidos dos enfermos".

Produtos de imitação, como o Bovril, também proliferaram – logo Liebig passou a emitir alertas a respeito de tais imitadores, pedindo aos consumidores que comprassem apenas a versão genuína, inspecionada por ele e que trazia sua assinatura no rótulo. Conforme a popularidade dos extratos de carne crescia, alguns cientistas passaram a ver tais produtos com cautela, especialmente após análises demonstrarem que o extrato de Liebig, na verdade, continha pouca proteína. Então, em 1868, o fisiologista alemão Edward Kemmerich publicou os resultados de um experimento no qual cães alimentados exclusivamente com o extrato de carne morreram em pouco tempo. Assim, em 1872, o médico Edward Smith declarou que o extrato de Liebig não tinha os nutrientes da carne e era como "a peça *Hamlet* sem o personagem Hamlet". Esse ataque pareceu insípido em comparação com a retórica de outro médico, John Milner Fothergill, ao opinar que "todo o derramamento de sangue causado pela ambição guerreira de Napoleão não é nada comparado às miríades de pessoas que afundaram em seus túmulos por uma confiança equivocada no chá de carne".

Em vista do evidente desgaste da aura do extrato como medicamento, a Liebig Company passou a promovê-lo como "fonte barata do sabor de carne voltada a marinheiros, exploradores, soldados e cozinheiros domésticos, que poderiam usar tal produto para elaborar sopa nutritiva e saborosa, adicionando batatas e vegetais ao caldo feito com o extrato". Então, surgiu uma brilhante jogada comercial com a introdução dos cartões colecionáveis Liebig, que vinham em cada garrafa do extrato. Eram cartões lindamente coloridos que, a princípio, retratavam cenas de cozinha – por exemplo, pessoas preparando sopa com facilidade –, mas depois expandiram seus temas para retratos de cientistas, escritores, compositores e cenas históricas de fundo idílico. Os cartões se tornaram um fenômeno entre colecionadores, naquela que é considerada uma das campanhas publicitárias de maior sucesso da história!

A Liebig's Extract of Meat Company não existe mais, mas um de seus produtos, o cubo de caldo Oxo, desenvolvido em 1911, ainda existe e seus anúncios publicitários são bastante engenhosos. Em 1920, a Liebig Company comprou um prédio em Londres; tratava-se de uma torre na qual a empresa planejava colocar uma placa de publicidade iluminada. Quando a permissão para isso foi recusada, três janelas na torre foram redesenhadas para serem moldadas como as letras "o" e "x", resultando em "OXO".

No que diz respeito à Sra. Valentine, ela faleceu apenas dois anos depois de seu marido iniciar o tratamento com suco de carne. Mas o produto lucrou o suficiente para que o Sr. Valentine se entregasse à sua paixão por colecionar artefatos, posteriormente exibidos no Museu Valentine, em Richmond. Fundado em 1898, o "museu que o suco de carne construiu" se tornou uma grande atração, com exibições que retratam a rica história da cidade.

Torre de chumbo

A educação, por vezes, toma caminhos tortuosos. Como foi com meu aprendizado sobre a fascinante história das "torres de chumbo".* Tudo começou, de maneira bastante apropriada, com Sherlock Holmes, o extraordinário investigador. Tentava rastrear as ilustrações originais de Sidney Paget, conforme apareciam na história "A liga dos cabeças vermelhas", publicada na *Strand Magazine* em 1891. Como era de se esperar, não foi difícil encontrar reproduções on-line da edição original – repleta de ilustrações maravilhosas realizadas por Paget. Ao observar a última página da história de Holmes, meus olhos captaram o próximo artigo na revista, intitulado "Vamos subir com a torre de chumbo". O artigo era acompanhado por uma ilustração que parecia descrever um farol. E assim teve início uma jornada pela história que culminaria com um olhar maravilhado para o alto na Dominion Street, em Montreal.

"Torre de chumbo" é a designação de uma estrutura empregada para produzir pequenos projéteis de chumbo disparados por armas como rifles. Para impulsionar esses projéteis, utiliza-se pólvora, uma mistura de enxofre, carvão e salitre (nitrato de potássio), descrita pela primeira vez na China, no século IX. Provavelmente, um subproduto acidental de experimentos que buscavam encontrar o "elixir da vida", como sugerido pelo nome chinês de tal substância, que se traduz como "remédio de fogo". No século XII, os chineses desenvolveram "lanças de fogo", essencialmente tubos de bambu atulhados de pólvora que ejetavam flechas ou pedaços de metal com força após sua ignição.

Em pouco tempo, os metalúrgicos chineses criaram canhões de verdade, fundidos em latão ou ferro; no século XIV, essa tecnologia chegou à Europa, com artesãos projetando "canhões de mão". Tais mecanismos, carregados com

---

* N.T.: Em inglês, *Shot Tower*. Trata-se de um termo histórico, pouco usado em português. Optei por uma tradução próxima do francês, *Tour à plomb* – pois o termo "torre de tiro" está relacionado a artefatos de artilharia contemporâneos.

bolas de chumbo, foram os precursores de todas as armas posteriores. O uso do chumbo já estava bem estabelecido, com a fundição das jazidas desse minério, na forma de galena (sulfeto de chumbo), datando de cerca de 6000 a.C. O chumbo é um elemento fácil de fundir e dar molde – propriedade com a qual os romanos já estavam bastante familiarizados, pois construíram canos de água e moldaram recipientes de jantar, tudo em chumbo, alheios à toxicidade desse metal. Mas despejar chumbo em moldes de madeira para fazer "balas" nas quantidades necessárias para armas era um processo ineficiente. Então, em 1782, veio a descoberta: a torre de chumbo.

O inglês William Watts recebeu o crédito pela descoberta. Como encanador, ele sabia tudo sobre trabalhar com chumbo. De fato, na língua inglesa, o nome dessa profissão deriva de *plumbum*,* o termo romano que designa aquele metal, algo que também explica por que *Pb* é o símbolo químico do elemento.

Há muitas histórias que circulam a respeito de como Watts teve a ideia de uma torre de chumbo. De acordo com uma delas, depois de um dia de trabalho na fundição de chumbo, ele bebeu um pouco mais de cerveja que o usual, adormeceu e teve um sonho no qual a chuva se transformava em chumbo, cobrindo o chão molhado com pequenas bolas. Intrigado com essa visão, derreteu um pouco de chumbo e jogou pedaços de diferentes alturas, notando que as gotas ficavam arredondadas à medida que caíam. Outro relato sugere que era do conhecimento de Watts o fato de castelos serem defendidos, por vezes, com chumbo derretido, despejado no inimigo. Esse metal terminava no fosso, de onde era recuperado na forma de esferas. A explicação mais provável, no entanto, para a ideia que deu origem ao que entendemos como torre de chumbo é a observação de Watts de que, quando uma gota d'água cai da torneira, sua forma muda de uma lágrima para uma esfera. Talvez gotas de chumbo fizessem o mesmo.

Mas como evitar que as gotas derretidas respingassem ao atingirem o chão? Talvez fazendo com que caíssem em água fria? A altura tornou-se um problema, pois as gotas de chumbo tinham que cair de uma distância maior do que gotas de água para chegar ao formato esférico. Em primeiro lugar,

---

* N.T.: Em inglês, a profissão de encanador é designada pelo termo "*plumber*".

Watts abriu um buraco no teto para poder jogar o chumbo do segundo andar de sua casa – sem dúvida, para desespero da Sra. Watts. Percebeu que tal altura não era suficiente; assim, acrescentou andares até que a casa se tornou uma torre. Despejar chumbo derretido do topo por meio de uma peneira de cobre resultava em uma esfera perfeita, que poderia ser recuperada da cuba de água, colocada no fundo.

O som dos "tiros" de Watts logo foi ouvido em todo o mundo e "torres de chumbo" começaram a surgir em todos os lugares. Uma delas ficava às margens do Tâmisa, em Londres, conforme descrito pelo autor do artigo que encontrei na revista *Strand*. Tal torre tinha 327 degraus e produzia uma chuva prateada constituída por milhões de projéteis todos os dias. A primeira torre dos EUA, a Sparks Shot Tower, na Filadélfia, foi construída em 1808 e produziu toneladas de munição durante a Guerra de 1812 e a Guerra Civil. Com 71 metros, a Phoenix Shot Tower, de Baltimore, cuja construção se deu em 1828, foi a estrutura mais alta dos EUA até o surgimento do Monumento a Washington, concluído em 1884.

Várias torres de chumbo ainda podem ser encontradas ao redor do mundo; embora nenhuma esteja ativa, pois tal tecnologia foi substituída por maquinário moderno. Infelizmente, tanto a torre original de Watts quanto a de Londres, que me colocou em minha jornada, não existem mais – algo que descobri ao procurar por aquelas ainda existentes. Mas foi durante essa busca que, de súbito, fiquei sem fôlego ao me deparar com uma menção a Montreal. Fiquei surpreso ao descobrir que temos uma torre de chumbo bem aqui. Claro que eu tinha que ir vê-la.

A Stelco Tower parece ter cerca de dez andares de altura e pode ser encontrada na Dominion Street, bem perto do Canal Lachine, a leste do Atwater Market. Devo ter visto tal edifício inúmeras vezes enquanto perambulava de bicicleta pelo canal, mas nunca havia notado. Desde então, toda vez que passo por ali, fico boquiaberto com tal maravilhosa relíquia histórica, assim como você ficará provavelmente se tiver a chance de visitar a região. E aí está a história da torre de chumbo, completinha mesmo. Obrigado, Sherlock.

Acônito assassino

Foi um verdadeiro quebra-cabeça. Durante a autópsia, Dr. Ohno não conseguiu encontrar nenhuma evidência de qualquer condição prévia para explicar por que uma japonesa de 33 anos havia morrido, aparentemente de infarto, naquele dia em 1986. Em companhia de seus amigos, ela fora tomada por náuseas, reclamando ainda da perda de sensibilidade nas extremidades do corpo. Quando passou a vomitar violentamente, seus amigos pediram ajuda, mas, já na ambulância, a mulher estava com batimento cardíaco irregular – nem mesmo a desfibrilação foi capaz de ajudá-la e ela morreu. Como a morte não pôde ser facilmente explicada, foi necessário informar a polícia.

Ao ser interrogado, o marido da vítima revelou que havia se casado duas vezes antes e ambas as esposas morreram: uma, de infarto, enquanto a outra, de miocardite. Aquilo era curioso, e as suspeitas aumentaram ainda mais quando se descobriu que o marido havia, pouco tempo antes, feito um seguro de vida para sua esposa, com um valor extraordinariamente alto. Ohno, então, suspeitou de envenenamento, e seus pensamentos se dirigiram ao acônito, toxina de ação rápida conhecida por causar fibrilação ventricular e paralisia.

Aconitum napellus é uma planta herbácea perene, também conhecida como "capuz de monge", já que suas flores roxas lembram vestimentas usadas por monges. Todas as partes dessa planta contêm alcaloides extremamente tóxicos, com a aconitina liderando o grupo. Engolir apenas dois miligramas desses compostos, ou um grama da raiz, pode ser fatal. A toxicidade do extrato bruto da planta, conhecido como "acônito", já era conhecida pelos romanos, que empregavam tal substância como método de execução. Sabemos que Shakespeare estava igualmente ciente de sua toxicidade ao mencionar especificamente o *Aconitum* em *Henrique IV*. É provável que esse também seja o veneno que o dramaturgo tinha em mente para o suicídio do apaixonado Romeu.

Embora o acônito possa ser responsável por sintomas como paralisia e batimentos cardíacos irregulares, surgiram problemas com a teoria do envenenamento. Não havia como, à época, testar amostras de sangue ou tecido para as pequenas quantidades de alcaloides que poderiam ter causado a morte. E também havia um problema com o período de tempo. A última vez que o marido e sua mulher estiveram juntos tinha sido cerca de uma hora e meia antes do colapso dela, um tempo excessivo para a manifestação dos efeitos do acônito.

Felizmente, a polícia decidiu guardar algumas amostras de sangue e, apenas nove meses depois, essa precaução valeu a pena. Pois eis que surge um método de detecção de quantidades muito pequenas de alcaloides de *Aconitum*, usando as técnicas combinadas de cromatografia gasosa e espectrometria de massa; e, de fato, tais substâncias foram detectadas nas amostras armazenadas. Ainda assim, isso não seria suficiente para conectar o marido ao envenenamento, pois persistia o problema do tempo. A polícia, contudo, prosseguiu com as investigações e, quatro anos depois, descobriu que o marido havia comprado diversas plantas de *Aconitum napellus*. Esse fato levou à sua prisão e indiciamento por assassinato.

A investigação revelou outra coisa. O acusado também havia comprado alguns baiacus, uma iguaria no Japão. Como a espécie abriga o potente veneno tetrodotoxina, os chefs japoneses são especialmente treinados para remover os órgãos tóxicos antes de servir o *fugu*, como o prato é conhecido. Quando as autoridades testaram o sangue armazenado da vítima, encontraram tetrodotoxina.

Assim, o Dr. Ohno teve uma ideia. Ele sabia que os efeitos tóxicos da aconitina são causados pelo aumento do influxo de íons de sódio nas células nervosas, e que a tetrodotoxina mata ao privar as células nervosas de sódio. A tetrodotoxina poderia retardar a ação da aconitina? Essas toxinas poderiam agir de forma antagônica? Uma série de experimentos em camundongos mostrou que os efeitos tóxicos da aconitina foram significativamente reduzidos pela coadministração oral de tetrodotoxina. Com base nas evidências apresentadas, o marido foi considerado culpado de assassinato e condenado à prisão perpétua. Embora admitisse que estava interessado em química e que tinha comprado as plantas e o baiacu para fazer experiências, sustentou que não teve nada a ver com a morte de sua esposa.

O condenado seria um químico inteligente, que havia encontrado uma maneira de atrasar a ação da aconitina e desviar as suspeitas de si mesmo, ou tentara misturar as duas toxinas potentes para garantir uma morte rápida, mas acidentalmente atrasada? Nunca saberemos, mas seu plano assassino lançou luz sobre os efeitos combinados da aconitina e da tetrodotoxina.

Embora muitos outros envenenamentos criminosos com emprego de acônito tenham ocorrido, incluindo um caso amplamente divulgado em 2010, na Inglaterra, no qual uma desprezada Sra. Lakhvir Singh assassinou o amante com quem estava tendo um caso extraconjugal, também houve alguns envenenamentos acidentais. Na medicina tradicional chinesa, o acônito é usado, entre outras possibilidades, para tratar pulso fraco, impotência e "deficiência de yang".* Se não passarem por processos adequados de descontaminação, por tostagem ou cozimento no vapor, essas preparações de acônito podem ser muito perigosas. O acônito também é empregado na homeopatia para tratar condições que variam de infecções respiratórias e dor de dente a vertigens e pedras nos rins. Como, de acordo com os princípios da homeopatia, essas preparações são diluídas a ponto de conterem apenas a "memória" do acônito, são inofensivas. Não possuem, igualmente, nenhuma evidência de serem eficazes.

Finalmente, notamos que os gregos antigos usavam suco de acônito para envenenar flechas e, historicamente, ele também foi usado para matar carnívoros, como panteras e lobos, com iscas envenenadas. Daí o nome alternativo para a erva, *wolfsbane*.** Há ainda uma outra relação. Se você estiver preocupado com lobisomens, pode considerar manter alguns raminhos de *wolfsbane* por perto. Dizem que mantêm os licantropos afastados.

As armadilhas da proposição 65

Sei muito pouco sobre Pilates e devo admitir que nunca tinha ouvido falar de Cardi B. Acontece que os dois nomes possuem algo em comum. Ambos foram mencionados em perguntas que me fizeram sobre riscos químicos. "Devo devolver meu anel de Pilates?", foi a questão de um correspondente, enquanto

---

* N.T.: Condição descrita pela medicina tradicional chinesa como um desequilíbrio entre energias corporais diferentes (o *yin* e o *yang*), reguladas pela alimentação. Assim, quando o *qi yang* é deficiente, o *qi yin* torna-se excessivo, provocando o aumento da sensação de frio, fadiga, diarreia e metabolismo lento, com retenção de líquidos, baixa tensão arterial e ação psicomotora lenta.

** N.T.: Literalmente, "veneno do lobo".

outro queria saber por que Cardi B estava promovendo roupas tóxicas. As duas perguntas vieram com fotos anexadas, marcadas com etiquetas de advertência. O anel de pilates alertava para o seguinte: "Este produto pode resultar em exposição a substâncias químicas, incluindo chumbo, reconhecido no estado da Califórnia por causar câncer e defeitos congênitos, além de problemas reprodutivos". Já a pergunta sobre as roupas tóxicas estava acompanhada por uma foto de uma etiqueta semelhante, fixada em um biquíni de cores brilhantes, na qual estava escrito: "Este produto pode expô-lo a Di(2-etilhexil) ftalato, chumbo e cádmio, reconhecidos no estado da Califórnia por causar câncer e anomalias congênitas, além de problemas reprodutivos".

Joseph Pilates foi uma criança doente que nasceu em 1883, na Alemanha. Depois de ler sobre a ênfase dos gregos antigos no atletismo, ele se voltou para os exercícios como um possível remédio para sua asma. Parece ter funcionado, porque logo se tornou um ávido esquiador, boxeador e ginasta. Em 1912, Pilates imigrou para a Inglaterra, onde foi confinado como "inimigo estrangeiro" quando a Primeira Guerra Mundial estourou. Foi durante esse confinamento que Joseph desenvolveu o célebre sistema de exercícios físicos que seria batizado com seu nome; para tanto, empregou as molas da armação das camas como equipamento empregado por seus colegas prisioneiros. Enquanto a pandemia de gripe de 1918 devastava o país, aparentemente nenhum dos alunos de Pilates faleceu, um resultado do qual ele mesmo assumiu o crédito. Após a guerra, ele retornou à Alemanha, onde seu sistema de exercícios foi adotado por dançarinos. Em 1926, Pilates imigrou para os EUA e lançou seu sistema de exercícios mente-corpo também lá, alcançando ampla popularidade. Tratava-se de um treinamento com exercícios de resistência – como comprimir uma mola –, que compunham boa parte do programa. Também utilizava o chamado anel de pilates: feito de plástico ou metal revestido de plástico, fornecia resistência semelhante à mola. O componente plástico era o responsável pelo rótulo de advertência.

Cardi B, como eu descobri posteriormente, é uma rapper popular, cujas roupas sensuais são parte de sua imagem. Ela colaborou com a Fashion Nova na produção de uma linha de vestuário, que incluía vários itens feitos de vinil. São esses itens que trouxeram preocupação aos clientes, quando descobriram o rótulo de advertência após comprar a peça. Então, malhar com um anel de pilates ou usar calças de vinil ao estilo Cardi B traria riscos à saúde? Tudo depende da interpretação de uma lei controversa da Califórnia, originalmente conhecida como Safe Drinking Water and Toxic Enforcement Act,* aprovada em 1986.

Façamos uma rápida viagem de volta aos dias antes da Proposta 65 – como o projeto de lei era originalmente descrito nas cédulas dos eleitores – tornar-se lei. No início da década de 1980, a qualidade da água potável na Califórnia estava sob investigação, pois os problemas de escoamento de nitrato dos fertilizantes e a contaminação por solventes, resultantes da incipiente indústria de chips de sílica, dominaram as manchetes. O governo estadual propôs uma lei que impediria as empresas de despejar substâncias conhecidas como tóxicas em sistemas de água e também exigiria avisos afixados nos itens em que tais substâncias estavam presentes – pois se acreditava representarem risco de câncer ou danos reprodutivos ao consumidor.

A lei proposta tornou-se uma batata quente, enfrentando a oposição feroz da indústria enquanto grupos ambientais faziam *lobby* para sua aprovação. Um grupo de celebridades de Hollywood, liderado por Jane Fonda, Whoopi Goldberg, Rob Lowe e Michael J. Fox, viajou pela Califórnia em ônibus apelidados de "caravana da água limpa" para aumentar o apoio à Proposta 65. O público, que estava literalmente sedento por água limpa, votou esmagadoramente a favor – 63% a 37% foi o resultado, favorável ao projeto de lei.

A Proposta 65 provou sua eficiência com rapidez, notadamente quando se tratava de regular os descartes realizados pela indústria. A qualidade da água potável melhorou. No entanto, a proposta das etiquetas de advertência utilizadas em produtos de consumo serviu para atiçar um vespeiro. O ditado "a dose faz o veneno" viria ser a pedra angular da toxicologia, mas no caso de carcinógenos e produtos químicos que desregulam os hormônios o estabelecimento de uma dose segura é um desafio. Para carcinógenos, estabeleceu-se um nível de perigo um tanto arbitrário, definido em doses com risco de câncer em 1 para 100.000, assumindo que tal exposição ocorreria ao longo de toda uma existência. Considerou-se um risco, no caso das toxinas reprodutivas, doses acima de 1/1.000 do nível de efeito adverso não observado (*no-observed-adverse-effect level* – NOAEL), conforme determinado por estudos com animais.

---

* N.T.: Uma tradução literal do nome oficial dessa lei poderia ser "Lei Executiva de Segurança para Água Potável e Tóxica".

As margens de segurança são consideráveis, incorporadas em ambas as categorias. A exposição durante toda a vida faz sentido para algumas substâncias na água potável, uma vez que é de fato consumida regularmente ao longo da vida. Faz bem menos sentido para o chumbo em um anel de Pilates. Não há dúvida de que o chumbo e seus compostos são altamente tóxicos, e é até concebível que pequenas quantidades possam vazar do revestimento de policloreto de vinila (PVC) do equipamento durante seu manuseio. Com um pouco de credulidade, seria até possível imaginar que isso constitua um risco vitalício, se fosse manuseado dessa forma ao longo de toda uma existência. Mas esse dificilmente seria o caso.

Há outro ponto a ser levantado: compostos de chumbo foram amplamente utilizados, no passado, como estabilizador para PVC. Quando esse plástico se degrada, libera ácido clorídrico que, então, catalisa ainda mais a degradação. Os compostos de chumbo neutralizam tal ácido e agem como estabilizador. No entanto, quando a toxicidade do chumbo se tornou amplamente conhecida, esse componente foi substituído no PVC por outros estabilizadores. A menos que o plástico venha de PVC antigo, talvez reciclado – algo muito improvável, pois esse plástico não pode ser reciclado – há uma considerável probabilidade de anéis de pilates não conterem chumbo. Por que, então, o aviso? Basicamente, como proteção contra advogados oportunistas, cujas carreiras foram construídas por meio de acordos extrajudiciais após ameaçarem empresas com processos por não estarem em conformidade com a Proposta 65. É mais fácil afixar o aviso do que passar pela dispendiosa complexidade de um julgamento, com a necessidade de se provar a inocência. E como não é possível para uma empresa saber de antemão quais de seus produtos podem ser adquiridos por californianos – e tendo em vista a necessidade de evitar possíveis ações legais –, é comum a colocação de uma etiqueta da Proposta 65 em qualquer item em que seja necessário, não importando o local em que tal produto será vendido.

Pois bem, chegou o momento de abordar as roupas de vinil inspiradas em Cardi B. Para tornar o vinil macio e maleável, plastificantes como ftalatos costumam ser adicionados à fórmula. De fato, eles têm potencial para toxicidade reprodutiva. Novamente, as quantidades são importantes. O NOAEL, conforme determinado em estudos com animais, é a quantidade máxima que pode ser administrada sem causar nenhum efeito ou dano. Como os humanos não são grandes roedores, um fator de segurança adicional de 1.000 é incorporado. Deveríamos nos preocupar em usar calças com ftalatos que podem exceder ligeiramente essa notável margem de segurança? Acho que não, mesmo que alguém fosse jantar com essas roupas. Pode-se, no entanto, argumentar que, ao serem descartadas, essas peças podem liberar toxinas no meio ambiente, o que justificaria uma etiqueta de advertência.

Embora a Proposta 65 certamente tenha restringido a liberação de substâncias tóxicas no meio ambiente pela indústria, a existência dessas etiquetas de advertência em itens que variam de cabos de martelo a iscas de pesca pode equivaler ao grito de "lobo", como na fábula clássica de Esopo. Avisos a respeito de um lobo de verdade batendo à porta podem passar despercebidos.

Terapia da luz vermelha

Segundo conta a história, na Amsterdã do século XVII, as damas da noite carregavam lanternas vermelhas para sinalizar aos marinheiros que estavam disponíveis. Supostamente, a luz vermelha tinha outro efeito. Camuflava as imperfeições da pele que essas mulheres frequentemente tinham. Ao lume de pesquisas subsequentes, talvez essas lanternas fizessem mais do que apenas esconder cicatrizes e lesões – talvez elas realmente ajudassem na cura de tais ferimentos.

Uma gravura de parede que remonta a cerca de 3.000 anos mostra a rainha Nefertiti e seus filhos absorvendo os raios do sol, sugerindo que os antigos egípcios acreditavam nos benefícios à saúde da exposição à luz solar. Os gregos e romanos gostavam de solários e, em preparação para os Jogos Olímpicos originais, os atletas helênicos eram encorajados a se exporem à luz solar por vários meses para aumentar sua força. No entanto, foi somente no final do século XIX que os holofotes da ciência começaram a brilhar sobre os efeitos terapêuticos da luz.

O médico Niels Ryberg Finsen, nascido nas Ilhas Faroé e educado na Dinamarca, sofria da doença de Niemann-Pick – uma enfermidade rara na qual quantidades prejudiciais de gordura se acumulam em órgãos internos enquanto áreas escuras de pigmentação danificam a pele. Ele alimentava a crença de que a luz solar poderia ajudar sua condição; assim, deu início a uma carreira de pesquisa focada nas possíveis propriedades terapêuticas da luz. Vendo que a luz solar não tinha efeito em sua própria condição, Finsen resolveu explorar as possibilidades da luz artificial. Iniciou uma colaboração com a Companhia Elétrica de Copenhagen para produzir uma lâmpada elétrica de arco de carbono, um projeto que, em 1895, foi agraciado por golpe de sorte. Niels Mogensen, um engenheiro com quem Finsen trabalhava, sofria de lúpus vulgar, uma infecção de pele caracterizada por terríveis e desfigurantes lesões causada pela bactéria *Mycobacterium tuberculosis*. Nenhum tratamento tentado por Mogensen funcionou; contudo, enquanto trabalhava na lâmpada de arco de carbono, percebeu que as lesões melhoraram. O engenheiro se tornou o primeiro paciente de Finsen e, após alguns dias de tratamento com luz produzida pela lâmpada de arco de carbono, sua condição foi curada.

Foi então que aquele médico começou a testar sua lâmpada em pacientes com cicatrizes de varíola, obtendo resultados altamente satisfatórios. Embora a lâmpada produzisse luz de espectro total, Finsen propôs que a extremidade vermelha do espectro seria a responsável pelo efeito terapêutico. Essa hipótese, apresentada ao médico-chefe de um hospital em Copenhague, foi imediatamente rejeitada. Finsen retrucou: "Você poderia, pelo menos, tentar não rir de mim". As risadas cessaram quando médicos na Noruega relataram que pacientes recém-diagnosticados com varíola, encerrados em "quartos vermelhos", recuperaram-se sem apresentar sequer cicatrizes. Havia, portanto, evidências suficientes para convencer o prefeito de Copenhague, com o apoio de vários doadores, a estabelecer o Instituto Médico de Estudos da Luz (depois, Instituto Finsen), tendo Finsen como seu diretor. Os resultados do tratamento com luz proposto por Finsen foram impressionantes. Dos pacientes afetados por lúpus vulgar, 83% foram curados. Em poucos anos, 40 Institutos Finsen foram estabelecidos na Europa e na América. O tratamento de lúpus vulgar com lâmpadas Finsen continuou até que os antibióticos foram introduzidos meio século depois.

Em 1903, Finsen recebeu o reconhecimento máximo ao ser agraciado com o Prêmio Nobel de Medicina por estabelecer o campo da fototerapia.

Infelizmente, nessa época, estava confinado a uma cadeira de rodas e não conseguiu viajar para Estocolmo para receber o prêmio. Morreu apenas um ano depois.

Assim, teremos de adiantar nossa história para 1967, quando o médico húngaro Endre Mester tentou repetir um experimento do norte-americano Paul McGuff, que havia empregado raio laser vermelho para destruir tumores cancerígenos implantados em ratos de laboratório. Sem que soubesse, o laser de Mester era muito mais fraco e não teve efeito sobre o tumor, mas, para sua surpresa, provocou a rápida cicatrização da ferida onde o tumor estava inserido. Além disso, a luz estimulou o crescimento de pelos no local. Mester cunhou o termo "fotobioestimulação" para essa terapia de luz vermelha de níveis baixos.

Desde então, vários pesquisadores exploraram o potencial terapêutico do uso da luz vermelha. Tal lista inclui cientistas da Nasa, que descobriram que a luz vermelha estimula o crescimento de plantas na Estação Espacial Internacional, além de acelerar a cicatrização de ferimentos dos astronautas. Outros estudos mostraram possíveis benefícios para alívio da dor, tratamento de acne, circulação sanguínea, asma, condições inflamatórias, derrame e até mesmo crescimento capilar. Diodos emissores de luz implantados em capacetes especiais ou fixados diretamente na testa mostraram alguns benefícios promissores em casos de depressão e doença de Parkinson, além de permitir melhoras cognitivas. Por fim, o efeito da luz foi estudado no caso da covid. A extremidade violeta/azul do espectro demonstrou ser capaz de tornar inativas certas bactérias e alguns vírus; por outro lado, ao menos em animais experimentais, a luz vermelha e infravermelha próxima reduziram distúrbios respiratórios semelhantes às complicações associadas ao quadro infeccioso provocado pelo coronavírus.

O mecanismo de ação da luz vermelha foi bastante explorado: a teoria mais aceita hoje afirma que células danificadas produzem óxido nítrico, o qual se liga inativa a citocromo oxidase, uma enzima essencial para produzir adenosina trifosfato (ATP), molécula que fornece energia para alimentar processos celulares. A luz nas regiões de espectro do vermelho (comprimento de onda de 600 a 700 nanômetros) e próximo do infravermelho (760 a 940 nanômetros) libera óxido nítrico da enzima, permitindo que mais ATP seja produzida normalizando a função celular. Além disso, por se tratar de uma molécula mensageira, o óxido nítrico liberado também proporciona efeitos benéficos ao sistema imunológico, na dilatação dos vasos sanguíneos e na coagulação do sangue.

Como usual em muitos casos, profissionais de marketing criativos e pseudoespecialistas tendem a exagerar os resultados das pesquisas ultrapassando aquilo que os dados realmente mostram. De acordo com alguns defensores, a terapia da luz vermelha seria a cura para o qualquer problema de saúde. Essas afirmações devem acender o sinal de alerta.

Na atualidade, as lanternas dos distritos da luz vermelha foram substituídas por luminosos de neon vermelhos. Mas esse não é o lugar certo para procurar a terapia de luz vermelha. Uma aposta melhor estaria nos conjuntos de LED vermelho disponíveis comercialmente – ao menos, seu uso é apoiado por algumas evidências, embora não de forma esmagadora.

O efeito Leidenfrost

"Bertie", como o filho mais velho da rainha Vitória e do príncipe Alberto era conhecido pela família, estava longe de ser um aluno particularmente brilhante, para decepção de seus pais. Eles tentaram preparar o Príncipe de Gales para seu futuro papel como rei, enviando-o em visitas a instituições educacionais, na esperança de despertar alguma chama de interesse. Em 1859, Bertie, já com 18 anos, foi apresentado ao professor Lyon Playfair, que seria seu guia em uma visita aos laboratórios de química da Universidade de Edimburgo. Playfair achou que o príncipe iria gostar de uma de suas demonstrações favoritas – então, começou derramando um pouco de chumbo derretido nos dedos de seu assistente. De fato, Bertie ficou surpreso com o fato de que a mão do homem não ficou queimada e perguntou se ele mesmo poderia realizar o experimento. Playfair instruiu o jovem: deveria mergulhar a mão na água, sacudir o excesso e estender os dedos reais enquanto ele prosseguiria derramando

O SURPREENDENTE MUNDO DA CIÊNCIA

o chumbo derretido sobre eles. A mão que governaria a Inglaterra como rei Eduardo VII, de 1901 a 1910, saiu ilesa. O jovem Bertie havia aprendido como se dava o efeito Leidenfrost.

Depois de se formar como médico, em 1741, Johann Gottlob Leidenfrost passou a lecionar Medicina, Física e Química na Universidade de Duisburg, na Alemanha. Publicou uma série de artigos científicos, incluindo "Um tratado sobre algumas qualidades da água comum", no qual descreveu o efeito que receberia seu nome. Ele observou que gotículas de um líquido colocadas em uma superfície consideravelmente mais quente que seu ponto de ebulição deslizavam pela superfície antes de se transformar em gás em vez de sofrer evaporação instantânea. Em uma temperatura mais baixa, mas ainda acima do ponto de ebulição, as gotículas vaporizavam imediatamente.

Em um experimento clássico, Leidenfrost colocou uma gota de água em uma colher de ferro polido aquecida sobre brasas e registrou que a gota "não adere à colher, como a água costuma fazer, ao tocar ferro um pouco mais frio". Em vez disso, ela pairou sobre a colher como um glóbulo esférico por quase meio minuto, antes de evaporar. Ao colocar uma vela atrás da gota, Leidenfrost observou que a luz passava entre a colher e o líquido, revelando a presença de uma fina camada de vapor, que ocasionava o efeito da gota flutuante. Esse efeito costuma ser usado com frequência, de forma prática, por cozinheiros que desejam saber se sua frigideira está quente o suficiente antes de adicionar comida. Se o metal estiver aquecido o bastante, algumas gotas de água borrifadas sobre a superfície deslizarão antes de evaporar, enquanto temperaturas mais baixas farão com que a água se transforme em vapor assim que tocar a panela.

O "truque" do chumbo derretido usa o mesmo princípio. O contato da água com o chumbo quente forma uma camada isolante, que previne queimaduras. Mas como Adam e Jamie demonstraram em *Mythbusters*,* o chumbo derretido tem que atingir a temperatura de 450 °C, cerca de 120 graus acima do seu ponto de ebulição, para evitar ferimentos. Eles mostraram isso habilmente, testando primeiro em salsichas em vez de dedos, antes de mergulhar,

---

* N.T.: No Brasil, *Os caçadores de mitos* – um programa de televisão da Discovery Channel apresentado pelos especialistas em efeitos especiais Adam Savage e Jamie Hyneman, que utilizavam elementos da metodologia científica para testar a validade de rumores, mitos urbanos, cenas de filmes, provérbios, vídeos da internet etc.

|98|

com sucesso, os dedos no chumbo derretido. Graças ao efeito Leidenfrost, temos o curioso fenômeno de uma temperatura mais alta causando menos danos do que outra, mais baixa.

O sistema detector de mentiras mais antigo do mundo depende, igualmente, do mesmo efeito. Em um antigo ritual usado por tribos beduínas, um membro que professasse inocência após ser acusado de um crime teria a chance de provar sua inocência. Tudo o que ele precisaria fazer era lamber uma colher em brasa sem que bolhas se formassem em sua língua. A ideia girava em torno de que a culpabilidade geraria nervosismo – o culpado teria a boca seca, de forma que a língua se queimaria ao tocar o metal quente. Se o réu for inocente, contudo, haverá saliva suficiente na boca para garantir proteção por meio do efeito Leidenfrost. Esse "julgamento pelo fogo" é conhecido como *Bisha'h* e foi proibido por todos os governos do Oriente Médio – exceto, aparentemente, no Egito, onde ainda é realizado. Um bom mentiroso provavelmente consegue reunir saliva protetora suficiente; da mesma forma, suspeito haver alguns inocentes que gostariam de não ter concordado em lamber a colher.

Seria ótimo relatar que essa demonstração dramática do efeito Leidenfrost desencadeou o interesse em química no príncipe de Gales, mas esse não foi o caso. Parece que o jovem estava mais interessado em devassidão. Quando seus pais, exasperados com o comportamento do filho, enviaram-no para um campo de treinamento militar na Irlanda, esperando que tal medida corrigisse seu comportamento turbulento, Bertie conseguiu levar secretamente a atriz Nellie Clifden para seus aposentos, pois pretendia que ela o iniciasse na idade adulta. Quando sua mãe, a rainha, soube disso, enviou seu marido, o príncipe Albert, para repreendê-lo. Albert teria dito a Bertie: "Eu sabia que você era imprudente e fraco, mas não conseguia aceitar que também era depravado". Albert morreu apenas duas semanas depois dessa bronca em seu filho, e Victoria culpou Bertie por precipitar a morte ao submeter o pai a um grande estresse. Ela nunca o perdoou. "Eu não consigo, ou me permito, olhar para ele sem estremecer", disse, e nunca o fez de fato.

Mas Bertie não era totalmente indiferente à ciência. Com toda certeza, tinha interesse por nutrição. Nutrição excessiva. Consumia refeições gigantescas e se tornou, digamos, corpulento. Sua fome, porém, não era apenas por comida. Tinha um apetite espetacular por sexo. Conforme o tempo passava e sua barriga crescia, teve dificuldade em encontrar posições confortáveis e, assim, buscou soluções científicas. Contratou o marceneiro Louis Soubrier para criar uma "Cadeira do Amor" especial – com um elaboradíssimo estofamento, permitia a Bertie o desempenho de suas funções preferidas sem que sua enorme circunferência esmagasse as amantes. Tal cadeira ainda existe, assim como algumas réplicas, que podem ser compradas por cerca de US$ 70.000. A *Siège d'Amour* estava equipada com uma segunda almofada, que supostamente permitia sexo com duas mulheres ao mesmo tempo. Parece que havia ao menos um tipo de química na qual o futuro rei Eduardo VII estava interessado.

Experimento com um pássaro

O pássaro viverá ou morrerá? Essa é a indagação que fica em nossa cabeça ao contemplar a maravilhosa pintura de Joseph Wright datada de 1768 e intitulada *Experimento com um Pássaro numa Bomba de Ar*. A tela, em exposição na National Gallery de Londres, retrata um "filósofo natural", como os cientistas eram chamados naquela época, acionando uma bomba de vácuo para remover o ar de um bulbo de vidro no qual uma calopsita luta para respirar enquanto os espectadores expressam variada gama de emoções – da curiosidade ao horror. A mão do demonstrador paira sobre uma válvula, no topo do globo de vidro. Ele está prestes a abrir a válvula e permitir que o pássaro sobreviva, tendo enfatizado que o ar é necessário para a vida? Ou ele está pronto para garantir que a válvula esteja fechada para que o experimento possa chegar à sua conclusão mortal?

O tema da pintura possui uma história fascinante, que remonta ao clássico experimento de Evangelista Torricelli em 1643, no qual ele encheu um tubo de um metro de comprimento selado em uma extremidade com mercúrio. Com o dedo sobre a extremidade aberta, ele então inverteu o tubo e o colocou verticalmente em um recipiente de mercúrio. A coluna de mercúrio no tubo diminuiu, até medir 76 centímetros de altura. O espaço acima do mercúrio, então, já não continha nada – tratava-se do primeiro caso registrado de vácuo permanente. A explicação de Torricelli foi a seguinte: a existência ocorreria em um "mar de ar", com pressão descendente exercida da mesma forma que a água exerce pressão sobre um objeto submerso. O mercúrio não atravessou todo o tubo em uma queda direta devido à pressão exercida pelo ar sobre o mercúrio do recipiente, no qual o tubo havia sido imerso. Torricelli, que foi aluno de Galileu, inventou o barômetro, um dispositivo que mede a pressão do ar.

O experimento de Torricelli inspirou Otto von Guericke, prefeito da cidade alemã de Magdeburg, a criar um dispositivo capaz de produzir vácuo sempre que desejado. Guericke projetou, dessa forma, a primeira bomba de vácuo do mundo, que consistia de um pistão em um cilindro, equipado com válvulas unidirecionais da tampa. Uma manivela permitia ao pistão se mover para baixo, sugando o ar de um recipiente ao qual a bomba estava acoplada. Pense na maneira como uma seringa costuma ser utilizada para produzir sucção.

Para demonstrar sua bomba, Von Guericke criou um par de hemisférios de Magdeburg que, quando encaixados, formavam uma esfera de cerca de meio metro de diâmetro. Conectou uma válvula em um dos hemisférios, depois na bomba – tal arranjo permitiu que o ar fosse removido de dentro do globo. Então, foi realizada a histórica exibição pública de Von Guericke, em 1654, diante de uma multidão que incluía o Imperador Ferdinando III. Dois grupos, cada um deles composto por 15 cavalos, foram presos à esfera. Os animais não conseguiram separar os hemisférios; apenas quando a válvula foi aberta, permitindo que o ar entrasse, foi possível.

Robert Boyle, com sua crença de que a matéria era composta de elementos que não podem ser reduzidos a substâncias mais simples, costuma ser visto como um dos fundadores da Química moderna. Ele também foi um campeão em chegar a conclusões baseadas não na filosofia, mas em experimentações. Boyle conheceu o vácuo de Von Guericke e, com a ajuda de Robert Hooke, construiu uma versão melhorada, permitindo a realização de experimentos cujo resultado foi a formulação da Lei de Boyle, que afirma: o volume de um gás é inversamente proporcional à sua pressão. Essa lei, atualmente, alojou-se nos cérebros de estudantes do ensino médio.

Boyle testou os efeitos do "ar rarefeito" em vários fenômenos, incluindo som, combustão e magnetismo. Então, em um experimento famoso, descrito em seu livro de 1660, Boyle colocou ratos, caracóis, moscas e pássaros em um globo de vidro que ele então inseriu no vácuo – a demonstração de que o ar era necessário para a vida. Em sua descrição, menciona que uma cotovia foi colocada na câmara, observando-se depois como "o pássaro se jogou duas ou três vezes e logo morreu com o peito para cima, a cabeça para baixo e o pescoço curvado". Esse é precisamente o experimento retratado na pintura de Wright, que apresenta um retrato preciso da bomba de Boyle.

No século XVIII, a ciência estava emergindo da escuridão à medida que a era do *iluminismo* se desenrolava e conferencistas itinerantes, mais artistas do que cientistas, realizavam experimentos diante de um público pagante ou nas residências dos abastados. Quando Wright evoca em sua pintura o experimento do pássaro, oferece um vislumbre da atitude do público em relação à ciência na época, mantendo relevância no que diz respeito às controvérsias atuais. Duas meninas recebem incentivo, provavelmente do pai, para concentrar sua atenção ao experimento, mas parecem ultrajadas. Um menino curioso observa, em ansiosa antecipação, o resultado, enquanto um homem, com óbvia inclinação para a ciência, está cronometrando tudo aquilo e outro, perdido em seus pensamentos, possivelmente contemplando todo o aspecto ético envolvido. Um jovem casal parece ter olhos apenas um para o outro, sem qualquer interesse pela situação do pássaro.

Se substituirmos o pássaro por "mudança climática", "disruptores endócrinos"* ou "a situação da covid", tal pintura poderia ser vista como representação das visões atuais sobre controvérsias científicas. Alguns "espectadores" estão focados em evidências, enquanto outros preferem ignorá-las, um terceiro grupo está incerto a respeito dos acontecimentos e há aqueles que vivem em êxtase ignorante.

Na pintura, um menino segura uma corda, que parece estar balançando por cima de uma viga para permitir que a gaiola vazia seja levantada ou abaixada. Estaria tirando tal objeto do caminho, uma vez que pássaros mortos não necessitam mais disso? Ou estaria abaixando a gaiola para abrigar o pássaro, autorizado a viver? O "filósofo" parece estar olhando para fora da imagem,

---

* N.T.: Os chamados "disruptores endócrinos" são substâncias exógenas que agem como hormônios no sistema endócrino, causando alterações nas funções fisiológicas dos hormônios endógenos.

diretamente para nós, como se implorasse para que analisássemos todos os aspectos da situação. Uma pintura maravilhosa e atemporal. Olhando com cuidado, é possível notar um aceno inteligente para Von Guericke – há um par de hemisférios de Magdenburg, mergulhado nas sombras.

Causalidade e correlação

Você deve parar de escovar os dentes? Estatísticas mostram que 98% dos canadenses que desenvolvem sintomas de covid escovaram os dentes dois dias antes do início dos sintomas. Você deve evitar saunas? A Finlândia tem uma das maiores taxas de doenças cardíacas do mundo, e os finlandeses têm mais saunas *per capita* que qualquer outra nação no mundo.

De fato, estudos mostram que saunas frequentes reduzem a incidência de doenças cardiovasculares. Então, o que há com os finlandeses? Eles consomem cerca de 80 gramas de gordura por dia, muito mais do que a ingestão diária recomendada de 50 gramas pela Organização Mundial da Saúde. Também adoram açúcar, consumindo quase o dobro dos 50 gramas por dia estipulados pela OMS. Obviamente, essa alta taxa de doenças cardiovasculares deve-se, provavelmente, muito mais a uma dieta ruim do que ao seu amor por saunas.

Embora investigar tais associações esteja no cerne do que seja ciência, o processo pode ser traiçoeiro de forma bastante óbvia. A observação de que o Sol nasce de manhã e se põe pela noite levou muitos a concluir que tal astro havia circulado a Terra, e isso até o surgimento de Galileu e Copérnico. Desde a década de 1950, tanto a obesidade quanto os níveis de dióxido de carbono no ar aumentaram significativamente. Com base nessa associação, pode-se concluir que um aumento no dióxido de carbono inalado causa obesidade. No entanto, a ciência nos diz que a obesidade é causada pelo aumento na ingestão de calorias, não pela inalação de dióxido de carbono.

Há muitos outros exemplos similares. O tremor dos galhos das árvores é a causa do vento, ou o vento faz as árvores tremerem? Se sua moradia for na selva, essa questão pode não ser fácil de responder. Vento e árvores tremendo sempre andam juntos. Claro, os marinheiros saberão que há vento no meio do oceano, onde não há árvores para causá-lo.

Embora associações não possam provar a existência de uma relação de causa e efeito, podem servir como um trampolim para investigações futuras. Observar que o câncer de pulmão surgia com mais frequência em fumantes gerou estudos, provando que fumar era, de fato, uma causa para tal doença. Observar que trabalhadores envolvidos na produção de cloreto de polivinila (PVC) a partir do cloreto de vinila estavam mais propensos à incidência anormalmente alta de um tipo raro de câncer de fígado levou a estudos que demonstraram, claramente, a carcinogenicidade do cloreto de vinila.

Em 1713, o médico italiano Bernardo Ramazzini publicou o livro *Diseases of Workers* (Doenças dos trabalhadores), considerado a primeira investigação sistemática de riscos ocupacionais. Em um capítulo intitulado "Doenças de faxineiros e latrinas", descreveu como esses trabalhadores frequentemente sofriam de uma inflamação dolorosa nos olhos; recebeu, igualmente, relatos de moedas de cobre ou prata nos bolsos de tais trabalhadores, que ficavam escuras. Ramazzini concluiu que, conforme os trabalhadores mexiam em excrementos, certa quantidade de vapor era liberada, causando irritação nos olhos e escurecendo as moedas. Uma comissão francesa, criada para estudar o problema, produziu um relatório em 1885 com a conclusão, semelhante àquela Ramazzini, de que o esgoto emitia algum tipo de gás tóxico, cuja inalação poderia ser até mesmo letal. Victor Hugo aparentemente não estava ciente desse perigo, já que em seu clássico *Os miseráveis*, o personagem Jean Valjean caminha pelo sistema de esgoto de Paris sem maiores problemas, enquanto carrega o ferido Marius para um lugar seguro.

Em 1772, o boticário sueco Carl Wilhelm Scheele, que havia desenvolvido grande interesse em Química, tornou-se a primeira pessoa a isolar o oxigênio ao aquecer óxido de mercúrio. Infelizmente para ele, só circulou seu trabalho em 1777, no livro *Chemische Abhandlung von der Luft und dem Feuer* (Tratado Químico sobre ar e fogo), quando Joseph Priestley já havia publicado um artigo descrevendo essencialmente o mesmo experimento, realizado em 1774. Tal acontecimento rendeu a Scheele o apelido de "Scheele azarado". Nem ele, nem Priestley, reconheceram que o "ar" produzido por ambos era um elemento. Foi Antoine Lavoisier quem interpretou corretamente o experimento de Priestley, sendo em geral reconhecido como o descobridor do oxigênio. O crédito, na verdade, deveria ser compartilhado pelos três.

Scheele também foi o primeiro a produzir cianeto de hidrogênio ao aquecer ferrocianeto de potássio com ácido sulfúrico; logo, notou o odor de amêndoa do gás. Desta vez, "Scheele azarado" se tornou "Scheele sortudo", pois ele escapou de ser envenenado pelo cianeto. Sua sorte persistiu quando aqueceu dissulfeto de ferro (conhecido como "ouro de tolo") com um ácido e produziu um tipo de gás que ele descreveu como tendo um cheiro fétido. Scheele havia produzido sulfeto de hidrogênio, um gás mais tóxico do que o cianeto de hidrogênio, mas seu cheiro é tão potente que Scheele provavelmente deixou o local e evitou o envenenamento. Ele não identificou o gás como sulfeto de hidrogênio – isso foi determinado pelo químico francês Claude Louis Berthollet, em 1776. Posteriormente, o barão Guillaume Dupuytren demostrou que esse era o gás que causava os problemas nos esgotos de Paris. Como esse gás desagradável se forma? Principalmente pela reação de sulfatos com "bactérias redutoras de sulfato", presentes no esgoto. Os sulfatos, por sua vez, formam-se quando micróbios agem sobre proteínas contendo enxofre da matéria orgânica em decomposição, usual no esgoto. No que diz respeito às moedas, o sulfeto de hidrogênio reage com prata ou cobre para formar os sulfetos correspondentes, que aparecem como um depósito enegrecido no metal.

Esse fenômeno também foi observado nas serpentinas de ar-condicionado feitas com cobre, presentes em algumas casas na Flórida e em moradias reconstruídas após o furacão Katrina. Em ambos os casos, as placas de gesso – ou "drywall" – para uso doméstico estavam em falta, e o material foi importado da China. Esse tipo de material é feito de gesso ou sulfato de cálcio; contudo, as placas de gesso importadas da China foram fabricadas sem conservantes adequados, em condições úmidas, sendo contaminadas por micróbios que produziram, a partir do sulfato, sulfeto de hidrogênio. Muitas pessoas reclamaram do cheiro de ovos podres em suas casas. De fato, quando os ovos estragam, as bactérias quebram seus componentes proteicos e liberam sulfeto de hidrogênio. A quantidade de gás liberado é muito pequena para causar envenenamento, mas o odor vai lembrar esgoto aberto.

Uma observação final: a grande maioria dos pacientes que necessitam de cuidados intensivos em hospitais na América do Norte não são vacinados.

Uma associação espúria? Acho que não. Ah, sim, continue escovando os dentes. Essa ligação com a covid é certamente falsa. Lembre-se de que correlação não é o mesmo que causalidade.

Pepinos e plásticos

Tentar separar o aceitável do absurdo por mais de quatro décadas é uma experiência bastante educativa. Aprendi muito, mas talvez a lição mais importante seja que, ao arranhar a superfície de um problema, ele invariavelmente se torna mais complicado do que parecia à primeira vista. Os problemas raramente se apresentam como algo fácil de definir, um preto no branco – quase sempre envolvem tons de cinza. Isso vale para veículos elétricos, aditivos alimentares, nutrição, colesterol, medicamentos, vacinação, mudanças climáticas, inseticidas, herbicidas, produtos de cuidados pessoais, suplementos alimentares, exploração espacial, história ou plásticos. Ah, sim, plásticos. Eles se tornaram vilões, alvos de ataques emocionais de vários blogueiros que desejam ver esse tipo de produto banido.

Assim, encaremos o absurdo. Se for proibir plásticos, é preciso esquecer a existência de aviões, carros, computadores, celulares; além disso, seria necessário fechar hospitais. Obviamente, proibir plásticos é uma ideia absurda. Contudo, dada a enxurrada de lixo plástico e a noção assustadora de microplásticos se acumulando nos oceanos e possivelmente em nossos corpos, temos que nos envolver em uma análise de risco-benefício para aplicações específicas. Não é razoável questionar o uso de plásticos em uma máquina de circulação extracorpórea ou em uma máscara cirúrgica, mas um pepino japonês envolto em plástico é uma história diferente. Ou será que não?

O governo francês acredita que essa questão tenha uma resposta diferente e, desde 1º de janeiro de 2022, pepinos envoltos em plástico não podem mais ser vendidos. A proibição do plástico não se aplica apenas a pepinos, mas também a muitas outras frutas e vegetais, com algumas exceções. Frutas cortadas e alguns produtos mais delicados puderam ser vendidos com embalagens plásticas por algum tempo. Em junho de 2023, embalagens plásticas para frutas e vegetais foram proibidas, sendo a única exceção o das frutas vermelhas; no final de 2024, tais embalagens também deixaram de ser usadas em aspargos, cogumelos, cerejas, algumas saladas e ervas. Finalmente, até o final de 2026, todas as frutas vermelhas terão que ser vendidas sem o uso de embalagens plásticas. Parece uma ótima ideia e na maioria das vezes é mesmo. Mas não em todos os casos. Como pepinos ingleses embalados em filme plástico, em que os benefícios provavelmente superam os riscos.

Vamos primeiro dar uma olhada na ciência do empacotamento com filme termorretrátil, tecnologia introduzida na década de 1960. Existem vários materiais diferentes que podem ser usados nesse tipo de embalagem – a característica comum é que todos são polímeros. Filmes finos de cloreto de polivinila (PVC), polipropileno ou polietileno podem ser encolhidos, sendo que o polietileno se tornou o mais amplamente usado. Imagine uma corrente feita de clipes de papel ligados entre si. Cada clipe representaria uma molécula de etileno, enquanto a corrente é o polietileno. Caso jogue a corrente em sua mão, para que possa fechar seu punho e agarrá-la, ela se enrolará, tomando mais ou menos o formato de uma esfera. Um filme de polietileno é feito de muitas dessas bobinas colocadas juntas. Se esse filme for esticado, as bolas vão se desenrolar, formando cadeias mais ou menos uniformes, que são mantidas nessa posição pelas pequenas forças de atração que ocorrem entre átomos em cadeias adjacentes. A natureza, contudo, prefere a aleatoriedade à ordem – se o calor for aplicado nesse momento, as moléculas ganharão vigor, superando a atração entre as cadeias adjacentes, que passam a se enrolar novamente. O efeito macroscópico obtido: o filme encolherá para se ajustar confortavelmente em torno de qualquer objeto, seja um pote de molho de tomate, um frasco de remédio ou um pepino.

Por que um pepino seria embalado em filme plástico? Nenhum produtor jamais disse: "Não estamos gastando o suficiente em nosso produto, então vamos aumentar nossas despesas, embrulhando-o em plástico inútil e prejudicial ao meio ambiente". O fato é que embrulhar um pepino em filme plástico pode ampliar sua vida útil em cerca de 60%. Há várias razões para isso. O filme plástico reduz drasticamente a perda de umidade e evita o encolhimento. Também reduz o contato com o oxigênio no ar e, portanto, a taxa de respiração. Frutas e vegetais continuam a respirar após serem colhidos, o que significa que seu conteúdo de carboidratos reage com o oxigênio para produzir dióxido de carbono e água, resultando em uma mudança de textura. A oxidação igualmente é responsável por outras mudanças químicas que podem afetar a nutrição. Por exemplo, brócolis embalados em filme plástico perdem muito menos dos glucosinolatos, considerados responsáveis pelos benefícios à saúde do vegetal, do que os brócolis soltos.

Produtos danificados pela perda de umidade ou oxidação são descartados. Estima-se que cerca de um terço de todos os alimentos produzidos são desperdiçados. A produção e o transporte envolvidos em alimentos que nunca serão usados e os agroquímicos desperdiçados deixam uma enorme pegada ambiental. Claro, a produção de plástico também tem impacto ambiental, mas acontece que, pelo menos para pepinos, o filme plástico é responsável por apenas 1% desse impacto. Um pepino descartado por deterioração tem impacto ambiental equivalente a 93 filmes plásticos. Uma análise do ciclo de vida completo realizada pelo *Swiss Federal Laboratories for Materials Science and Technology* ou *Empa* (Laboratórios Federais da Suíça voltados à Ciência e Tecnologia de Materiais) concluiu que pepinos sem embalagem têm um impacto negativo cinco vezes maior no meio ambiente que aqueles embalados em filme plástico.

Tio Chico

Sua aparição em vídeo é impressionante. O Tio Chico surge trajando fantasia de diabo vermelho, repleta de chifres e um rabo. Esse não é o Tio Chico* evocado nas suas lembranças, aquele da comédia dos anos 1960 intitulada *Família Addams*, que dormia em uma cama de pregos, alimentava suas plantas

---

* N.T.: Alusão ao personagem Uncle Fester (Tio Chico), da série de *cartoons* que se tornou sucesso no cinema e na televisão Addams Family (no Brasil, *Família Addams*). "*Fester*" significa, literalmente, apodrecer, infeccionar, supurar, mas em português foi traduzido como um nome próprio inofensivo.

com sangue e acendia uma lâmpada colocando-a em sua boca. Esse Tio Chico é um químico clandestino, cujo nome verdadeiro é Steve Preisler – o apelido surgiu durante seus dias de graduação em Química, por causa de sua propensão a fazer coisas malucas no laboratório. Depois de se formar, colocou seu conhecimento químico em uso prático, convertendo efedrina, à época fácil de encontrar em várias medicações para resfriado, em metanfetamina – "*speed*" ou "*crank*", na linguagem das ruas nos EUA. Por isso, foi preso e condenado, em 1984, a cinco anos de prisão.

Na prisão, assistiu a um programa televisivo que denunciava "editores terroristas" por lançarem livros com instruções para a feitura de explosivos. Ele, então, teve uma ideia. Seria sua vingança contra as autoridades que, em sua concepção, haviam imposto uma sentença injusta apenas pela produção de poucas gramas de metanfetamina. Treinaria um exército de *chefs* na estranha arte de cozinhar produtos pouco convencionais. Assim, Preisler tomou emprestada uma máquina de escrever e, sob o pseudônimo de "Tio Chico", lançou seu livro que se tornou clássico *cult*, *Secrets of Methamphetamine Manufacture* (Segredos da produção de metanfetamina), no qual detalhou métodos de sintetizar metanfetamina e seus precursores necessários a partir de produtos químicos simples e, em sua maioria, amplamente disponíveis.

O livro, salpicado de extravagantes anedotas, fornecia instruções específicas que poderiam ser seguidas com facilidade por qualquer pessoa que tivesse formação básica em Química orgânica. Preisler chamou seu trabalho de "diversão limpa e inofensiva em química"; as autoridades, contudo, prefiram dar a ele o rótulo de "o homem mais perigoso da América".

Tio Chico ainda está nisso, como o vídeo saído em 2021 da *Vice Media*, realizado com ele, deixa bem claro. Trata-se de alguém que parece saborear a própria infâmia, como disseminador de "conhecimento proibido", algo bastante claro pela escolha da fantasia de diabo – entretanto, há várias questões perturbadoras nesse caso. Embora os procedimentos mostrados no vídeo sejam muito aleatórios para serem seguidos, ele se refere repetidamente ao seu livro, *Secrets of Methamphetamine Manufacture*, agora na oitava edição. O livro está até disponível na Amazon, para aspirantes a químicos que tentam seguir os passos de Tio Chico. Mas há um porém. Seu comportamento irresponsável – derramando de forma imprudente quantidades não medidas de produtos

O SURPREENDENTE MUNDO DA CIÊNCIA

químicos, fumando ao lidar com substâncias inflamáveis, trabalhando em locais sem ventilação, promovendo o uso insensível de compostos tóxicos de mercúrio e descartando de produtos químicos no banheiro – demonstra um total desrespeito à segurança. Essa definitivamente não é a maneira correta de fazer química. Uma verdadeira mancha na imagem de uma ciência tão útil.

Quando perguntado se o "químico clandestino favorito dos EUA" não teria medo de que aquele vídeo resultasse em sua prisão, Preisler alegou que ele propositadamente deixou de fora a última etapa da síntese, garantindo que ninguém seria capaz de produzir metanfetamina com base no que havia visto no vídeo. Ele também argumentou que assassinatos são rotineiramente mostrados na televisão e questionou se alguém teria algo contra a realização de algumas demonstrações de química. Mas não havia nada de inofensivo na química mostrada pelo Tio Chico: aquilo poderia levar a mortes reais. É vazio o argumento usado por Preisler de que a fabricação da metanfetamina em larga escala estaria, atualmente, nas mãos de cartéis mexicanos – ou seja, as autoridades não deveriam se incomodar com sujeitos atuando em pequena escala, "cozinhando" alguns gramas para seu próprio uso ocasional. Ele tenta justificar tais ideias citando o ditado clássico "é a dose faz o veneno", embora, curiosamente, como químico, ele não saiba que tal noção foi expressa pela primeira vez por Paracelso. No entanto, as evidências indicam que há muita metanfetamina cuja síntese acontece em laboratórios clandestinos nos EUA, abastecendo viciados contumazes, não apenas usuários "ocasionais".

Não é de se espantar que os criadores da série *Breaking Bad* tenham procurado o Tio Chico em busca de conselhos. Essa série bastante popular retratava as aflições de um professor de Química do ensino médio que é diagnosticado com câncer e começa a se preocupar situação financeira da família após sua morte, que parece iminente. Esse professor opta por mergulhar no submundo do crime e "cozinhar" metanfetamina para ganhar dinheiro. Preisler diz que ajudou com os roteiros e com o projeto do equipamento utilizado na série. Ele até sugeriu que o protagonista, Walter White, foi baseado nele. Isso é possível porque, à época em que a série foi exibida, em 2008, Tio Chico e seus livros conquistaram muitos seguidores. Ele havia abordado, em seus livros, a síntese de vários outros produtos químicos controversos, incluindo LSD, nitroglicerina e fosgênio. Em *Silent Death*, descreveu a síntese do "gás dos nervos", o

|110|

Sarin. Esse livro foi encontrado nos pertences do grupo terrorista que desencadeou um ataque com aquele gás no sistema de metrô de Tóquio em 1995, matando 13 pessoas. O comentário bizarro de Preisler foi: "Trata-se de um acontecimento lamentável, mas é bom saber que a receita funciona".

Atualmente, Preisler zomba e provoca as autoridades, que, ele alega, estão perseguindo-o, embora ele próprio não esteja produzindo nada. Ele também ataca com veemência a "pirataria de direitos autorais", alegando que cópias roubadas de suas obras podem ser baixadas ilegalmente. Ele faz uma prédica a respeito dos males de roubar o trabalho de outras pessoas. Que tal empregar reações químicas, desenvolvidas por pesquisadores para o avanço da ciência, sequestrando-as para ensinar químicos clandestinos a fabricar drogas que causam miséria e morte?

O Tio Chico, dos Addams, nunca fez nada tão nefasto. Ele nem usava drogas. Quando tinha dor de cabeça, apenas colocava o crânio dentro de uma grande prensa de parafuso e o apertava. Às vezes, usava a prensa de parafuso simplesmente por diversão. Bem diferente do químico clandestino Tio Chico, que gosta de atormentar a vida de pessoas. Trata-se de um criminoso e de uma mancha na imagem da Química.

Inflamação de informação

Ai! Você acabou de bater o dedo do pé. Ele incha rapidamente, esquenta, fica vermelho e dói. Sua vontade é de xingar, mas na verdade está vivenciando o início do processo de cura. A inflamação é a tentativa do corpo de corrigir os problemas causados por lesões físicas, infecções ou exposição a toxinas. Graças à inflamação aguda, você logo voltará a chutar sem dor. No caso da inflamação crônica ou de longo prazo, no entanto, a história é diferente. Trata-se, nesse caso, de algo que pode fazer com que você bata as botas.

No distante primeiro século de nossa era, o enciclopedista romano Aulus Cornelius Celsus produziu uma obra médica abrangente intitulada *De*

Medicina, na qual descreveu o uso de opiáceos para combater a dor, explicou que a febre era a tentativa do corpo de restaurar a saúde e introduziu a tétrade de *rubor* (vermelhidão), *calor* (calor), *tumor* (inchaço) e *dolor* (dor) como os sinais cardinais de uma condição que agora chamamos de inflamação. Claro, o conhecimento de fisiologia na época era muito rudimentar para oferecer uma explicação exata daquilo que ocorria nessas situações, mas estava claro que a inflamação já era vista como um prelúdio para a cura.

Na atualidade, sabemos que a causa da vermelhidão é a dilatação dos vasos sanguíneos na área da lesão como resultado de um aumento do fluxo sanguíneo que também pode ser sentido como calor, já que o sangue é quente. O sangue fornece glóbulos brancos (neutrófilos) para limpar os detritos celulares causados pela lesão, anticorpos para destruir bactérias e vírus, além dos fatores de coagulação, que impedem a disseminação de agentes infecciosos pelo corpo. Mediadores químicos da inflamação, como histamina e citocinas, alteram a permeabilidade das paredes dos vasos sanguíneos para permitir que os glóbulos brancos se difundam da corrente sanguínea e, assim, alcancem os tecidos lesionados. As prostaglandinas correm até a cena para elevar a temperatura e prejudicar a atividade microbiana. À medida que o fluido que transporta glóbulos brancos entra no tecido lesionado da corrente sanguínea, causa inchaço, que por sua vez é responsável pela dor.

Finalmente, depois que os glóbulos brancos devoram os restos dos tecidos lesionados e os anticorpos neutralizam os micróbios, células saudáveis começam a se multiplicar. A dor desaparece, o inchaço diminui e a memória da inflamação aguda se desfaz.

Devemos, neste momento, apresentar um cenário bem mais preocupante. A inflamação é uma resposta essencial para lidar com várias formas de agressão ao corpo, mas nem sempre é perfeitamente controlada. Depósitos de colesterol nas artérias, substâncias estranhas como pó de sílica, bem como alguns organismos infecciosos podem resistir às tentativas do corpo de eliminá-los e precipitar um ataque contínuo dos glóbulos brancos. O sistema imunológico também pode cometer um erro e lançar um ataque inflamatório contra um componente normal do corpo, resultando em uma doença autoimune, como artrite reumatoide, esclerose múltipla, doença celíaca ou diabetes tipo 1. Até mesmo alguns alimentos ou componentes específicos podem ser vistos como um inimigo a ser neutralizado. O resultado é uma inflamação crônica, discreta, associada a doenças cardiovasculares, diabetes e alguns tipos de câncer.

Obviamente, a inflamação crônica é indesejável, mas como sabemos quando ela está presente e o que podemos fazer a respeito? A atividade inflamatória dos glóbulos brancos está associada à liberação de substâncias químicas na corrente sanguínea que podem servir como marcadores de inflamação, sendo as principais a interleucina 6 (IL-6), a proteína C reativa de alta sensibilidade (hs-CRP), o fibrinogênio, a homocisteína e o fator de necrose tumoral alfa (TNF-alfa). Tais marcadores aumentam com obesidade, tabagismo, inatividade, privação de sono e má alimentação.

A relação entre dieta e inflamação tem recebido bastante atenção, pois a alimentação é um fator de estilo de vida facilmente modificável. Com base em uma extensa pesquisa bibliográfica – incluindo estudos com cultura de células, experimentos com animais envolvendo nutrientes específicos e estudos epidemiológicos em humanos que analisam a relação entre marcadores de inflamação e a dieta, os pesquisadores desenvolveram um índice inflamatório dietético (DII). Por meio de uma fórmula complexa, vários alimentos e 45 nutrientes específicos recebem valores numéricos de acordo com seu impacto nos marcadores inflamatórios. Açúcar, gorduras trans, carboidratos refinados, gorduras ômega-6, carnes vermelha e processada foram classificados como inflamatórios, enquanto fibras, vitamina E, vitamina C, betacaroteno, magnésio e ingestão moderada de álcool estão na categoria dos anti-inflamatórios. Um questionário de frequência alimentar pode então ser usado para calcular o efeito anti-inflamatório de uma dieta específica.

Não houve nenhuma surpresa diante do fato de que a dieta ocidental típica, com seu alto teor de carne vermelha, laticínios integrais, grãos refinados e baixo consumo de frutas e vegetais, esteja associada a níveis mais altos de PCR, IL-6 e fibrinogênio. Em contraste, a dieta mediterrânea, baseada em grãos integrais, frutas, vegetais, peixe, azeite de oliva, consumo moderado de álcool e pouca manteiga ou carne vermelha, está associada a níveis mais baixos de inflamação.

Quando as pontuações DII foram calculadas em um estudo com cerca de 5.000 adultos, os que estavam na porção superior – ou seja, aqueles que consumiam alimentos com taxas inflamatórias altas – tinham níveis de PCR muito mais altos do que aqueles que estavam no quadrante inferior. Isso indica que uma pontuação DII pode, de fato, prever se uma dieta específica está relacionada a processos inflamatórios. Além disso, as meta-análises, que são a síntese de estudos relevantes, identificaram associações entre a baixa pontuação DII e a proteção contra câncer, bem como doenças cardiovasculares.

Isso significa que todos nós deveríamos testar marcadores inflamatórios em nosso sangue para saber se estamos em risco de inflamação crônica de baixo grau? Não, a menos que um médico suspeite, com base nos sintomas, que pode haver algum processo desse tipo em seu corpo. Caso contrário, o que você faria em resposta a marcadores elevados é o que todos nós deveríamos fazer de qualquer maneira. Exercite-se, cuide do peso, minimize alimentos altamente processados e enfatize grãos integrais, frutas, vegetais, feijões, lentilhas, nozes, peixes, azeite de oliva. No que diz respeito à infinidade de suplementos alimentares que inundam o mercado com alegações de "redutores de processos inflamatórios", a única redução documentada será na sua conta bancária.

Vinho e saúde

"Quando deixei a França, não imaginava que houvesse pessoas no mundo que não bebiam vinho com as refeições." Essa observação de um jovem Serge Renaud, que veio estudar ciências veterinárias na Universidade de Montreal em 1951, foi motivada por sua observação dos hábitos alimentares em Quebec. Ele ficou igualmente surpreso com o baixo consumo de frutas e vegetais e com a alta ingestão de gorduras saturadas. Renaud também observou as estatísticas sobre a alta taxa de infartos em Quebec e ficou particularmente impressionado com os relatos de jovens jogadores de hóquei desenvolvendo doenças coronárias. Havia uma ligação causal entre dieta e doenças cardíacas? A exploração dessa possibilidade viria a dominar a carreira de Renaud e o levaria a ser ungido como o pai do "Paradoxo Francês".

Depois de se formar como o primeiro da turma da faculdade de veterinária, Renaud se matriculou em um programa de doutorado em medicina experimental. Sua pesquisa se concentrou na trombose, o bloqueio de artérias ou veias por coágulos sanguíneos, um problema no qual se concentraria como chefe do laboratório de patologia experimental no Instituto Cardíaco de Montreal. Renaud concluiu que a tendência de pequenas células, chamadas plaquetas, de se agregarem e formarem coágulos era a principal causa de ataques cardíacos e suspeitou que isso estava relacionado à dieta.

Em 1973, retornou à França e, no Instituto Nacional de Saúde e Pesquisa Médica (Inserm, na sigla em francês), passou a estudar o comportamento das plaquetas, percebendo que a agregação era reduzida em ratos que haviam sido alimentados com álcool. Isso era intrigante, especialmente porque ele já ouvira falar do célebre estudo realizados nos EUA por Framingham, que descobriu a função protetora do álcool contra doenças cardíacas. Essa informação não havia sido publicada porque o Inserm estava preocupado que, caso as pessoas descobrissem que uma dose pequena de álcool oferecia alguma proteção, concluíssem que "mais era melhor".

Para explorar com maior profundidade tal conexão com a dieta, Renaud organizou um laboratório móvel que lhe possibilitaria viajar pela França para coletar amostras de sangue e determinar a reatividade plaquetária. O objetivo era investigar a possível ligação com doenças cardíacas, dado que uma espécie de variação geográfica havia sido observada na França – havia alta incidência de condições cardiovasculares na região de Mosela, enquanto taxas mais baixas seriam observadas em Provença. De fato, como logo se constatou, a incidência de doenças estava conectada à agregação plaquetária. Mas por que a reatividade plaquetária variava regionalmente? Questionários dietéticos dirigidos às pessoas sugeriram que gorduras saturadas e fumo, provavelmente, causavam coágulos sanguíneos, enquanto cálcio, polifenóis, vinho e ácido alfa-linolênico na dieta funcionavam como protetores diante de tais enfermidades.

Foi uma descoberta instigante, especialmente porque o célebre estudo dos sete países de Ancel Keys* também investigou possíveis conexões entre dieta e doenças cardíacas, descobrindo que os habitantes da ilha de Creta

---

* N.T.: Em 1955, o cientista americano Ancel Keys decidiu pesquisar a saúde cardiovascular e os hábitos alimentares em sete países: EUA, Finlândia, Holanda, Itália, Croácia e Sérvia (na antiga Iugoslávia), além de Grécia e Japão. Participaram mais de 12 mil pessoas entre 40 e 59 anos. Os resultados são bastante mencionados pelo autor e serviram de base para as diversas "dietas mediterrâneas" posteriores.

tinham a menor taxa de tais moléstias, apesar de terem um nível relativamente alto de colesterol no sangue. Algo estava protegendo os cretenses. Poderia ser o ácido alfa-linolênico encontrado em moluscos, nozes e beldroegas, tão perceptíveis na sua dieta?

Para investigar essa possibilidade, Renaud criou o Lyon Diet Heart Study, uma agremiação na qual homens que sofreram um infarto foram divididos em dois grupos. O grupo de controle seguiu uma dieta de baixa gordura, geralmente recomendada, enquanto o grupo experimental consumiu dieta estabelecida a partir daquela usual em Creta: sem manteiga, leite ou derivados, além de pouca carne. Mas com abundante consumo de vegetais, frutas, pão e grãos integrais. E vinho acompanhando as refeições. Também consumiram uma margarina especialmente criada para a experiência, rica em ácido alfa-linolênico, já que nozes, moluscos e beldroegas não eram fáceis de serem incorporados à dieta estabelecida. O teste foi interrompido precocemente, pois uma diferença marcante entre os grupos foi notada apenas dois meses após o início da vigência de uma dieta modificada. Comparada com a dieta "prudente", a dieta "cretense" reduziu a morte por problemas cardíacos em 76%, sendo que infartos não fatais foram reduzidos em 73%, enquanto o total de mortes diminuiu em 70%.

Em 1991, a pesquisa de Renaud ganhou publicidade e chamou a atenção do programa *60 Minutes*, da CBS. Em um segmento do programa intitulado "O paradoxo francês", Renaud foi questionado sobre o motivo pelo qual a taxa de doenças cardíacas nos EUA era mais de três vezes maior do que na França, apesar do amor francês por queijos gordurosos, fígado de ganso cheio de colesterol e croissants amanteigados. O médico sugeriu que havia muitas diferenças entre os dois povos. Os franceses não comiam entre as refeições, faziam a refeição principal no almoço, comiam muito queijo e, claro, bebiam vinho. Ele explicou que seus estudos sobre dejetos de ratos mostraram que o cálcio presente no queijo era capaz de capturar gorduras, permitindo que fossem excretadas. Descreveu, também, seus estudos de laboratório sobre o vinho, bebida que reduziria a agregação plaquetária. Renaud teve o cuidado de ressaltar que, embora acreditasse no consumo moderado de vinho como um fator de proteção, certamente beber em excesso não era uma boa ideia. No dia seguinte, as vendas de vinho nos EUA dispararam.

Desde aquele episódio clássico do *60 Minutes*, um número considerável de estudos analisou a ligação entre o consumo de vinho e a saúde.

É possível selecionar entre tais estudos tanto evidências de que não existe uma quantidade segura para o consumo do álcool quanto argumentos de que um consumo moderado oferece proteção de doenças cardíacas. Há, contudo, um acordo universal em único ponto: tudo o que estiver acima do "consumo moderado", geralmente considerado entre uma e duas porções de álcool por dia, é prejudicial à saúde. Depois, há a questão incômoda do álcool ser cancerígeno. De fato, a Agência Internacional de Pesquisa sobre o Câncer (IARC, na sigla em inglês) colocou o álcool no Grupo 1, reservado para substâncias conhecidas por causar câncer em humanos. Se a expressão "saúde", ao brindar taças de vinho, é ou não respaldada pela ciência continua sendo uma questão em aberto – apesar de todos os estudos já realizados.

Problemas com o óleo de palma

Foi uma mudança excelente para o bem-estar das artérias coronárias. Não foi tão boa para o bem-estar dos orangotangos. E tal mudança foi a substituição de gorduras trans por óleo de palma em vários produtos. Na década de 1960, pesquisadores passaram a associar o consumo de gorduras saturadas, como as encontradas na manteiga, gordura vegetal hidrogenada e carne, com depósitos nas artérias coronárias. Esses depósitos, por sua vez, estavam associados a doenças cardíacas. A indústria reagiu, encontrando nos óleos vegetais, com baixo teor de gorduras saturadas, possíveis substitutos para manteiga e gordura vegetal hidrogenada. O problema estava no fato de que a maioria dos óleos vegetais são líquidos. No entanto, havia uma solução aparente. Se as gorduras insaturadas em um óleo vegetal fossem submetidas a tratamento com gás hidrogênio, este seria absorvido pelas ligações duplas de carbono que caracterizam esses óleos e seriam convertidas em ligações simples, como as encontradas em gorduras saturadas. Não haveria sentido em eliminar todas as ligações duplas, pois isso resultaria em uma gordura totalmente saturada, como acontece com a manteiga. De qualquer forma, a "hidrogenação parcial" resultou em um produto sólido, embora menos saturado do que a manteiga. A margarina começou a substituir a manteiga nos carrinhos de compras, enquanto os rótulos dos produtos assados anunciavam que foram feitos com gordura vegetal hidrogenada.

No início da década de 1990, alguns sugeriram que poderíamos ter saído da frigideira para o fogo. A "hidrogenação parcial" também teve um efeito diferente da conversão de ligações duplas em ligações simples. Normalmente, os átomos de carbono ligados aos envolvidos na ligação dupla estão no mesmo lado da ligação dupla, naquilo que é chamado de configuração "cis". A hidrogenação consegue alterar a geometria da ligação dupla, fazendo com que os átomos de carbono ligados acabem em lados opostos da ligação, resultando em gorduras "trans". Como resultado, tais gorduras são tão ou mais capazes de criar depósitos nas artérias coronárias se comparadas às gorduras saturadas. A corrida para eliminar as terríveis gorduras trans começou.

A maioria dos óleos vegetais são líquidos em temperatura ambiente, mas os óleos de coco, de palma e de semente de palma são exceções, devido ao seu alto teor de gordura saturada. Como este ainda é menor que o da manteiga, os fabricantes recorreram a essas gorduras para substituir aquelas parcialmente hidrogenadas em alimentos processados. O óleo de palma, nesse sentido, tornou-se particularmente atraente, uma vez que resiste à degradação quando usado para fritar e tem a consistência ideal para produzir produtos assados. E, algo crucial, o custo de produção do óleo de palma era baixo, já que a palmeira da qual é extraído o fruto que origina tal óleo, ao ser plantada, alcança um rendimento maior por acre que qualquer cultura de sementes oleaginosas. Além disso, o óleo extraído do caroço da fruta é rico em ácido láurico, que pode ser convertido em álcool laurílico, composto-chave para a produção de lauril sulfato de sódio (ou lauril éter sulfato de sódio), o surfactante mais amplamente usado no mundo. Os surfactantes são ingredientes essenciais em detergentes, formando um elo entre a água e os depósitos gordurosos. O lauril sulfato de sódio tem o benefício adicional de deslocar a sujeira das superfícies por meio de sua capacidade de aumentar a espuma. Mais recentemente, o óleo de palma começou a ser empregado para produzir combustível biodiesel, aumentando ainda mais a demanda.

E essa demanda teve consequências. Produzir mais óleo de palma exigia plantar mais palmeiras, o que ampliava a necessidade por terra. Infelizmente, na Malásia e na Indonésia, os principais produtores, a busca por mais área de plantio levou ao desmatamento, muitas vezes por meio de incêndios em florestas tropicais. O dióxido de carbono liberado por essas queimadas tem uma contribuição significativa para o efeito estufa, o que constitui, obviamente, uma preocupação. Mas surgiu outro problema. A expansão das plantações de palmeiras, particularmente em Bornéu e Sumatra, passou a invadir o hábitat da vida selvagem. Esses dois locais são os únicos onde orangotangos ainda são encontrados, e a espécie agora está criticamente ameaçada. O mesmo vale para o tigre de Sumatra e o rinoceronte. Muitos outros animais da floresta tropical podem enfrentar o mesmo destino, pois seu hábitat foi substituído por palmeiras. Afastar-se do uso do óleo de palma não é viável, pois ele é um ingrediente em centenas e centenas de produtos, desde biscoitos e cereais até batom. No entanto, o óleo pode ser produzido de forma sustentável em plantações que não dependam do desmatamento.

Nutricionistas também alertam para o consumo de alimentos que contêm óleo de palma por conta de seu teor de gordura saturada, embora, nos últimos anos, a relação entre doenças cardíacas e gorduras saturadas tenha se tornado um pouco mais tênue – pode ser que essas gorduras não sejam tão vilãs quanto pareciam. Como regra geral, porém, o óleo de palma é frequentemente encontrado em alimentos processados, uma classe que costuma ser associada a problemas de saúde e mortalidade prematura.

Atualmente, os produtores do óleo vegetal mais amplamente usado no mundo podem ter algo mais com que se preocupar, graças a algumas manchetes recentes: "Óleo de palma usado em pastas de chocolate e óleo de cozinha podem favorecer a disseminação do câncer"; "Óleo de palma está associado ao aumento do risco de câncer, descobre estudo"; "Ácido do óleo de palma associado à disseminação do câncer". É de se assustar, especialmente considerando que a pesquisa utilizada como referência para as matérias de tais manchetes foi publicada na *Nature*, uma das revistas científicas mais respeitadas do mundo. No entanto, os redatores das manchetes não mencionaram uma característica fundamental do estudo: ele foi feito em camundongos. Os pesquisadores inocularam camundongos com células de carcinoma escamoso humano, depois os alimentaram com uma dieta rica em óleo de palma ou azeite de oliva. Uma vez que os tumores se desenvolveram, as células foram extraídas e transplantadas para outros camundongos que foram alimentados com uma dieta padrão de laboratório. Os tumores nesse segundo grupo de camundongos, que se originaram daqueles camundongos alimentados com óleo de palma, sofreram metástase muito mais rapidamente do que aqueles dos camundongos alimentados com azeite de oliva.

Embora seja uma pesquisa valiosa na tentativa de desvendar os mistérios da metástase do câncer, não tem implicação direta para seres humanos. Primeiro, as pessoas não são camundongos gigantes. Além disso, a quantidade de óleo de palma com a qual os camundongos foram alimentados excedia aquela encontrada na dieta humana. E não houve demonstração de que o óleo de palma teve efeito no crescimento de tumores primários, apenas na capacidade dos tumores de se espalharem, uma vez transplantados para outros camundongos. O autor sênior do artigo não afirmou que a pesquisa tinha significado direto para as pessoas, mas opinou que pacientes com câncer metastático poderiam se beneficiar de uma dieta com pouco ácido palmítico. E isso poderia beneficiar os orangotangos também.

Problemas com o "Químico do Povo"

Autodeclarados especialistas, mal-informados, berrando do alto de seus púlpitos, têm de sobra nos dias de hoje. Mas uma coisa é ouvir discursos sem sentido a respeito da necessidade de evitar substâncias com nomes impronunciáveis proclamados por algum blogueiro cientificamente analfabeto; outra coisa bem diferente é testemunhar um químico de formação legítima incentivando a adoção de um estilo de vida "sem produtos químicos". Pois estas são as palavras exatas usadas por Shane Ellison, autointitulado "Químico do Povo". Nem é preciso dizer que a expressão é duplamente absurda. Em primeiro lugar, nada, exceto o vácuo, é livre de produtos químicos, uma vez que eles são essencialmente os blocos de construção de toda a matéria. Segundo ponto: essa mensagem leva a crer que "produtos químicos" são sinônimos de "toxinas" ou "venenos". Isso é uma bobagem. Eles não são bons ou ruins, seu uso específico deve ser julgado por seus méritos, conforme determinado pelo meio de investigação científica adequada. Como uma expressão dessas, "sem produtos químicos", pode sair da boca de alguém com mestrado em Química orgânica é um verdadeiro mistério.

Enquanto a noção "sem produtos químicos" até pode ser interpretada como um jargão inócuo, pedir para as pessoas "deixarem de tomar seus remédios" é tudo menos isso. Ellison, que já trabalhou para uma empresa farmacêutica, passou a dizer que chegou a hora de abandonar remédios para pressão arterial, tireoide, redução de colesterol e antidepressivos, pois seriam misturas malignas, impostas ao mundo por um complexo industrial médico impiedoso, movido pelo lucro. Incrivelmente, deixar a insulina de lado também está incluído nesse conselho deplorável e temerário.

Os ataques insidiosos de Ellison também tiveram como alvo as vacinas da covid, que, segundo ele, continham uma "tempestade química de merda para combater o resfriado comum disfarçado de covid-19". Ele até vincula as vacinas à produção de Zyklon B, o notório produto químico liberador de cianeto usado nas câmaras de gás nazistas. O Zyklon B foi feito pela IG Farben; segundo Ellison, "depois que a guerra terminou, [a IG Farben] se transformou em Bayer e Merck, que se tornaram Moderna". Isso é um absurdo, e está até historicamente errado. A Merck existia muito antes da IG Farben, e a Moderna não é um desmembramento da Merck. Apenas mais um exemplo do quão longe os desonestos podem chegar quando desejam ampliar seus seguidores. Não é de se surpreender que Ellison também afirme coisas como "a teoria do HIV/aids foi um erro e tanto" e que "o Dr. Fauci e outros cientistas alimentados pela indústria farmacêutica" ganharam milhões vendendo tratamentos desnecessários. Trata-se apenas de conversa fiada totalmente sem sentido.

Provavelmente, o leitor já deve ter adivinhado que esse sábio oferece alternativas aos medicamentos que, ele afirma, devem ser abandonados. Diversos suplementos "sem produtos químicos" estão disponíveis para compra no site de Ellison. Assim, depois de menosprezar vacinas, alegando que elas não são necessárias para um vírus que sequer existe, Ellison promoveu seu próprio Immune FX, composto pelo extrato de duas plantas, *Andrographis paniculata* e coentro. Aparentemente, vegetais não contêm produtos químicos. Uma busca bibliográfica pelo valor medicinal dessas plantas apresenta algumas evidências de que o coentro pode ter efeitos antibióticos no intestino de frangos de corte; além disso, alguns compostos da *Andrographis* possuem atividade anti-inflamatória e antioxidante nos testes realizados em culturas de células. Não há nenhuma evidência de que o Immune FX tenha passado por testes realizados em humanos.

Outro produto: um suplemento cujo nome, Serotonin FX, sugere aumento nos níveis de serotonina, um neurotransmissor que pode, de fato, ter efeito antidepressivo, conforme claramente demonstrado pela prescrição dos inibidores de recaptação de serotonina (ISRS). A fórmula de Ellison contém o aminoácido L-triptofano, que, mais uma vez, não é considerado um produto químico. Embora o L-triptofano seja, de fato, o precursor da serotonina no corpo, não há evidências clínicas de equivalência aos ISRSs. Pacientes que receberam prescrições para essas substâncias estão entrando em águas profundas e obscuras, caso as substituam por Serotonin FX.

Os outros suplementos patrocinados pelo "Químico do Povo" são igualmente desprovidos de evidências científicas. A resposta de Ellison para a dor é o Relief FX, com ingredientes extraídos da casca de salgueiro branco e da raiz de gengibre. A casca do salgueiro contém ácido salicílico, conhecido por suas propriedades analgésicas, mas também é um fator de irritação do estômago. Por esse motivo foi substituído pelo ácido acetilsalicílico, mais conhecido como aspirina. A aspirina sintética é superior ao ácido salicílico natural, então voltar para a casca do salgueiro não faz sentido. O gengibre é uma mistura quimicamente complexa de dezenas de compostos, alguns dos quais possuem efeitos analgésicos, mas o rótulo do Relief FX não fornece informações sobre quais compostos derivados do gengibre estão presentes ou em que dosagem.

As pessoas com preocupações relacionadas aos níveis de testosterona podem contar com o Raw-T, um extrato da raiz de salsaparrilha. Mas haverá decepção generalizada se optarem por substituir a testosterona de suas prescrições por esse composto. A testosterona é um esteroide, e a salsaparrilha contém compostos relacionados, chamados esteróis; contudo, não são convertidos no nosso corpo em testosterona. Também não há nenhuma evidência de que o Preworkout, anunciado como uma substância que vai tornar quem o consome "mais rápido, mais eficaz, mais forte, tudo em 59 minutos e sem produtos químicos", faça o que promete. Não importa se citrulina, tirosina, extrato de espinheiro, erva-mate e huperzine A sejam descritos, de forma absurda, como não sendo produtos químicos – a alegação de que qualquer substância pode deixar alguém mais rápido, mais eficaz ou mais forte em 59 minutos é algo que fica atravessado na garganta.

O "Químico do Povo", curiosamente, usa um microscópio como logotipo, um instrumento cujo uso não é muito comum entre os químicos. Também descreve como se afastou de uma "carreira premiada como químico da área médica" quando descobriu que as pessoas, ao consumirem medicações para colesterol, contra o câncer e anticoagulantes, convertiam-se em nada mais que vítimas das práticas de marketing insidiosas da indústria farmacêutica. De fato, existem algumas práticas questionáveis – e elas devem vir à tona –, mas isso não significa que todos os medicamentos devam ser marcados e expostos, tendo por base argumentos descaradamente ridículos. Ellison diz que ele derramou sangue, suor, lágrimas por anos para se tornar um químico. Ele também poderia ter usado um pouco de bom senso dessa formação, igualmente derramado em sua cabeça. Em uma tentativa de fazer graça, acrescenta que, na verdade, não houve lágrimas porque os químicos não choram. Errado. Seu lero-lero sobre estilo de vida "sem produtos químicos" pode trazer lágrimas aos olhos de qualquer químico. A única dúvida é se é de tanto rir ou de tanto chorar.

Morcegos, vampiros e longevidade

Charles Darwin era um sujeito propenso a ficar mareado. Por isso, o Beagle fazia paradas intermitentes ao navegar pela costa chilena em 1835. Foi durante um desses períodos de breve intervalo que Darwin encontrou o famoso "morcego-vampiro". Os europeus à época já tinham ouvido falar da existência dessas criaturas através dos primeiros exploradores das Américas e, em 1790, o zoólogo George Shaw cunhou o termo "morcego-vampiro". No entanto, antes de Darwin, não havia nenhum relato direto sobre um morcego devorando sua refeição de sangue. O naturalista descreveu como, com seus dentes extremamente afiados, o *Desmodus rotundus* (nome científico desse animal) perfura velozmente sua vítima para depois usar a língua e lamber o sangue que escorre. A sucção não está envolvida no processo.

O uso, por Shaw, do termo "vampiro" foi claramente baseado na mitologia que se espalhava desde a Europa Oriental, de mortos ressuscitados dos túmulos para se nutrir do sangue dos vivos. Esse mito havia se tornado tão arraigado que motivou, em 1751, uma investigação realizada por Antoine Calmet, um estudioso beneditino. As descobertas de Calmet foram publicadas em um livro intitulado *Traité sur les apparitions des esprits et sur les vampires ou les revenans de Hongrie, de Moravie, &c.* (Tratado sobre as aparições de espíritos e sobre vampiros e fantasmas da Hungria, Morávia, Boêmia e Silésia). Calmet descreveu relatos de "homens que, mortos havia vários meses, voltavam ao mundo, falavam, andavam, infestavam aldeias, maltratavam homens e animais, sugavam o sangue de seus parentes próximos, algo que os deixava doentes e, finalmente, causava sua morte". A única maneira de parar essas assombrações era "exumar os corpos para depois empalar cada um deles, cortar suas cabeças, arrancar o coração de todos ou queimar seus restos mortais". Calmet impressionou-se pela quantidade de relatos relacionados ao vampirismo e, embora tenha tentado refutá-los com sugestões de que os "mortos-vivos" eram na verdade vítimas de desnutrição ou doenças diversas, não foi muito convincente. De fato, o mito persiste: não teve uma estaca cravada em seu coração na Transilvânia moderna.

A versão fictícia e romantizada do vampiro surgiu em 1819, com *O Vampiro*, de John William Polidori; logo depois apareceu *Varney, o Vampiro* de Rymer e Prest, no qual o vilão sanguinário foi retratado pela primeira vez tendo asas de morcego. Claro, com *Drácula*, de Bram Stoker, publicado em 1897, o protótipo para versões subsequentes do conde sanguinário fez sua aparição, introduzindo linhas narrativas relacionadas à imortalidade e à transformação em morcego.

A popularidade do livro e das muitas versões cinematográficas infelizmente conferiu aos morcegos, especialmente os morcegos-vampiros, uma aura negativa. Os morcegos-vampiros, na verdade, constituem apenas um pequeno segmento das quase mil espécies e estão limitados à América Latina. Ninguém na Europa ou América do Norte precisa se preocupar com a possiblidade ser mordido. De qualquer forma, os morcegos-vampiros não têm o hábito de atacar humanos – embora uma pessoa, dormindo descalça e ao ar livre, em uma noite muito escura, possa ser mordida no dedo do pé, não no pescoço. Animais domésticos, como galinhas, vacas, cavalos e porcos, são as presas habituais, o que representa um problema porque os morcegos-vampiros podem reduzir os lucros de um fazendeiro ao infectar o gado com raiva. Isso resultou em programas equivocados de controle de morcegos-vampiros usando iscas envenenadas, como bananas. Enquanto todas as outras espécies de morcegos comem frutas, os vampiros consomem apenas sangue. Morcegos inocentes foram vitimados dessa forma, resultando em consequências ecológicas terríveis, já que esses animais, além de serem predadores de insetos, fazem as vezes de polinizadores. Eles são os principais polinizadores das plantas do gênero agave. Sem morcegos, sem tequila!

Morcegos vivem em colônias, muitas vezes com milhares de indivíduos. Dessa forma, produzem enormes quantidades de dejetos. Dejetos extremamente úteis. O alto teor de nitrogênio, fósforo e potássio faz do guano de morcego um fertilizante ideal, o que explica por que, antes da descoberta de petróleo no Texas, esse era o produto de exportação mais importante daquele estado. O nitrato de potássio, mais conhecido como salitre, também pode ser extraído do guano. Junto com o enxofre e o carvão, trata-se de um componente importante para a produção da pólvora – o que explica por que, durante a Guerra Civil Americana, a proteção das cavernas de morcegos era de suma importância para o exército confederado. Assim, os navios do norte bloquearam os portos do sul, impedindo a importação de pólvora e tornando o guano de morcego a única fonte de salitre.

As fezes de morcego são inflamáveis, pois produzem gás metano durante sua decomposição. Um grupo de colonos do Kentucky, que foi ao Texas para minerar guano de uma caverna de morcegos em 1854, descobriu isso da maneira mais dramática possível. A história é que um raio caiu perto da boca da caverna, incendiando o metano que havia se acumulado. Houve uma explosão retumbante. O nome da cidade que eles fundaram? Blowout,* Texas.

---

* N.T.: Literalmente, em inglês, "explosão", "estrondo".

Contudo, o que pode ser considerado um verdadeiro "estouro" no que diz respeito aos morcegos é sua longevidade. Não são imortais como o Drácula, mas vivem pelo menos quatro vezes mais em comparação a outros mamíferos de tamanho similar. A longevidade em mamíferos geralmente se correlaciona com o tamanho, com um elefante vivendo cerca de 70 anos e um rato, do tamanho de um morcego, muito menos tempo. Os morcegos, por outro lado, podem viver por décadas. Um morcego na Sibéria, marcado com um microchip, estabeleceu o recorde de 41 anos. Nesse sentido, os morcegos poderiam guardar o segredo da longevidade dos mamíferos? Ajustando para o tamanho, se os humanos vivessem tanto quanto os morcegos, poderíamos esperar uma expectativa de vida na casa dos 240 anos.

Os pesquisadores da área estão, obviamente, interessados em explorar a surpreendente longevidade dos morcegos, examinando várias possibilidades. Parece que, nos morcegos, os telômeros, os segmentos protetores de DNA na ponta dos cromossomos, não encurtam com a idade, como acontece em outros mamíferos. Isso oferece melhor proteção contra danos cromossômicos quando as células se dividem. A hibernação também pode desempenhar um papel significativo e, quem sabe, talvez até mesmo dormir de cabeça para baixo. Por fim, eles podem até nos fornecer novos medicamentos. Certa enzima em sua saliva, que impede a coagulação do sangue de sua vítima, facilitando a sucção, está sendo estudada como um possível tratamento para derrames causados por coágulos sanguíneos. E ela foi batizada, de forma criativa, como *Draculin*.

Hitler e probióticos

Heinrich Hoffmann contraiu gonorreia; logo, procurou ajuda do Dr. Theodor Morell, que se tornara o médico da moda em Berlim, tratando os ricos e famosos com vitaminas, ervas e vários extratos de glândulas animais. Aparentemente, Hoffmann ficou satisfeito com o tratamento que recebeu, qualquer que tivesse sido, pois recomendou Morell ao seu chefe, que por acaso era Adolf Hitler. Hoffmann era o fotógrafo oficial e membro de confiança do círculo mais íntimo do Führer.

Hitler sofria de problemas intestinais crônicos. Além disso, estava bastante irritado com o pouco que seus médicos conseguiam fazer para aliviar seus problemas, de forma que concordou em se encontrar com Morell, que o tratou com Mutaflor, uma preparação que continha bactérias vivas. O líder nazista ficou tão exultante com seus efeitos que fez de Morell seu médico pessoal, para grande consternação de muitos em seu entorno mais seleto. Hermann Göring, fundador da Gestapo, e Heinrich Himmler, o principal arquiteto do Holocausto, rejeitaram Morell como charlatão e oportunista.

De fato, a história de Morell estava longe de ser gloriosa – alegou falsamente, por exemplo, ter estudado com Ilya Mechnikov, ganhador do Prêmio Nobel de Medicina e Fisiologia em 1908 por seu trabalho sobre imunidade. Morell havia inventado essa proximidade com Mechnikov para melhorar sua própria reputação. Aquele cientista ucraniano havia conquistado fama graças à descoberta de um tipo de célula imune, que tem a capacidade de engolfar e ingerir substâncias nocivas, como bactérias e células mortas ou moribundas. Essas células seriam denominadas "fagócitos", do grego *phagein*, que significa "comer", e *cyte*, termo que expressa "célula".

Nesse contexto, Mechnikov havia estudado micróbios no intestino e teorizado que aumentar a população de bactérias inofensivas poderia conter o crescimento de organismos causadores de doenças. Como todas as bactérias no intestino competem pelo mesmo suprimento de nutrientes, aquelas que são prejudiciais passariam fome e acabariam sendo devoradas pelos fagócitos. Mechnikov acreditava que bactérias produtoras de ácido láctico, como as encontradas no leite azedo, eram a chave para uma boa saúde – chegou até mesmo a atribuir a suposta longevidade dos camponeses búlgaros ao consumo de iogurte. Ele próprio bebia leite azedo todos os dias, estabelecendo assim a base para o uso do que hoje chamamos de "probióticos", do latim "para a vida". Por definição, tais substâncias seriam constituídas de "micro-organismos vivos que, quando administrados em quantidades adequadas, conferem um benefício à saúde do hospedeiro".

O professor Alfred Nissle era um especialista em doenças infecciosas e, portanto, familiarizado com o trabalho de Mechnikov. Em 1917, ele conseguiu isolar uma cepa da bactéria *Escherichia coli* contida nas fezes de um soldado resistente a uma epidemia de diarreia, provavelmente causada pela bactéria *Shigella*. Ele supôs que essa cepa, que passaria ser conhecida como *E. coli Nissle 1917*, era um "probiótico" que havia vencido a *Shigella*. Nissle introduziu essa cepa na prática clínica com o nome de Mutaflor, alegando que trataria doenças intestinais – o que, de fato, ocorreu, com graus variados de eficácia. Foi isso que Morell receitou para Hitler, aparentemente com sucesso.

Muito antes do Mutaflor, as pessoas consumiam probióticos por meio de alimentos fermentados, como chucrute, missô, *tempeh*, kefir, *kimchi* e iogurte. Todos esses alimentos são produzidos por meio do crescimento controlado de micróbios, como leveduras e bactérias; historicamente, foram considerados saudáveis devido ao seu conteúdo de bactérias vivas.

Na década de 1800, pacientes com todos os tipos de queixas visitavam o *Sanitarium** do Dr. John Harvey Kellogg em Battle Creek, Michigan, onde eram tratados com "fermento láctico" – em outras palavras, iogurte. Kellogg foi um dos primeiros discípulos de Mechnikov e exaltou as virtudes dos lactobacilos como um meio de "expulsar germes responsáveis por doenças". Defendeu a administração de iogurte tanto oralmente quanto por meio de enemas, "cultivando, dessa forma, os germes protetores onde eles são mais necessários e podem prestar seu serviço de maneira muito mais eficaz".

Kellogg e Mechnikov, ao que parece, estavam no caminho certo. Desde a década de 1990, a pesquisa sobre probióticos explodiu com a composição de bactérias no intestino, a chamada microbiota, sendo associada ao diabetes tipo 2, hipertensão, depressão, doença de Alzheimer, câncer colorretal, obesidade e doenças inflamatórias do intestino, como colite – que historiadores com especialidade em medicina acreditam ter sido a causa dos problemas intestinais de Hitler. Portanto, é concebível que o Mutaflor tivesse sido útil no caso do Führer. Como consequência, passou a depender de todos os demais medicamentos que Morell sugeriu para suas várias outras queixas, que incluíam dores de cabeça, resfriados constantes e insônia.

---

* N.T.: Em latim, no original. A melhor tradução aqui seria mesmo "sanatório", como um local de internação a longo prazo.

Morell manteve registros meticulosos de seu "Paciente A". Esse material sobreviveu à guerra, sendo posteriormente analisado de forma sistemática. Entre 1941 e 1945, Morell tratou Hitler com 29 injeções e 63 comprimidos orais, todos diferentes entre si, que incluíam codeína, cocaína, testosterona, sulfonamida, oxicodona, estricnina, beladona, extratos biliares, morfina e barbitúricos. O Vitamultin era a mistura especial de vitaminas de Morell, produzido em uma das empresas farmacêuticas altamente lucrativas que pertenciam ao médico. Após Hitler receber essas injeções, alegava que se sentia revigorado e disposto. Himmler, que desconfiava de Morell, analisou secretamente uma de suas pílulas de Vitamultin e descobriu que continha metanfetamina.

Muitas das drogas administradas por Morell tinham propriedades psicoativas e, possivelmente, contribuíram para a crescente paranoia, ansiedade e talvez até mesmo para algumas decisões militares ruins de Hitler. Alguém pode se perguntar como seria o desenrolar da nossa história caso Hitler não tivesse tido sucesso com Mutaflor, substância preparada disponível ainda hoje na Alemanha para tratamento de colite ulcerativa, constipação crônica e diarreia em recém-nascidos. Foi o alívio proporcionado pelo Mutaflor que levou à total confiança do Führer em Morell e nos medicamentos que ele distribuía, muitos dos quais tinham propriedades questionáveis e sequer haviam sido testados. No entanto, qualquer sugestão de que o pesadelo que Hitler infligiu ao mundo estava, de alguma forma, ligado às drogas que ele consumia deve ser descartada. Hitler era o mal personificado, pura e simplesmente.

Moléculas e espelhos

Tudo tem uma imagem espelhada, regra que não se aplica apenas, talvez, a um vampiro. Coloque uma colher na frente de um espelho e imagine que, de alguma forma, você conseguiu atravessá-lo e capturar a imagem espelhada de tal objeto. Se você comparar os dois itens, eles seriam idênticos. Imagine, então, tirar uma luva da sua mão esquerda e colocá-la na frente de um espelho.

O SURPREENDENTE MUNDO DA CIÊNCIA

Se conseguisse acessar a imagem espelhada, descobriria que ela se encaixa na sua mão direita, não na esquerda. Se sobrepusesse uma à outra, os polegares apontariam em direções opostas. O que temos são imagens espelhadas que não podem ser sobrepostas. Qual é o critério para essa propriedade? A falta de simetria. Qualquer item simétrico será idêntico à sua imagem espelhada, enquanto itens que não têm simetria terão uma imagem espelhada que não pode ser sobreposta. Certos objetos, como pares de luvas ou sapatos, na verdade existem como imagens espelhadas que não se sobrepõem. O mesmo acontece com algumas moléculas.

A síntese comercial do popular analgésico ibuprofeno produz duas formas de imagem espelhada que não se sobrepõem, mais conhecidas como "enantiômeros". Contudo, apenas uma das duas tem atividade biológica, um fenômeno nada incomum para reações que ocorrem no corpo. Frequentemente, moléculas precisam se envolver com enzimas ou se encaixar em receptores nas células – ambas as situações requerem interação com proteínas que são "quirais" ou que possuam "lateralidade". Um enantiômero poderá se encaixar como uma luva esquerda que se encaixa na mão esquerda. Em outro caso, será como tentar colocar uma luva esquerda na mão direita. Com o ibuprofeno, a versão inativa é inofensiva, então o medicamento é vendido como uma mistura dos dois enantiômeros, conhecida como mistura racêmica.

Em alguns casos, como ocorre com a levodopa – medicamento amplamente usado para tratar a doença de Parkinson –, apenas um enantiômero é convertido no corpo em dopamina, a molécula que que fica em falta por conta da doença. O outro enantiômero não é apenas inútil, mas dá origem a efeitos colaterais graves. Nesse caso, é importante ser capaz de produzir apenas a forma ativa, conhecida como levodopa, o que pode ser feito pela chamada síntese assimétrica. William Knowles compartilhou o Prêmio Nobel de Química de 2001 por desenvolver esse processo.

Por vezes, o marketing – ao invés da eficácia – impulsiona a introdução de um único medicamento enantiômero. O medicamento antiúlcera de nome omeprazol amealhou uma fortuna para seu fabricante, AstraZeneca; contudo, tal empresa farmacêutica estava prestes a perder a patente daquela medicação em 2001. Como vencer a concorrência dos genéricos que inundariam o mercado? A AstraZeneca surgiu com um plano. Omeprazol é um medicamento quiral, mas nesse caso,

|130|

ambos os enantiômeros são ativos; historicamente, foi comercializado como uma mistura racêmica. Se houvesse alguma forma de demonstrar que um enantiômero era, de alguma forma, preferível, tal poderia ser comercializado como um novo medicamento e receber sua patente como proteção. Foi, então, realizada uma mineração de dados bastante eficaz, revelando haver um enantiômero, batizado de esomeprazol, cuja decomposição se dava de forma mais lenta no corpo humano. Essa descoberta foi o suficiente para a AstraZeneca obter sua patente, e o esomeprazol foi colocado no mercado como Nexium. Isso significava que metade da dose de Nexium teria a mesma eficácia da dose usual de omeprazol (40 miligramas). Mas a AstraZeneca recomendou Nexium também em 40 miligramas, então as pessoas naturalmente sentiram mais alívio. Críticos argumentaram que o mesmo resultado pode ser obtido por uma fração do custo, bastando apenas dobrar a dose de omeprazol racêmico. O Nexium constituiu grande vitória para a AstraZeneca, mas não necessariamente para os consumidores.

Mais recentemente, surgiram histórias bastante interessantes com outro medicamento quiral, a cetamina, um anestésico e analgésico amplamente utilizado e que também demonstrou ter efeito antidepressivo. Embora não houvesse aprovação formal para seu uso como antidepressivo, alguns médicos utilizam prescrições "fora da bula", ou *off-label*,* para pacientes que não conseguiam obter bons resultados com os medicamentos padrão, como os inibidores seletivos de recaptação de serotonina (ISRS). Como a cetamina é um medicamento mais antigo, com patente expirada, não houve motivação para as empresas farmacêuticas financiarem estudos a respeito de seu efeito antidepressivo. Pelo menos não até 2020, quando a Janssen Pharmaceuticals decidiu explorar a possibilidade de que um dos enantiômeros da cetamina pudesse ter eficácia superior. Esse único enantiômero poderia então ser comercializado como um novo medicamento, recebendo proteção comercial de uma patente.

O primeiro desafio foi desenvolver um processo sintético que produzisse apenas aquele único enantiômero ou encontrar um meio de separar os componentes da mistura racêmica. Essa última abordagem revelou-se a mais prática.

---

* N.T.: Trata-se de um tipo prescrição utilizada quando um fármaco é indicado pelo médico para usos diferentes daqueles aprovados pela agência reguladora (a Anvisa, no Brasil), geralmente envolvendo a utilização desse medicamento em doses, vias de administração, faixas etárias ou condições clínicas não previstas na bula original.

Foi empregada a técnica conhecida como cromatografia líquida quiral, que envolve a introdução de uma mistura racêmica em uma coluna empacotada com material de propriedades quirais, em geral uma versão modificada de amilose, um tipo de amido. Conforme a mistura fosse impulsionada através da coluna por um solvente, um dos enantiômeros se fixaria no material de empacotamento em maior quantidade que o outro, sendo assim alcançada uma forma de separação. Nesse caso, a escetamina seria separada da arcetamina. Os testes da Janssen mostraram que a escetamina seria eficaz para formas de depressão resistentes ao tratamento convencional e conseguiram a aprovação do FDA e da Health Canada* para o Spravato, uma versão de escetamina administrada por via nasal. No entanto, não houve comparação direta com a cetamina racêmica genérica, e as opiniões de especialistas divergem sobre se o *Spravato* justifica o custo adicional, considerável.

Cerca de 5% dos adultos sofrem de depressão, uma das principais causas de incapacidade em todo o mundo; cerca de 30% dos casos são resistentes ao tratamento, o que significa que não respondem a pelo menos dois medicamentos antidepressivos. Se o Spravato realmente se mostrar eficaz, seria mais um triunfo para a química e um tratamento bem-vindo para vítimas de depressão. Mas isso só o tempo dirá.

Clarence Birdseye e os jantares de TV

Aquele peixe tinha gosto fresco, como se fosse recém-pescado. Clarence Birdseye ficou surpreso. Já tinha experimentado alimentos congelados antes, mas o gosto deles nunca foi tão bom. Qual seria a diferença? Aquele peixe não veio de nenhum processo industrializado; foi congelado pelo pescador inuíte logo depois que ele o pescou, através de um buraco no gelo.

---

* N.T.: Departamento do governo canadense responsável por políticas de saúde pública de toda a nação.

Birdseye consumiu aquela refeição épica por volta de 1914, quando trabalhava como agrimensor para o Departamento de Agricultura dos EUA, em Labrador. Naquela região, as temperaturas no inverno por vezes chegavam a -40°C, o que significava que um peixe congelaria rapidamente após ser retirado da água. Talvez, pensou Birdseye, esse congelamento rápido fosse a chave para a retenção da textura e do sabor. Ele estava certo. Se o alimento for congelado lentamente, há tempo para que seu conteúdo de água se converta em grandes cristais de gelo, que podem danificar as células e resultar em sabores desagradáveis, além de uma textura flácida. O congelamento rápido resulta em cristais de gelo muito menores, que geram menos problemas.

Ao retornar para os EUA, Clarence Birdseye deu continuidade à sua pesquisa em Labrador e experimentou o congelamento rápido de filés de peixe, de forma que, em pouco tempo, desenvolveu e patenteou o "freezer de esteiras duplas", no qual caixas de peixe, resfriadas por uma solução de salmoura, congelavam ao atravessarem um espaço entre duas superfícies refrigeradas. Em 1925, fundou a General Seafood Corporation e, quatro anos depois, após melhorias no maquinário, Birdseye vendeu a empresa para a Postum, que se tornou a General Foods Corporation. O preço da venda foi impressionante: US$ 22 milhões.

Birdseye, é claro, não inventou os alimentos congelados; na China antiga, já havia preservação de alimentos em cavernas de gelo, enquanto produtores de alimentos nos EUA se aventuraram na venda de alimentos congelados muito tempo antes. Mas a tecnologia de Birdseye tornou esse tipo de comida bem mais palatável. Ervilhas congeladas eram comercializadas como estando "tão gloriosamente verdes quanto as que você verá no próximo verão", e elas seguiam acompanhadas por espinafre, diversos tipos de frutas e carne. Alimentos congelados competiam com alimentos enlatados, aos quais o público estava mais acostumado, mas as vendas tiveram grande impulso durante a Segunda Guerra Mundial, quando as latas foram racionadas. Havia algumas razões para isso. Alimentos enlatados eram perfeitos para o envio ao exterior como refeição para os soldados; além disso, metais eram necessários para o esforço de guerra. O estanho, de forma específica, estava em falta, já que o Japão era o maior produtor desse metal necessário para a produção peças aeronáuticas, caixas de munição, solda e, especialmente, para as seringas descartáveis de tipo *syrette*.

A *syrette*, desenvolvida pela empresa farmacêutica Squibb, foi um grande avanço na Medicina. Consistia em um pequeno tubo de lata, muito parecido com o tubo de pasta de dente convencional, preenchido por morfina e equipado com uma pequena agulha hipodérmica. As *syrettes* estavam inclusas nas provisões dos soldados, que, se feridos, poderiam autoadministrar tal medicamento analgésico. O estanho empregado em duas latas normais era suficiente para fabricar uma *syrette* e milhões delas se faziam necessárias. Assim, aquele metal se tornou tão valioso que os alimentos enlatados sofreram com racionamento, enquanto os alimentos enlatados para animais de estimação foram eliminados. Curiosamente, esse contexto de falta levou à inovação, graças ao desenvolvimento de alimentos secos para animais de estimação, que agora compõem a maior parte desse mercado. Uma grande campanha publicitária para salvar latas foi lançada com o slogan "Guarde-as, lave-as, limpe-as, amasse-as".

Com a necessidade de armas, tanques, aviões e munição, as fábricas mudaram da fabricação de bens civis para suprimentos militares. As linhas de montagem de automóveis foram reconfiguradas, de forma que nenhum carro foi produzido entre 1942 e 1945. A população recebia o convite para doar aos militares máquinas de escrever que não fossem essenciais, e até mesmo o pão fatiado foi banido porque os fatiadores automáticos usavam lâminas de metal.

Após a guerra, os metais tornaram-se novamente disponíveis para produtos de consumo, incluindo o alumínio, cuja produção havia sido comandada pelos militares devido à sua importância fundamental para a produção de aeronaves. O alumínio é um excelente condutor de calor, além de reagir minimamente com alimentos, o que faz dele a base ideal para um recipiente adequado quando a questão é produzir alimentos congelados. No início da década de 1950, companhias aéreas começaram a servir alimentos congelados aos passageiros em pequenas bandejas de alumínio aquecidas por fornos especialmente projetados, em vez dos sanduíches frios usuais. E foi a lembrança dessa refeição congelada, pelo menos assim diz a história, que deu origem ao icônico "jantar de TV".

A empresa Swanson capitalizou a tecnologia de congelamento rápido da Birdseye produzindo perus congelados em grande escala. Mas, aparentemente, alguém cometeu um erro de cálculo em 1953 e houve superprodução de aves congeladas em cerca de 260 toneladas. Foi então que um vendedor da Swanson, Gerry Thomas, lembrou-se da comida aquecida, servida em bandeja de metal, que experimentou em um voo comercial; assim, pensou na possibilidade dessa tecnologia ser aplicada às vendas de aves congeladas. Não havia nada terrivelmente inovador nisso, nem nas bandejas de alumínio compartimentadas, permitindo que fatias de peru fossem acompanhadas de purê de batatas e ervilhas. Já em 1944, as companhias aéreas serviam jantares congelados, chamados *Strato-Plates*, em uma bandeja de papelão revestida com resina de baquelite. Assim, a primeira bandeja de alumínio para refeições congeladas foi introduzida com o nome *FrigiDinner* em 1950, mas foi a Swanson Company que conquistou o mercado de congelados com a ideia de Thomas: projetar a bandeja no formato de uma tela de televisão. Na época, os Estados Unidos estavam completamente cativados pelo aparelho, e os jantares em família eram apressados para que todos pudessem se acomodar no sofá para curtir a programação da noite. Por que não deixar a mesa de jantar de lado e aproveitar uma refeição completa em frente à TV? Esse foi o pensamento que inspirou Thomas.

Não foi uma má ideia, como podemos antecipar. Em 1954, a Swanson vendeu 10 milhões de "jantares de TV". A origem dessa ideia frutífera, no entanto, foi contestada pelos herdeiros da fortuna Swanson, que afirmam ser Clarke e Gilbert Swanson, que comandaram a empresa na década de 1950, os criadores do design da bandeja icônica. Seja quem for o responsável, o fato é que a ideia pegou. As refeições congeladas Swanson ainda estão disponíveis, embora a conexão com a TV tenha sido abandonada. Muitas empresas aderiram ao frenesi da comida congelada, produzindo uma variedade impressionante de alimentos e refeições individuais. O congelamento é um excelente método de preservação de alimentos, não requer conservantes adicionais e, de modo geral, tem melhor sabor quando comparamos com alimentos enlatados. Obrigado, Clarence Birdseye. Agora vou colocar meu *bagel* congelado e pré-fatiado na torradeira. O gosto é o mesmo do produto fresco. Bem, quase.

Diamantes!

"Ó Diamond, Diamond, não percebes o mal que fizeste." Isaac Newton, supostamente, disse essas palavras ao ver seu cachorro Diamond derrubar uma vela, resultando na destruição pelo fogo de um manuscrito no qual ele estava trabalhando havia 20 anos. Embora a história do cachorro travesso seja provavelmente apócrifa, o fogo foi real. Newton estava muito interessado em alquimia e havia preparado um extenso manuscrito sobre o assunto. Foi esse trabalho que acabou praticamente destruído em tal incidente, embora algumas partes tenham sobrevivido. Em 2020, três folhas remanescentes do documento consumido pelas chamas foram vendidas em leilão e alcançaram mais de meio milhão de dólares.

Se Newton tivesse um cachorro, ele poderia muito bem tê-lo chamado de Diamond porque o primeiro grande cientista do mundo estava interessado em diamantes. Como Alexander Pope escreveu em seu célebre máxima: "A Natureza e as Leis da Natureza estavam ocultas pela Noite. Então, Deus disse: *Que haja Newton!* E tudo ficou às claras". Trata-se de uma declaração sagaz, já que grande parte do trabalho de Newton se concentrava na luz e como ela viajava de um meio para outro. Seu experimento clássico, no qual a luz branca quando atravessa um prisma é separada nas cores do arco-íris, introduziu o conceito de "refração", o fenômeno que desvia a luz quando ela passa de um meio para outro.

A esse respeito, Newton estudou a passagem da luz através de um diamante e percebeu que ela refratava de forma semelhante a "corpos inflamáveis", como azeite de oliva, terebintina e âmbar. Conjecturou que o diamante seria "um corpo untuoso (oleoso) coagulado", tornando-se assim a primeira pessoa a refletir sobre a composição química de um diamante. Não se sabe se tentou queimar um diamante – em geral, o primeiro passo para determinar a composição de uma substância é esse –, mas pode muito bem ter tentado, já que estava, é claro, interessado em lentes e familiarizado com sua capacidade de atingir temperaturas extremamente altas pelo foco da luz solar.

O brilhante químico francês Antoine Lavoisier realizou um experimento pioneiro nesse sentido em 1772, ao focar a luz em um diamante colocado no interior de um recipiente de vidro fechado; Lavoisier logo percebeu que o diamante estava em chamas. Aquele cientista conseguiu até mesmo capturar parcialmente o ar em que o fogo ocorreu, descobrindo que, após utilizar água de cal (hidróxido de cálcio), formou-se um precipitado composto por carbonato de cálcio. Tratava-se de uma indicação: a combustão havia produzido o gás dióxido de carbono, sendo que o carbono era proveniente do diamante.

Lavoisier não conseguiu realizar uma conexão quantitativa entre o peso do diamante e a quantidade de dióxido de carbono produzido, mas o químico inglês Smithson Tennant conseguiu fazer exatamente isso em 1796. Ele queimou uma amostra pesada de diamante, coletou e pesou o carbonato de cálcio produzido, determinando que o teor de carbono do carbonato de cálcio era igual ao peso da porção do diamante que fora queimada. Isso significava que o diamante era composto de carbono puro.

De fato, hoje sabemos que o diamante é uma forma cristalina de carbono, na qual cada átomo está ligado a quatro outros em um arranjo tetraédrico, estendendo-se em três dimensões. Esse arranjo faz do diamante a substância mais dura conhecida. A formação de diamantes naturais se deu bilhões de anos atrás, nas profundezas da Terra – não a partir do carvão, como foi inicialmente suposto, pois carvão é o produto final da decomposição de matéria vegetal ou animal, enquanto os diamantes foram formados do surgimento de ambos. O consenso é que a formação dos diamantes ocorreu a partir de minerais (por exemplo, diversos carbonatos) mediante exposição às elevadas temperatura e pressão nas entranhas da Terra; esse material chegou à superfície trazido por erupções vulcânicas. Diamantes são raros: sua mineração é trabalhosa; seu polimento e corte, bastante difíceis; a demanda, por sua vez, elevada, o que explica seu alto custo.

Devido à sua beleza e escassez, é compreensível que, desde a descoberta de Tennant a respeito do fato de tais gemas serem feitas de carbono, os cientistas tenham ficado intrigados com a possibilidade de produzir diamantes em laboratório. O entusiasmo do químico francês Henri Moissan foi despertado ao examinar amostras de rochas provenientes de um meteorito que caiu no Arizona. Ele acreditava que aquele material continha pequenos diamantes.

Mais tarde, determinou que eram, na verdade, cristais do carboneto de silício, uma substância quase tão dura. No entanto, ele acreditava que o calor e a pressão experimentados por um meteorito poderiam ser reproduzidos em laboratório como uma possível forma de produzir diamantes.

Moissan desenvolveu um forno de arco elétrico que podia atingir temperaturas acima de 3.500°C, no qual ele inseriu um cadinho feito de carbono que continha ferro. Quando o ferro fundido é rapidamente resfriado, ele se contrai, produzindo grande pressão – possivelmente em quantidade suficiente para converter o carbono em diamante. De fato, Moissan pensou ter produzido diamante com sucesso, mas tal feito logo foi questionado. Contudo, ele prosseguiu produzindo carboneto de silício sinteticamente, algo quase tão bom quanto fazer diamante. Tais atividades deram origem às joias moissanite, que simulam diamantes. Trata-se de um material muito mais barato, mas com brilho semelhante. O outro interesse de Moissan: minerais que continham flúor, a partir dos quais ele acabou conseguindo isolar tal elemento – conquista pela qual recebeu o Prêmio Nobel de Química em 1906. Os usos do flúor são variados, como na produção do Teflon e de substâncias repelentes a manchas de gordura e água, conhecidas como perfluoroalquiladas (PFAS). São controversas devido à sua persistência ambiental e potencial toxicidade.

Os verdadeiros diamantes sintéticos foram produzidos pela primeira vez em 1955 por pesquisadores da General Electric que submeteram grafite, outra forma cristalina de carbono, a temperaturas e pressão extremas. O resultado de tais experimentos são diamantes verdadeiros, indistinguíveis dos naturais, embora mais baratos. É preciso destacar as diferenças deles em relação aos simuladores de diamante ainda mais econômicos – como a zircônia cúbica, feita de óxido de zircônio, ou a moissanite, que se parecem muito com diamantes, mas têm uma composição química diferente.

Muitas pessoas preferem diamantes "reais", extraídos de suas fontes naturais, e consideram todos os outros "falsos". Na verdade, aprecio mais os "falsos", especialmente os sintéticos, dada a engenhosidade química utilizada para fazê-los. Também não há preocupação a respeito do fato de serem "diamantes de sangue", obtidos em zonas de guerra e vendidos para financiar conflitos.

Transplantes de cabeças

"Os limites que separam a Vida da Morte são, na melhor das hipóteses, obscuros e vagos. Quem dirá onde termina uma e começa outra?" Assim se pergunta o narrador sem nome no conto "O enterramento prematuro", de Edgar Allan Poe. Na época em que o conto clássico apareceu, em 1844, o público ficou fascinado por casos de pessoas declaradas mortas erroneamente e, logo, enterradas vivas. Havia até um mercado para caixões equipados com dispositivos de emergência que permitiriam que o "cadáver" despertado pedisse ajuda. Embora haja poucas evidências de que enterramentos prematuros tenham ocorrido, surgiram questões filosóficas e científicas em torno do momento em que a vida se converte em morte. Existiria alguma diferença entre "morte cerebral" e "morte biológica"? Ou seja, uma pessoa pode ser declarada morta se o coração ainda estiver batendo?

Em 1968, um comitê de Harvard foi encarregado de definir quando a morte ocorre de fato. A conclusão foi a seguinte: quando uma pessoa não tem atividade cerebral detectável, de acordo com uma série de critérios, então ela está morta, já que nunca houve um caso sequer de alguém que, após ter a morte cerebral corretamente diagnosticada, demonstrasse qualquer recuperação neurológica. Essa definição, no entanto, tem sido objeto de uma série de questionamentos legais, como no caso de Jahi McMath, uma menina de 13 anos que sofreu perda grave de sangue após uma cirurgia de amígdala e adenoide – tal acontecimento fez com que o cérebro dela não recebesse oxigênio. A paciente foi, então, colocada em um respirador, mas em pouco tempo declarou-se sua morte cerebral. A mãe de Jahi se recusou a aceitar essa declaração, pois o coração dela prosseguia sua atividade, batendo regularmente. O hospital queria encerrar o suporte de vida, e uma batalha legal se seguiu, com a mãe da menina encontrando, por fim, um hospital em Nova Jersey que aceitasse Jahi e a mantivesse em um respirador até sua morte, que ocorreu cinco anos depois, sem nunca demonstrar qualquer forma de atividade cerebral subsequente.

O caso levanta questões importantes. Como alguém pode estar morto em um local e não em outro? E a crença de tantas pessoas no "poder de cura divino", nutrindo a esperança de que um milagre possa ocorrer enquanto o coração estiver batendo? Ou aquela outra crença comum, de que a ciência descobrirá uma maneira de reanimar o cérebro se o corpo for mantido vivo? Também há questões sobre custos e os amplos recursos e cuidados médicos necessários para manter a vida artificialmente.

E, depois de tudo, permanecem ainda os questionamentos filosóficos. Se os humanos possuem uma alma, onde ela se localizaria e quando abandonaria o corpo? Em 1907, o médico Duncan MacDougall projetou um experimento para responder a essa pergunta. Após identificar em uma casa de repouso pacientes imóveis cujo estado de saúde era delicadíssimo, colocou a cama de cada um deles em cima de uma balança gigante. MacDougall alegou que o peso dos pacientes diminuiu em 21 gramas no momento da morte, algo que atribuiu à alma no momento em que deixava o corpo. Prosseguiu realizando o mesmo experimento com cães para depois sugerir que a observação de perda de peso nula no caso dos animais corroboraria a noção de que apenas os humanos têm alma. Os experimentos de MacDougall foram amplamente criticados por vários motivos, incluindo metodologia falha, tamanho pequeno da amostra e a probabilidade de o próprio pesquisador ter envenenado os cães.

O fisiologista soviético Vladimir Demikhov não se importava se os cães possuíam uma alma. O que eles tinham eram órgãos, como coração e sistema circulatório, bem semelhantes aos dos humanos. Em 1951, realizou o primeiro transplante de coração do mundo em um cão, e acabou aprimorando seus métodos pioneiros a ponto de permitir que o animal vivesse por sete anos com um coração transplantado.

Se corações podiam ser transplantados, e as cabeças? Em 1954, Demikhov realizou um experimento bizarro que atraiu atenção mundial quando transplantou a cabeça de um filhote para o corpo de um cão maior. Conectar o sistema vascular da cabeça ao de seu hospedeiro permitiu que o grotesco animal de duas cabeças sobrevivesse por dias, com ambas as cabeças capazes de se mover e até mesmo de comer. Quando questionado sobre seu trabalho, Demikhov gracejava que "duas cabeças pensam melhor do que uma".

Embora o transplante de cabeça realizado por Demikhov evocasse imagens de Victor Frankenstein, não há dúvida de que os transplantes de coração, fígado e pulmão em animais efetuados por aquele fisiologista estabeleceram as bases para transplantes de órgãos em humanos. Christiaan Barnard, que realizou o primeiro transplante de coração do mundo em 1967, foi inspirado por Demikhov, assim como o famoso neurocirurgião americano Robert White, lembrado tanto por ter realizado o transplante da cabeça de um macaco para o corpo de outro quanto pela demonstração pioneira de que o resfriamento do cérebro concede aos cirurgiões tempo adicional para a realização de intervenções cirúrgicas bem-sucedidas.

Surpreendentemente, a cabeça de macaco transplantada permaneceu funcional por oito dias; até tentou morder o dedo de White, em uma aparente recordação de seu algoz. Para White, tal acontecimento significava que a "essência" do macaco estava no cérebro e o levou a contemplar um transplante de cabeça humana. Talvez isso facultasse ao cérebro – e, possivelmente, à alma – sobreviver após o corpo ter entrado em colapso. Stephen Hawking seria um candidato perfeito, acreditava White. A cabeça contendo o cérebro brilhante poderia viver anexada a um novo corpo após o original ter parado de funcionar. White, que morreu em 2010, chegou a experimentar transplantes de cabeça em cadáveres.

Como tais transplantes envolviam o corte da medula espinhal, o corpo ficaria paralisado, como foi o caso dos macacos. Mas o cirurgião italiano Sergio Canavero mencionou experimentos com animais nos quais as medulas espinhais foram reconectadas, afirmando que planeja realizar um transplante de cabeça humana, provavelmente na China. Com base no que se sabe hoje, parece o experimento macabro de um cientista louco; contudo, por outro lado, transplantes de órgãos, no passado, eram considerados impossíveis. Agora eles permitem vida onde, de outra maneira, haveria morte.

Organocatálise

O Prêmio Nobel é o ápice do reconhecimento quando se trata de realizações científicas. Esse prêmio anual foi estabelecido em 1895, através do testamento de Alfred Nobel, com o objetivo de reconhecer cientistas que "durante o ano anterior fizeram o maior benefício para a humanidade". Nobel acumulou uma fortuna considerável com a invenção da dinamite, um explosivo que tinha usos práticos na construção civil – embora houvesse, da parte de seu inventor, preocupações em torno das possibilidades de tal explosivo ser usado para a prejudicar a humanidade. Nobel imaginou que seus prêmios estimulariam pesquisas que fariam com que a sociedade, como um todo, pudesse desfrutar de seus benefícios. Essa intenção certamente foi atendida pelo trabalho de Benjamin List, do Instituto Max Planck na Alemanha, e David MacMillan, da Universidade de Princeton. Os dois cientistas receberam o Prêmio Nobel de Química em 2021 graças ao desenvolvimento de "uma ferramenta engenhosa para construir moléculas". Essa ferramenta engenhosa foi batizada de organocatálise.

A vida é basicamente estruturada pela construção de moléculas. Nossos corpos estão constantemente realizando ligações de aminoácidos para criar proteínas, sintetizando adenosina trifosfato (ATP) para armazenar energia e produzindo neurotransmissores junto com uma série de outras moléculas necessárias para sustentar a vida. Em laboratórios de pesquisa e instalações industriais ao redor do mundo, químicos sintetizam medicamentos, polímeros, corantes, tintas, agroquímicos, cosméticos, agentes de limpeza, desinfetantes e inúmeras outras substâncias que se tornaram parte integrante de nossos cotidianos. Muitas dessas reações dependem do uso de catalisadores, substâncias que aceleram drasticamente uma reação química sem serem consumidas por ela. List e MacMillan desenvolveram, independentemente, "organocatalisadores" que facilitavam a "construção de moléculas" por reações que, sem eles, normalmente não ocorreriam de forma significativa.

O conceito de catálise não é novo. Dissolva açúcar em água e nada acontece. Pelo menos, não em nenhum aspecto que seja observável. Adicione um pouco de fermento, e o açúcar será convertido em dióxido de carbono e álcool. Isso porque o fermento produz zímase, uma enzima que atua como catalisador e acelera a reação. Em nossos corpos, as enzimas ajudam a digerir gorduras, sintetizar DNA e eliminar toxinas. A indústria também usa enzimas para produzir biocombustíveis, removedores de manchas, produtos farmacêuticos, além de agentes para processar resíduos. Contudo, a maioria dos catalisadores utilizados comercialmente é constituída de metais diversos ou seus derivados.

Por exemplo, um dos procedimentos industriais mais importantes é a reação do nitrogênio com hidrogênio no processo Haber-Bosch para produção de amônia, o fertilizante que salvou milhões da fome. Conversores catalíticos em carros, a polimerização de etileno, a síntese de vitamina A e a produção de medicamentos como inibidores de protease para tratar hepatite C dependem de catalisadores metálicos.

Embora enzimas e catalisadores metálicos sejam amplamente utilizados, ambos apresentam limitações. As enzimas têm uma faixa restrita de temperatura e pH; já os catalisadores metálicos, embora mais versáteis, exigem cuidados: precisam ser mantidos livres de umidade e oxigênio para funcionar corretamente. Além disso, resíduos de metais podem permanecer no produto final, algo inaceitável quando se trata de produzir medicamentos ou alimentos.

List e MacMillan desenvolveram moléculas orgânicas simples, denominadas *organocatalisadores*, que, além de não conterem átomos de metal, possuem algumas capacidades novas. List se perguntava como as enzimas, basicamente longas sequências de aminoácidos, melhoravam as reações. Determinou que era um aminoácido específico na cadeia, a prolina, que atraía os reagentes e facilitava seu envolvimento. Isso o levou a empregar prolina pura como catalisador, e a experiência funcionou. MacMillan, que realmente cunhou o termo *organocatalisador*, descobriu independentemente que outra pequena molécula orgânica, a imidazolidinona, era igualmente capaz de catalisar uma série de reações. Uma substância derivada recebeu o nome de "catalisador MacMillan" e é amplamente utilizada.

Além disso, os organocatalisadores também tinham a capacidade de realizar síntese assimétrica. Isso entra em jogo no caso de certas moléculas que podem existir em formas espelhadas não sobrepostas, como nossas mãos. Essa possibilidade foi demonstrada de fato por Jacobus van't Hoff, que em 1901 foi o primeiro ganhador do Prêmio Nobel de Química. Tal característica molecular pode ser particularmente importante para a síntese de produtos farmacêuticos que envolvem muitas etapas. Algumas dessas etapas, em geral, produzem intermediários que podem existir nessas formas duais, denominadas *enantiômeros*. Tal desdobramento pode ser um problema, pois uma das formas de imagem espelhada levaria ao produto desejado, enquanto a outra seria um contaminante indesejado, mesmo tóxico. Organocatalisadores podem ser usados para sintetizar apenas a versão desejada, algo importante na produção de medicamentos como o anticoagulante cumarina, o medicamento contra o câncer paclitaxel (Taxol), o antidepressivo paroxetina (Paxil) e o antiviral oseltamivir (Tamiflu).

Outra área em que os organocatalisadores deixaram sua marca é na busca pela *química verde*, que tem o objetivo de projetar produtos e processos químicos e mercadorias de forma que evite a criação de toxinas e resíduos. Por exemplo, reações de polimerização para produzir poliestireno e cloreto de polivinila tradicionalmente exigem altas temperaturas e o uso de catalisadores metálicos dispendiosos, que também vêm com uma carga extra de toxicidade ambiental. Organocatalisadores são baratos, não tóxicos e trabalham em uma temperatura mais baixa, economizando energia.

Estima-se que cerca de 35% de todos os bens e serviços realizados no mundo dependam do uso de catalisadores. Não há dúvida de que as descobertas de List e MacMillan, publicadas pela primeira vez em 2000, já impactaram nossas vidas e o farão ainda mais no futuro.

A casca que cura

Os médicos na corte de Carlos II estavam coléricos. O rei havia nomeado Robert Talbor, um homem que consideravam um charlatão não qualificado, como seu médico pessoal. De fato, Talbor não teve nenhuma formação como médico, embora, verdade seja dita, qualquer instrução que os médicos tivessem na época seria a respeito de purgação, sangria, além do aprendizado de numerosas ervas destinadas a restaurar o equilíbrio dos quatro humores corporais: sangue, bílis amarela, bílis negra e catarro. A teoria humoral, defendida por Hipócrates e Galeno, prevaleceu por cerca de 2 mil anos, apesar da falta de qualquer validade científica que a sustentasse.

Talbor fora aprendiz de um boticário em Cambridge, onde soube que os jesuítas introduziram uma casca de árvore medicinal da América do Sul na Europa por volta de 1630. Uma história, quase certamente apócrifa, era contada a respeito da condessa de Chinchon, esposa do vice-rei espanhol do Peru, que teria sido curada daquilo que, na época, era chamado de "febre terçã" graças a um preparado feito dessa casca especial. A febre terçã era assim chamada pois tratava-se de uma febre que obedecia a um ciclo de três em três dias, aproximadamente. Hoje a conhecemos como malária. A condessa imediatamente ordenou que essa casca fosse dada aos doentes do Peru e alardeou em seu louvor quando retornou à Espanha. Nesse momento, o cardeal jesuíta de Lugo ouviu falar da casca e a levou para testes em Roma; foi desse ponto inicial que a *casca jesuíta* se espalhou por toda a Europa. Um dos problemas dessa história, bastante romantizada, é que a condessa nunca retornou para a Espanha.

Relatos com evidências históricas mais sólidas descrevem que indígenas sul-americanos, ao atravessarem rios com água gelada até o pescoço, encontraram um medicamento para conter seus tremores: bebiam uma infusão quente feita com a casca de uma árvore. Missionários jesuítas aprenderam essa prática e, por analogia, decidiram testá-la no tratamento da malária, o que funcionou. Assim, introduziram tal procedimento na Europa. Mas havia um problema também com essa história, já que o quinino, o ingrediente ativo da *casca jesuíta*, funciona contra a malária matando o parasita que causa a doença – ou seja, não seria eficaz para tremores de calafrios. Em todo caso, o botânico sueco Linnaeus parece ter acreditado na fábula da condessa de Chinchon, batizando a árvore de "cinchona".

O uso da casca de cinchona foi cercado de controvérsia. De modo geral, os médicos questionaram seu uso, já que não possuía qualquer efeito purgativo e, portanto, não se encaixava na teoria humoral das doenças. Além disso, como não havia uma maneira padronizada de administrar a casca ou seus extratos, nem sempre tal medicação funcionava. Foi nesse momento que surgiu Talbor: em 1672, ele introduziu um "remédio secreto" contra a malária em seu livro *Pyretologia, A Rational Account of the Cause and Cure of Agues* (Pyretologia, uma descrição racional das causas e curas das febres), no qual alertava a respeito dos problemas advindos do tratamento que empregasse a casca jesuíta. A questão central, nesse sentido, estava no fato de que o "remédio secreto" era, na verdade, casca de cinchona, pois Talbor havia encontrado uma maneira de preparar um extrato confiável. Um nobre francês que desembarcou em Essex para discutir planos de batalha contra os holandeses com o rei Carlos contraiu malária e ouviu falar do remédio de Talbor. Ficou tão maravilhado com a maneira como foi curado que contou a experiência ao rei, que imediatamente mandou chamar Talbor. O próprio monarca ficou bastante impressionado com o homem, de modo que o nomeou seu médico pessoal, atraindo a indignação e as críticas ferozes do College of Physicians.*

Quando o filho de um primo de Carlos II, Luís XIV da França, adoeceu de malária, Carlos enviou Talbor para prestar auxílio. O menino foi curado, assim como a rainha da Espanha, que também havia contraído a mesma moléstia. O assombro de Luís foi considerável, tanto que ofereceu a Talbor uma grande quantia em dinheiro para revelar o segredo da cura; o médico aceitou o acordo, mas exigiu que a revelação não acontecesse durante sua vida. Quando Talbor, já um homem bastante rico, faleceu aos 40 anos, Luís encomendou a produção de um livro no qual o segredo fosse revelado – casca de cinchona embebida em folhas de rosa, suco de limão e vinho. O remédio se tornou popular, até ser substituído por uma preparação de quinino quase puro, pois Pierre-Joseph Pelletier e Joseph-Bienaime Caventou conseguiram isolar tal substância em 1820, dando início à fabricação em larga escala de quinino, o que significou a salvação de multidões dos padecimentos da malária.

Embora Talbor, de fato, nutrisse certos elementos de charlatanice em sua personalidade – como essa insinuação de ter encontrado uma "fórmula secreta" para efetuar curas extraordinárias –, a fé de Carlos II no homem valeu a pena. O produto de Talbor não só curaria muitas pessoas na Europa, como o próprio rei se beneficiaria diretamente caso contraísse malária. É interessante notar que Carlos foi um grande defensor da ciência. Quando jovem, seu tutor fora William Harvey, cirurgião que descreveu pela primeira vez o sistema circulatório. Como rei, Carlos se familiarizou com o trabalho de Christopher Wren, Robert Hooke e Robert Boyle e, em 1660, concedeu uma carta régia de fundação à Royal Society,** estabelecendo assim essa grande organização,

---

* N.T.: Refere-se ao *Royal College of Physicians* ("Colegiado Real de Médicos"), organização professional dos médicos ingleses fundada em 1518 por Henrique VIII. Tal organização trata da formação e avaliação profissional de médicos e de suas práticas.

** N.T.: A Royal Society, formalmente conhecida como Royal Society of London for Improving Natural Knowledge, é uma organização que funciona ao mesmo tempo como sociedade científica e academia nacional de ciências do Reino Unido. Fundada em 28 de novembro de 1660 por meio de uma carta régia concedida pelo rei Carlos II, é a mais antiga academia científica em existência contínua no mundo.

que promove a excelência da pesquisa científica para benefício da humanidade por mais de três séculos. O próprio Carlos era muito interessado em ciência, inclusive tendo um laboratório de química particular. Infelizmente, alguns de seus experimentos envolveram a destilação de mercúrio, o que pode ter contribuído para sua morte – teoriza-se que ele tenha desenvolvido uma doença renal irreversível, possivelmente causada pelo envenenamento por mercúrio.

Em seus últimos dias, Carlos foi submetido a sangrias, purgações e ventosas – e esses tratamentos inúteis e torturantes foram administrados pelos médicos que chamaram Talbor de charlatão por apregoar um remédio que realmente funcionava.

Scho-Ka-Kola

A Coca-Cola Company não ficou feliz. Em 1999, um fabricante alemão de chocolate entrou com um pedido nos EUA para registrar "Scho-Ka-Kola" como marca registrada para um de seus produtos – um chocolate rico em cafeína, produzido a partir de grãos de cacau e de café e o fruto da árvore de cola. A Coca-Cola contestou o registro, alegando que aquele "nome provavelmente causaria confusão e diluiria sua famosa marca registrada *Coca-Cola*, que já era usada havia muito tempo para bebidas e ampla gama de produtos". Essa contestação foi atendida, e o registro de Scho-Ka-Kola como marca registrada foi negado.

O *chocolatier* Theodor Hildebrand formulou o Scho-Ka-Kola pela primeira vez em 1935, com a ideia de produzir um estimulante ideal para atletas alemães nos Jogos Olímpicos de Berlim, em 1936. A popularidade da marca aumentou drasticamente durante a guerra, quando o chocolate foi fornecido aos pilotos da Luftwaffe, bem como às tripulações de tanques e submarinos para estimular a vigília e o estado de alerta. Isso levou ao mito, repetido em muitos relatos históricos, de que a verdadeira razão de os chocolates, conhecidos coloquialmente como *Fliegerschokolade* ou "chocolate aviador", serem tão valorizados era o fato de conter anfetaminas em sua composição. Mas não, não continham. O efeito estimulante era devido à cafeína: uma porção desse chocolate continha quase tanta cafeína quanto uma xícara de café forte.

Embora o *Fliegerschokolade* nunca tivesse contido anfetaminas, essas drogas foram amplamente utilizadas durante a Segunda Guerra Mundial, tanto pelos alemães quanto pelos Aliados. A anfetamina foi sintetizada pela primeira vez em 1887 pelo químico romeno Lazar Edeleanu, que estava procurando uma versão melhorada da efedrina, um componente natural da planta éfedra, substância isolada apenas dois anos antes. *Ma huang*, como a éfedra é conhecida na medicina tradicional chinesa, era de interesse por causa de sua rica história como estimulante e no auxílio para problemas respiratórios.

Como costuma ser o caso quando um componente vegetal tem valor medicinal, os químicos exploram a possibilidade de fazer mudanças na estrutura molecular básica dessa substância para alcançar maior eficácia. Isso é exatamente o que Edeleanu buscava fazer quando sintetizou a anfetamina. Contudo, seu interesse mudou para o desenvolvimento de processos empregados no refino do petróleo bruto; assim, não conseguiu levar as pesquisas com a síntese da anfetamina adiante. Em 1932, o químico americano Gordon Alles, sem saber do trabalho anterior de Edeleanu, sintetizou a anfetamina de forma independente – a meta nesse caso, mais uma vez, era melhorar a ação da efedrina. Alles testou seu novo composto, inicialmente, em cobaias, mas logo se tornou ele próprio uma cobaia no experimento – percebeu o desaparecimento de certa congestão nasal que o acometia. Também experimentou uma "sensação de bem-estar". Alles apresentou para a empresa farmacêutica Smith, Kline & French, da Filadélfia, uma proposta de parceria; em pouco tempo, a Benzedrina entrou no mercado farmacêutico como um tratamento para congestão e asma na forma de um inalador. Não demorou muito para que a droga ganhasse a reputação de estimulante, especialmente após seu uso por atletas americanos nas Olimpíadas de Berlim.

O químico alemão Friedrich Hauschild, da empresa farmacêutica Temmler-Werke, estava ciente do uso de Benzedrina nas Olimpíadas; ao tentar ultrapassar o que já fora feito, sintetizou metanfetamina, uma prima próxima da anfetamina. Tal composto fora produzido pela primeira vez a partir da efedrina em 1919, por Akira Ogata, no Japão, mas Hauschild desenvolveu um método para produzir a droga em larga escala, com o nome de Pervitin.

Embora o Pervitin estivesse disponível para o público em geral nas farmácias, foi no campo de batalha que ele deixaria sua marca. A ideologia nazista considerava o uso de drogas sociais como um sinal de fraqueza e decadência moral, mas o Pervitin era uma exceção. Ao contrário do álcool ou dos opiáceos, a metanfetamina não era considerada um prazer escapista, mas sim uma forma de atingir a superioridade física e mental, algo que estava alinhado com os objetivos nazistas. Soldados sob efeito de metanfetamina precisariam dormir menos e lutariam por mais tempo e com mais intensidade.

Tais atributos eram exatamente os necessários para a *Blitzkrieg*, um ataque rápido como um raio, que pegaria o inimigo desprevenido. Quando as tropas alemãs invadiram a Polônia, elas foram energizadas com Pervitin, mas a droga provavelmente desempenhou seu papel de maior destaque na invasão da França, através da floresta das Ardenas. Os Aliados presumiram que, devido ao terreno desafiador, o avanço alemão seria lento e haveria tempo para mover tropas defensivas para suas posições. Mas o general Heinz Guderian, que liderou a invasão, exigiu que suas equipes de tanques ficassem sem dormir por pelo menos três noites para acelerar o avanço – o Pervitin tornou isso possível. Em suas memórias, Churchill observou que ficou perplexo com os tanques alemães avançando noite e dia.

O uso intenso de Pervitin, por sua vez, trouxe problemas que logo se tornaram aparentes. Havia relatos de pressão alta, ataques cardíacos e dependência. Em 1941, os alemães reduziram o uso de metanfetamina, mas a Benzedrina passou a ser amplamente adotada pelas tropas britânicas e americanas como forma de combater a fadiga e aumentar o moral. No Japão, onde a droga era produzida com o nome de Philopon, ela costumava ser distribuída frequentemente para pilotos *kamikaze*. Mais tarde, as anfetaminas foram amplamente utilizadas pelos militares dos EUA nas guerras da Coreia, Vietnã e Golfo Pérsico para diminuir a fadiga.

Hoje, a metanfetamina está no centro de outro tipo de guerra: de um lado, autoridades tentando conter sua produção ilegal; do outro, laboratórios clandestinos que fabricam bilhões de comprimidos de metanfetamina em cristal, forma da droga que pode ser fumada. As crescentes taxas de criminalidade e uma série de problemas médicos são o preço pago quando se trata da busca por euforia instantânea por parte de indivíduos viciados em metanfetamina.

No que diz respeito ao chocolate Scho-Ka-Kola, ele ainda é produzido e sua popularidade na Alemanha se mantém, sendo comumente vendido em postos de gasolina para manter motoristas alertas. Embora não esteja disponível nas lojas da América do Norte, pode ser comprado on-line, como quase tudo. Mas é muito mais caro que uma xícara de café.

Expansões no elastano

Em 1922, Johnny Weissmuller, que viria a ser famoso interpretando *Tarzan* no cinema, surpreendeu o mundo esportivo ao nadar os 100 metros livres em menos de um minuto, com um tempo de 58,6 segundos. Ninguém se importou (ou percebeu) com o tipo de maiô usado por Weissmuller. Era de algodão simples. Um grande contraste com o traje de alta tecnologia usado pelo americano Caeleb Dressel, que levou a medalha de ouro nessa mesma modalidade nas Olimpíadas de Tóquio quase um século depois, com um tempo de 47,02 segundos.

É evidente que, nos 100 anos seguintes, os métodos de treinamento mudaram – embora Weissmuller já desse importância ao estilo de vida. Tornara-se seguidor entusiasmado das dietas vegetarianas, enemas e exercícios de John Harvey Kellogg. Dressel não é vegetariano, adora bolo de carne e começa o dia com um café da manhã rico em carboidratos. A verdadeira diferença está no treinamento. Além de nadar, Dressel treina em uma máquina de remo e uma bicicleta ergométrica, seguindo um treinamento pessoal interativo online. Mas sua roupa de banho, sem dúvida, também faz a diferença. Certamente não vale dez segundos, mas quando os melhores nadadores de hoje são separados por frações de segundo, o tecido e o estilo da vestimenta usada ganham importância.

Qualquer discussão sobre tecnologia de roupas de banho precisa começar com as maravilhas do elastano, material sintético que se estica e magicamente retorna à sua forma original, como a borracha. Mas, de forma diferente daquela, o elastano pode ser produzido na forma de fibras, posteriormente trançadas em um tecido.

Esse material – um dos seus nomes, Spandex, é um anagrama inteligente feito a partir do termo "expandir" – foi desenvolvido na década de 1950 por Joseph Shivers, químico da DuPont trabalhando sob a direção de William Charch, que ficaria famoso por inventar o celofane à prova de água ao revestir tal substância com uma camada de nitrocelulose. Revolucionar as roupas esportivas não era a intenção original de Shivers. Naquela época, cintas feitas de borracha constituíam algo usual em trajes femininos, mas havia escassez de borracha e o desafio era desenvolver um material sintético que pudesse ser usado nas cintas como substituto.

A DuPont já havia introduzido polímeros como nylon e poliéster no mercado e possuía experiência significativa na síntese de moléculas gigantes. Shivers produzia elastano sintetizando um copolímero em bloco, com fragmentos elásticos e rígidos alternados. Também havia ramificações que podiam ser usadas para reticular as moléculas, conferindo resistência ao tecido. A combinação de elastano com algodão, linho, nylon ou lã resultou em um material elástico e confortável de usar. Como várias empresas começaram a produzir esses tecidos, a DuPont patenteou o nome *Lycra* para sua versão de elastano.

Em 1973, os nadadores da Alemanha Oriental usaram trajes de elastano pela primeira vez e quebraram recordes. Pode ser que esse fato tenha relação maior com o uso de esteroides por parte daqueles atletas, mas fez as engrenagens competitivas girarem na Speedo. A empresa foi fundada em 1928 como uma fabricante de trajes de banho com base científica, substituindo o algodão por seda em seu traje de natação com o objetivo de reduzir o arrasto. Contudo, estimulada pelo sucesso dos alemães orientais, a Speedo passou a revestir elastano com teflon, utilizando um contorno na superfície e pequenas cristas em forma de V, como as encontradas na pele de tubarões, que supostamente reduziriam a turbulência.

Em 2000, esse conjunto de processos deu origem a um traje de corpo inteiro que reduzia ainda mais o arrasto, já que a água adere com mais força à pele do que ao material do traje de banho. Já no ano de 2008, painéis de poliuretano estrategicamente posicionados substituíram o Teflon, e o tecido – composto de Lycra, nylon e poliuretano – era feito de forma a capturar pequenas bolsas de ar que auxiliavam na flutuação do nadador. A vantagem, nesse caso, seria a seguinte: a resistência do ar é menor do que a resistência da água. Algumas empresas tentaram fabricar trajes de poliuretano puro, já que o material prende o ar de forma muito eficaz. Com cada uma dessas "inovações", os tempos obtidos pelos atletas caíam, enquanto os preços aumentavam. Um traje de alta tecnologia poderia custar mais de US$ 500.

O termo "doping tecnológico" passou a invadir o vocabulário cotidiano e, em 2009, o órgão internacional de natação, World Aquatics, decidiu igualar o campo, banindo todos os trajes de banho de corpo inteiro, bem como quaisquer painéis que não fossem feitos de tecido. Isso não impediu a corrida por trajes aprimorados, embora estivessem restritos à quantidade de superfície corporal que poderiam cobrir. Para as Olimpíadas de Tóquio, a Speedo introduziu mais um traje inovador, confeccionado com três camadas diferentes de tecidos, cujos tipos são mantidos em segredo de propriedade intelectual.

O elastano não se restringe a trajes de banho. Esquiadores reduzem o arrasto de ar ao se espremer em vistosos trajes desse material, assim como os ciclistas. As roupas íntimas femininas ainda constituem uma grande parte do negócio, e o elastano chegou até mesmo a *leggings* e jeans que apertam o corpo nos lugares certos, para esconder protuberâncias indesejadas. No que diz respeito à inovação da natação, talvez os competidores apenas borrifem seus corpos desnudos com algum tipo de polímero para eliminar qualquer arrasto do traje de banho. Afinal, os atletas olímpicos originais competiam nus.

Cristais Swarovski

O palco do Oscar de 2018 no Dolby Theatre, em Hollywood, brilhava como se estivesse adornado com diamantes. Mas não havia diamantes de fato, exceto aqueles que resplandeciam nas estrelas de cinema na plateia. Os reflexos luzentes do palco eram o resultado de 45 milhões de cristais Swarovski brilhantes, pesando perto de sete toneladas e meticulosamente montados. Na verdade, eles não eram realmente cristais, embora esse termo seja comumente usado para descrever pedaços de vidro especialmente cortados para que sua superfície apresente inúmeras facetas angulares que refletem a luz.

Cristais reais são compostos de átomos, moléculas ou íons dispostos em um padrão ordenado que se estende em três dimensões. Sal, açúcar, esmeraldas, ferro, gelo e diamante são cristais verdadeiros. Vidros, por outro lado, são substâncias "amorfas" (do grego "sem forma") que não possuem composição ordenada.

Todas as probabilidades indicam que os vulcões produziram as primeiras amostras de vidro encontradas por humanos, como a obsidiana, um vidro escuro que se forma quando minerais de silicato na lava esfriam e se solidificam. As primeiras ferramentas de corte eficazes provavelmente foram feitas de obsidiana. Sabendo onde essa substância poderia ser encontrada, os primeiros humanos, naturalmente, tentaram simular a natureza, aquecendo vários minerais para depois os resfriar, produzindo, dessa forma, vidro. Eles provavelmente empregaram todos os tipos de substâncias em suas tentativas até, por fim, descobrirem que a areia era a melhor candidata.

Plínio, o historiador romano, registrou sua versão da história no primeiro século d.C.; contudo, dado que ele fala de eventos que aconteceram cerca de 4 mil anos antes, talvez seu relato possa não ser exatamente confiável. Em todo caso, Plínio afirma que os fenícios foram os primeiros a produzir vidro ao levantarem fogueiras na praia; nesse local, colocaram seus potes em pedaços de natrão, ou carbonato de sódio. A areia e o natrão fundiram-se devido ao alto calor, produzindo vidro quando de seu resfriamento. O natrão atuaria como um *fundente*, diminuindo o ponto de fusão da areia. O relato de Plínio deve ser, provavelmente, apócrifo, mas sabemos que, por volta de 1500 a.C., os egípcios produziam garrafas de vidro. Uma descoberta que fizeram: adicionar calcário, ou carbonato de cálcio, fortalecia o vidro, tornando-o resistente à água. Esse, essencialmente, é o processo usado até hoje. Areia, soda (carbonato de sódio) e calcário são derretidos juntos, e a mistura, resfriada, forma *vidro de cal sodada*.

No século XVII, o inglês George Ravenscroft adicionou óxido de chumbo à mistura e produziu "vidro de chumbo", mais brilhante, mais fácil de derreter e mais adequado para soprar em moldes. Esse seria o tipo de vidro que o jovem Daniel Swarovski aprendeu a cortar nos anos 1880, quando trabalhava na pequena oficina de seu pai na Boêmia, hoje República Tcheca. Depois de participar de uma exposição especializada em produtos elétricos na cidade de

Paris, Swarovski desenvolveu e patenteou uma máquina de corte elétrica – algo que reduziu custos e tornou possível a produção das "joias de cristal", peças semelhantes a diamantes a preço acessível. Em 1895, Swarovski estabeleceu uma fábrica de lapidação de cristais na Áustria, com o objetivo de produzir "um diamante que fosse para todos". Ele sempre foi claro na questão de seus produtos serem feitos de vidro e apenas se assemelharem a diamantes. No entanto, a maneira específica como o vidro é formulado, cortado e triturado dotaria cada peça da joalheria por ele produzida de seu brilho. Obviamente, um segredo comercial muito bem guardado. Na atualidade, a empresa Swarovski conta com mais de 30 mil funcionários e uma receita anual superior US$ 4 bilhões.

Os cristais Swarovski apareceram pela primeira vez na tela de prata do cinema em 1932, quando pontilharam os figurinos de Marlene Dietrich em *A Vênus loura*. Em *E o vento levou*, de 1939, Vivien Leigh desfilou em um vestido salpicado de cristais Swarovski; já em *O mágico de Oz*, os sapatos mais famosos do mundo, as sapatilhas vermelho-rubi de Dorothy, brilharam com cristais Swarovski. Quando Marylin Monroe cantou "Diamonds Are a Girl's Best Friend"* em *Os homens preferem as loiras* (1953), não usava diamantes, mas uma variedade de joias Swarovski. O vestido que Marilyn utilizou quando fez uma serenata para o presidente Kennedy com sua interpretação ofegante de "Parabéns para você" no Madison Square Garden foi decorado com 2.500 cristais Swarovski. A tiara de Audrey Hepburn em *Bonequinha de luxo* (1961) ostentava os cristais da marca, bem como como a célebre luva de Michael Jackson. Liberace desfilou em trajes cravejados de Swarovski, e as pedras também ornavam os macacões de Elvis. O memorável lustre da versão cinematográfica de *O fantasma da ópera* (1943) era composto de US$ 1,2 milhão em cristais Swarovski.

Embora tenha sido o brilho claro, semelhante ao diamante, que tornou as joias Swarovski famosas, os cristais de hoje podem deslumbrar com cores. A adição de óxido de cobalto ao material fundido produz azul; óxido de cromo, verde; sulfeto de cádmio resulta em amarelo; pequenas partículas de ouro fornecem uma aparência vermelho-rubi. Em 2012, a empresa anunciou uma

---

* N.T.: Literalmente "Os diamantes são os melhores amigos de uma garota", canção de jazz cantada originalmente por Carol Channing na produção da Broadway *Gentlemen Prefer Blondes* (1949), composta por Jule Styne e Leo Robin. Na adaptação cinematográfica, o papel de Channing foi desempenhado por Marilyn Monroe.

grande mudança em seu processo de fabricação, com a eliminação do chumbo. Embora o chumbo seja terrivelmente tóxico, nunca houve qualquer risco para o consumidor nos cristais Swarovski. A mudança foi feita para evitar qualquer percepção de perigo diante da ampla publicidade dada aos riscos representados pelas tintas à base de chumbo e pela água contaminada pelo chumbo. O substituto para o óxido de chumbo é o óxido de bário, que fornece brilho comparável. É bem fácil dizer se um cristal é feito com chumbo ou bário, já que a última versão será consideravelmente mais leve. Hoje, a Swarovski expandiu sua produção para diamantes fabricados em laboratório, idênticos aos extraídos de fontes naturais.

Infelizmente, a história dos Swarovski não é tão brilhante quanto o material produzido pela empresa. Na década de 1930, os membros da família eram apoiadores entusiasmados do partido nazista. O filho de Daniel, Alfred, elogiou Hitler em reuniões de negócios e chegou a realizar doações em dinheiro para a construção de uma casa de férias para o Führer. Algo que tira um pouco do brilho de um espetacular conjunto de patos Swarovski em miniatura, que ganhei de presente certa vez.

Conversores catalíticos e crime

O Dr. William Hyde Wollaston não gostava de praticar medicina. Em 1797, ele declarou que se sentia um escravo da profissão e decidiu "transformar seu tempo em uma busca menos incômoda". Felizmente para o mundo, essa procura acabou sendo a química. Por causa de uma grande herança recebida de um irmão, Wollaston montou um laboratório dedicado ao seu projeto mais estimado: refinar minério de platina em lingotes puros do metal, o que conseguiu fazer por meio de uma sequência complexa de reações, tornando-se a primeira pessoa a comercializar metal puro.

Em 1803, durante o processo de purificação, Wollaston descobriu que o minério de platina continha traços de dois outros metais não percebidos anteriormente. Conseguiu, igualmente, purificá-los; batizou o primeiro deles de *paládio*, curiosamente em homenagem a Palas, um asteroide descoberto no ano anterior; o outro ganhou o nome de *ródio*, do grego "rosa", já que o precipitado contendo ródio, quando finalmente esse novo material foi isolado pela reação com zinco, era de uma cor *rosada*. Na época, o ródio era mera curiosidade; Wollaston não poderia imaginar que, cerca de 200 anos depois, ele se tornaria o mais precioso de todos os metais, valendo dez vezes mais que o ouro.

Mas qual é o motivo do ródio custar mais de US$ 500,00 por grama? Porque é um dos elementos mais raros existentes na crosta terrestre – além disso, é bastante difícil de isolar e tem alta demanda na indústria automobilística. Esse metal tornou-se componente essencial dos conversores catalíticos: dispositivos colocados no escapamento dos veículos movidos a gasolina e projetados para reduzir a poluição. A gasolina é uma mistura complexa de hidrocarbonetos, compostos constituídos essencialmente de carbono e hidrogênio. Quando é inflamada por uma faísca no cilindro do motor, a gasolina produz um grande volume de gases, que se expandem rapidamente e empurram para baixo o pistão, girando o virabrequim, que então atua sobre as rodas. Depois de realizar seu trabalho, os gases são expelidos pelo escapamento. A queima de hidrocarbonetos produz, principalmente, dióxido de carbono, além de certa quantidade de monóxido de carbono. O dióxido de carbono é o notório "gás do efeito estufa", diretamente relacionado ao aquecimento global, sendo que cerca de 20% da liberação total de dióxido de carbono é proveniente do transporte rodoviário. Os conversores catalíticos não são capazes de reduzir a emissão de dióxido de carbono, mas podem eliminar o monóxido de carbono – gás altamente tóxico –, convertendo-o em dióxido de carbono. Essa conversão depende da atividade catalítica de certos compostos de platina e paládio, em um suporte cerâmico. Contudo, dióxido de carbono e monóxido não são os únicos gases produzidos por um motor de combustão interna. A composição do ar inclui nitrogênio, em uma quantidade de aproximadamente 78%, além de 21% de oxigênio; com o aquecimento gerado pelo motor, esses gases podem se combinar para formar óxido nítrico e dióxido de nitrogênio.

Esses dois gases são grandes poluentes. Ao serem expostos à luz solar, reagem para produzir ácido nítrico – um componente importante da chuva ácida –, e também ozônio – um componente da poluição atmosférica. Os óxidos de nitrogênio também podem irritar olhos, nariz e garganta; é possível que provoquem até mesmo falta de ar. É nesse momento que surge o ródio. Quando esses gases passam por um catalisador formulado com esse metal, eles são convertidos em nitrogênio inócuo.

Um conversor catalítico contém apenas alguns gramas dos compostos de ródio, mas isso é o suficiente para tornar tais dispositivos atraentes para ladrões, que vendem tais mecanismos para a reciclagem ou para ferros-velhos, que aceitam comprá-los de forma bem pouco ética. Com o aumento desse tipo de delito, as autoridades passaram a pressionar os revendedores dispostos a comprar conversores usados. Infelizmente, os conversores catalíticos são bem fáceis de remover. Basta o ladrão rastejar debaixo de um carro com uma serra para, em poucos minutos, extrair o dispositivo. Se ele fizer o mesmo procedimento em um carro elétrico, ficará desapontado – pois esse tipo de veículo não queima gasolina e, portanto, não requer conversor catalítico.

A atividade catalítica dos compostos de ródio também pode ser empregada em outros contextos. O volume de produção do mentol é bastante considerável – pois ele pode ser utilizado como um componente de protetores labiais, remédios para tosse, descongestionantes, loções pós-barba, enxaguantes bucais, cremes dentais, doces, gomas de mascar, cigarros e perfumes. Trata-se de uma substância que pode ser isolada a partir do óleo de hortelã-pimenta ou produzida sinteticamente a partir do mirceno, um composto orgânico encontrado em diversas plantas. A conversão do mirceno em mentol é possível por meio de um catalisador de ródio. Assim como a síntese de levodopa, o medicamento usado para tratar a doença de Parkinson.

Em 2001, Stanley Knowles, pesquisador da Monsanto – à época, uma empresa farmacêutica –, recebeu o Prêmio Nobel de Química por sua descoberta da "síntese assimétrica", usando um catalisador de ródio. Algumas moléculas podem existir em duas formas, que são imagens espelhadas uma da outra, embora ambas possuam atividades fisiológicas distintas. Esse é o caso da levodopa: a chamada forma "esquerda" é muito mais ativa. Antes da síntese assimétrica de Knowles, era difícil produzir tal versão. Doravante, os pacientes de Parkinson poderiam agradecer a Knowles e seu catalisador de ródio pela melhoria em sua condição de vida.

Pacientes acometidos por doenças cardíacas e portadores de marcapassos implantados são outros beneficiados pelo ródio. Como seus parentes químicos platina e paládio, trata-se de um metal ideal para tais dispositivos internos, uma vez que não sofre corrosão e/ou rejeição pelo corpo.

Finalmente, o ródio pode ser usado para galvanizar joias. Uma camada extremamente fina pode tornar peças novas muito mais brilhantes e reluzentes, embora o brilho desapareça depois de algum tempo. Mas o revestimento de ródio não vai desgastar o recorde dado a Paul McCartney em 1979 pelo *Guinness*, o livro dos recordes, reconhecimento pelo fato dele ser o cantor e compositor de maior vendagem em todos os tempos. O ródio foi escolhido para indicar que essa conquista merecia mais do que ouro ou platina.

Encher o tanque – com hidrogênio

A rainha Vitória observou com espanto quando John Henry Pepper tomou uma garrafa aparentemente vazia e fez a seguinte proclamação: "Agora, o oxigênio e o hidrogênio terão a honra de se combinarem diante de Vossa Majestade!".

Logo depois, ele puxou a rolha e apontou o gargalo em direção a uma chama aberta. A rainha da Inglaterra e sua comitiva ficaram atônitos com o estrondo alto e o clarão. De fato, o hidrogênio que havia enchido a garrafa se combinou com o oxigênio do ar de forma espetacular. Era a década de 1850 e Pepper, diretor da Royal Polytechnic* em Londres, explicava para a monarca que os dois elementos reagiam para formar água, com a liberação de uma grande quantidade de energia. O hidrogênio poderia ser um excelente combustível, prosseguia Pepper, se sua produção fosse mais fácil. Infelizmente, na época,

---

* N.T.: Atualmente, Universidade de Westminster. A instituição anterior, Royal Polytechnic, foi fundada em 1838, sendo a primeiro centro de ensino politécnico do Reino Unido.

isso não era possível. Pepper produziu hidrogênio por um método descrito pela primeira vez em 1671 por Robert Boyle, considerado por muitos um dos pais da Química moderna.

Boyle descreveu como a adição de ácidos a limalhas de metal "expelia vapores abundantes e fétidos, que se inflamam com facilidade e queimam com mais força do que alguém poderia suspeitar no primeiro momento". Como o hidrogênio não tem cheiro, o fedor provavelmente era devido a impurezas do enxofre nas limalhas de metal, responsáveis por gerar sulfeto de hidrogênio – o odor de ovos podres.

Pepper não foi o único na época vitoriana a contemplar o uso do hidrogênio como fonte de energia. Júlio Verne, em seu romance clássico de 1874, *A ilha misteriosa*, colocou seu herói, um engenheiro naufragado, para especular que "a água, um dia, será empregada como combustível, e o hidrogênio e o oxigênio que a constituem, individualmente ou juntos, fornecerão uma fonte inesgotável de calor e luz".

Embora ainda não tenhamos chegado lá, a verdade é que gradativamente nos aproximamos da visão futurista de Verne. O hidrogênio é o combustível limpo definitivo, pois o único produto advindo de sua queima é a água. O Japão, visando uma "sociedade do hidrogênio", que minimizaria os combustíveis fósseis, simbolicamente escolheu o hidrogênio para criar a chama na pira olímpica. Quando o hidrogênio queima, átomos de oxigênio famintos por elétrons roubam estes do hidrogênio, e a combinação dos íons negativos do oxigênio e positivos do hidrogênio resulta na formação de água, com liberação de energia térmica em grande quantidade. Contudo, o hidrogênio não precisa ser queimado para produzir energia. Ele pode ser usado para produzir energia elétrica em uma célula de combustível – dispositivo que permite a combinação de hidrogênio e oxigênio sem combustão.

Uma célula de combustível consiste em um eletrodo negativo (ânodo) e um eletrodo positivo (cátodo) comprimidos em torno de um eletrólito, uma substância através da qual os íons podem viajar facilmente. O hidrogênio é canalizado para o ânodo, e o oxigênio, para o cátodo. No ânodo, um catalisador de platina faz com que o hidrogênio seja dividido em íons de hidrogênio positivos e elétrons, de carga negativa. Então, um fluxo desses elétrons é estabelecido através de um circuito externo, criando corrente, antes da absorção pelo oxigênio no cátodo para produzir íons de oxigênio carregados negativamente, que vão se combinar com os íons de hidrogênio vindos através do eletrólito formando, dessa forma, água. Ao contrário das baterias, as células de combustível não param de funcionar. Enquanto o hidrogênio e o oxigênio estiverem disponíveis, a corrente será gerada e pode ser usada para acionar um motor elétrico, alimentando um carro, ônibus, trem ou até mesmo um avião.

No entanto, há uma mosca na sopa do hidrogênio. Na atualidade, a maior parte da produção de hidrogênio – que se destina, em sua quase totalidade, para a síntese do fertilizante de amônia – se dá por meio da *reforma a vapor*. Nesse processo, gás natural (metano) reage com água para produzir hidrogênio; o problema, contudo, é que o dióxido de carbono, o notório gás de efeito estufa, também é produzido. Embora o dióxido de carbono possa ser capturado e sequestrado para o subsolo, tal procedimento representa um custo proibitivo. É por isso que o Santo Graal da produção de energia é o *hidrogênio verde*, produzido sem a utilização de qualquer combustível fóssil.

Como a maioria dos estudantes do ensino médio deve, ou deveria, saber, uma corrente elétrica faz com que a água se decomponha em hidrogênio e oxigênio. *Eletrólise*, termo cunhado por Michael Faraday, foi descoberta por William Nicholson e Anthony Carlisle em 1800, logo após Alessandro Volta ter introduzido a "pilha voltaica", essencialmente a primeira bateria. Ao tentar replicar o experimento de Volta, os químicos ingleses acidentalmente fizeram o contato dos fios da pilha com água e depois observaram a formação de gases que eram, no final das contas, oxigênio e hidrogênio. Isso levou ao nascimento da eletroquímica, ramo da química que trabalha com mudanças químicas produzidas pela eletricidade.

O hidrogênio verde pode ser produzido por eletrólise se a obtenção da eletricidade necessária ocorrer sem queima de combustíveis fósseis. O significado disso: energia solar, eólica, maremotriz ou hidrelétrica. O Japão já construiu o maior eletrolisador movido a energia solar do mundo para produção de hidrogênio; outros países, a Austrália em particular, estão seguindo esse exemplo.

A grande vantagem do hidrogênio é que ele pode ser armazenado e transportado sempre que se fizer necessário para uso em células de combustível. E quanto à segurança? O hidrogênio é altamente inflamável, e as discussões sobre seu uso frequentemente trazem à tona memórias do desastre de Hindenburg em 1937, no qual 35 pessoas morreram quando o dirigível explodiu em chamas ao pousar em Nova Jersey. Os tanques modernos de hidrogênio, feitos com fibra de carbono, são basicamente à prova de explosão. Mesmo se houver vazamento, a leveza do gás permite que ele se dissipe rapidamente no ar.

Embora o hidrogênio ainda não esteja definido para substituir os combustíveis fósseis globalmente, já existem incursões significativas. Nas Olimpíadas de Tóquio, em 2021, os atletas foram transportados por ônibus movidos a hidrogênio, enquanto a vila olímpica passou por um processo de conversão no maior bairro movido a hidrogênio do mundo, incluindo a construção de uma nova estação de energia desse gás. A Arábia Saudita está construindo uma cidade futurística, Neom – projetada para um milhão de habitantes –, que será totalmente alimentada por hidrogênio verde. No que diz respeito ao Canadá, os planos são ter mais de 5 milhões de veículos movidos a hidrogênio nas estradas até 2050. Jules Verne poderá, enfim, estar certo. Afinal, ele imaginou corretamente submarinos elétricos, automóveis e voos espaciais.

A batalha contra o cabelo crespo

Tudo começou no Rio de Janeiro, em 2003. As mulheres passaram a lotar salões de beleza depois que se espalhou a notícia sobre um novo tratamento capilar que dizia ser capaz de alisar o cabelo, reduzir o frisado, dar brilho e produzir maciez sedosa. O "tratamento de queratina brasileiro" era uma febre que, em pouco tempo, espalhou-se pelo mundo todo. Mas logo ele passou a ser alvo de controvérsia. Não que o tratamento não cumprisse o que prometia – o problema era o que vinha junto. Uma dose de formaldeído, conhecido cancerígeno.

Entender a ciência por trás do tratamento requer um curso rápido de química capilar. Então, vamos lá. O cabelo é composto de um tipo de proteína chamada queratina, formada por células chamadas queratinócitos, localizadas no bulbo capilar. Este, por sua vez, está localizado no folículo piloso, um tipo de cavidade na epiderme, que é a camada externa da pele. À medida que o cabelo cresce, as células se enchem de queratina e morrem; assim, a haste capilar se torna basicamente uma rede de moléculas de proteína. A genética dita a forma específica na qual as moléculas de queratina devem se reunir em estruturas tridimensionais; essa estrutura determina se o cabelo de um indivíduo será cacheado ou liso.

Proteínas são cadeias de aminoácidos que podem ser espiraladas de várias maneiras. A queratina assume a forma de uma hélice, que é mantida por *ligações de hidrogênio*, uma atração fraca entre átomos de oxigênio e hidrogênio em espirais adjacentes. Para complicar as coisas, essas hélices de queratina espiraladas são entrelaçadas de diferentes formas, como resultado da cisteína, um dos aminoácidos da queratina, quando estabelece ligação com outro fragmento de cisteína em uma parte diferente da cadeia. De maneira mais específica, são os átomos de enxofre na cisteína que formam pontes enxofre-enxofre. Alterar a forma do cabelo requer a interrupção das várias ligações responsáveis pela estrutura da queratina. Com essas ligações quebradas, as cadeias de proteínas ganham mais liberdade de movimento, podendo se moldar conforme as trações do pente ou com o uso de modeladores. Se, nesse ponto, as ligações responsáveis por manter a estrutura da queratina forem refeitas, a queratina e, portanto, as fibras capilares serão permanentemente remodeladas. O crescimento de novos cabelos não será afetado.

As ligações de hidrogênio são facilmente interrompidas apenas com exposição à água. É por esse motivo que o cabelo molhado pode ser moldado com mais facilidade. O calor, como o de uma chapinha, fará com que a água evapore e permite que as ligações de hidrogênio sejam recuperadas, mantendo o cabelo em sua nova forma até que surja umidade novamente. Para que a forma seja alterada permanentemente, as ligações enxofre-enxofre precisam ser quebradas e depois recuperadas após as moléculas de queratina passarem pela reconfiguração. O produto químico tradicionalmente empregado para quebrar tais ligações é o ácido tioglicólico, de odor bastante desagradável. A ligação dos átomos de enxofre em sua nova posição costuma ser realizada com peróxido de hidrogênio, um agente oxidante. Nas mãos de especialistas, os resultados são geralmente bons, mas o controle da interrupção e posterior formação de ligações não é fácil, e o tempo é crítico. Se a exposição aos produtos químicos for muito longa, algum dano ao cabelo poderá ocorrer; caso seja muito curta, os resultados provavelmente serão insatisfatórios.

O tratamento brasileiro com queratina alisaria o cabelo sem os danos que podem ser causados por tratamentos conhecidos como permanentes. Nesse processo, o cabelo molhado em primeiro lugar é penteado para que fique liso, antes de ser embebido em uma mistura de formaldeído e cadeias curtas de aminoácidos – chamados peptídeos –, derivados, em geral, da queratina existente na lã de ovelha. O formaldeído forma uma ligação entre a queratina e os peptídeos adicionados, impedindo que as moléculas de queratina retornem à sua forma original. Além disso, os filamentos de queratina realinhados são capazes de refletir a luz de forma muito eficiente, produzindo cabelos mais brilhantes e lustrosos.

Mas então qual seria a controvérsia? O formaldeído é um reconhecido carcinógeno e um irritante respiratório. A carcinogenicidade é uma preocupação legítima para cabeleireiros, frequentemente expostos ao produto, mas é improvável que seja um problema para seus clientes.

Em resposta a tais preocupações, diversos tratamentos de queratina "sem formaldeído" foram introduzidos. Por vezes, a propaganda deles é simplesmente desonesta. "Metilenoglicol" evita o uso do termo formaldeído, mas trata-se apenas da solução de formaldeído em água. "Metanal" e "aldeído fórmico" são nomes alternativos para formaldeído. Contudo, há tratamentos que, de fato, não contêm formaldeído, com nomes intrigantes como "botox capilar" ou "nanoplastia". Embora haja alguma ciência aqui, muitas vezes está afogada em exagero.

Na verdade, não há botox real envolvido – trata-se de um termo utilizado para evocar certa impressão de suavidade. "Nanoplastia" é uma expressão inventada, sem sentido, destinada a sugerir algum tipo de tecnologia inovadora. Normalmente, os produtos usados são baseados em queratina hidrolisada ou colágeno e algum produto químico diferente de formaldeído que realiza as ligações no cabelo. O ácido glioxílico ou a glioxiloil carbocisteína podem fazer isso e, embora o termo formaldeído seja evitado, esses produtos químicos podem, com o calor aplicado durante o procedimento, quebrar e produzir formaldeído, embora as quantidades sejam insignificantes. Em 2017, pesquisadores descobriram que sequências de peptídeos específicos, ao incorporarem resíduos de cisteína, podem fazer as ligações com a queratina sem que haja necessidade de um agente de ligação. Esses peptídeos podem ser facilmente fabricados, tendo potencial de alisar cabelos sem o uso de produtos químicos "agressivos".

Outra tecnologia interessante trabalha com a família de produtos aminopropiltrietoxisilano, que podem ser incorporados ao cabelo e endurecer em contato com água. Com nomes comerciais como Filloxane, Intra-Cylane e Fibra-Cylane, prometem dar volume ao cabelo, reduzir o frisado e manter o formato ao final do tratamento.

Pela importância que se dá à aparência do cabelo, é compreensível que haja grande competição entre os produtos, com cada um tentando criar um nicho com alguma formulação inventiva. Termos como nutrir, repor, redensificar, restaurar, reconstruir e reequilibrar não têm sentido quando aplicados ao cabelo, assim como "orgânico" ou "natural". "Atinge o DNA do cabelo", pura bobagem. Alguns produtos, divulgados como "livres de química", devem ser evitados, mesmo que seja com o intuito de enviar uma mensagem às empresas sobre o uso de uma expressão tão ridícula, verdadeira afronta à ciência.

O mal da desinformação

O ator Woody Harrelson aplaudiu as alegações de que a tecnologia 5G estaria, de alguma forma, ligada à covid-19. Steve Bannon, que dificilmente poderia ser visto como um modelo de vida saudável, recomenda evitar infecções virais usando um nebulizador duas ou três vezes ao dia, com uma mistura de solução salina e peróxido de hidrogênio, engolindo um terço de colher de chá de sal rosa do Himalaia e ingerindo grandes doses de zinco, vitamina D e probióticos. E também temos Gwyneth Paltrow, que trata seus sintomas persistentes de covid-19 com uma dieta "cetogênica e baseada em vegetais", envolvendo jejum até as 11 da manhã todos os dias, "numerosos aminos de coco", *kombucha* e *kimchi* sem açúcar, junto com suplementos Madame Ovary, que, surpresa, surpresa, são vendidos por ela mesma. Não deveria ser um choque o fato de que não existam evidências para nenhuma dessas supostas declarações de sabedoria, já que o *status* de celebridade não confere conhecimento científico. Mas quando médicos devidamente formados espalham bobagens não científicas, estamos diante de uma história diferente – com consequências potencialmente perigosas.

Começamos com Joe Mercola, médico osteopata, homenageado pelo Center for Countering Digital Hate (ONG voltada à contenção de discursos de ódio e desinformação on-line) como o desinformador número um dos EUA. Mercola tem um longo histórico de confronto com o FDA e recebeu inúmeras cartas de advertência por vender produtos sem evidências de eficácia. A mais recente o instruiu a "cessar imediatamente a venda de produtos não aprovados e não autorizados para a mitigação, prevenção, tratamento, diagnóstico ou cura da covid-19", citando falsas alegações feitas a respeito de produtos vendidos por Mercola, como Liposomal Vitamin C, Liposomal Vitamin D3, Quercetin e Pterostilbene Advanced.

No passado, Mercola recebeu advertências semelhantes direcionadas ao seu óleo de coco virgem Tropical Traditions, o qual ele alegava beneficiar pacientes com doença de Crohn e reduzir o risco de moléstias cardíacas. Ele também foi questionado a respeito de afirmações envolvendo outro de seus produtos, Vibrant Health Research Chlorella XP, que ajudaria "a eliminar quase completamente o risco de desenvolver câncer no futuro". Mercola afirmou, igualmente, que suas camas de bronzeamento reduziriam o risco de câncer e que as bobinas de metal nos colchões "na verdade atuam como antenas, atraindo e amplificando qualquer radiação que possa atravessar seu quarto". Tudo isso empalidece diante de sua recente cruzada contra as vacinas da covid.

Para apoiar seu ataque às vacinas, Mercola emprega comentários de diversos médicos devidamente escorraçados por cientistas tradicionais. A alegação de Vladimir Zelenko, que afirmou ter tratado com sucesso milhares de pacientes com covid-19 usando hidroxicloroquina (HCQ), azitromicina e sulfato de zinco, foi amplamente contestada. Tal sábio brilhante proclamava que havia "uma possibilidade considerável de que todos os vacinados contra a covid possam morrer de complicações nos próximos dois a três anos".

Richard Fleming, absurdamente rotulado como "pai da cardiologia nuclear moderna", foi condenado por dois crimes graves de fraude pela lei

O SURPREENDENTE MUNDO DA CIÊNCIA

federal; contudo, tornou-se outro farol da verdade para Mercola. Fleming acredita que as vacinas são uma arma biológica que levariam ao aumento dos sintomas de Alzheimer e causariam a doença do *príon*. Os príons são o tipo de proteína que pode fazer com que proteínas normais no cérebro se dobrem de forma anormal; assim, considera-se que foram a causa da chamada doença da vaca louca. Não há nenhuma evidência de que as vacinas tenham algo a ver com os príons.

Sherri Tenpenny é outra médica osteopata reverenciada por Mercola. Para ela, pessoas vacinadas infectam outras, mas tais infectados "não apresentam sintomas de covid que normalmente reconhecemos como covid, pois manifestam coágulos sanguíneos, dores de cabeça, doenças cardíacas". Tenpenny, encharcada em teorias da conspiração, promove a ideia de que microchips em vacinas se comunicam com torres de celular 5G e que as vacinas magnetizam as pessoas para que elas possam "manter uma chave aderida metalicamente na testa ou colheres e garfos por toda parte, e isso é possível pois acreditamos que existam peças de metal envolvidas". Pelo menos ela não afirmou que as colheres seriam dobradas após a experiência de magnetização. Mas eu sei que algumas mentes crédulas foram dobradas, de fato.

Guardei o *melhor* para o final. Steven Hotze é um médico raivosamente antigay, antivacina e promotor do *QAnon*,* que está à frente do Hotze Health & Wellness Center em Houston. Ele também é CEO do Liberty Center, organização política que alega que a pandemia da covid-19 é parte de um "ritual global" para "injetar nano-robôs experimentais e venenos químicos em nossos corpos, alterando dessa forma nosso DNA para, usando tecnologia de inteligência artificial, transformar todos nós em massas controladas, armas de guerra semelhantes a zumbis". Esse sujeito faz Mercola parecer um cara legal.

De acordo com Hotze, as vacinas são uma "terapia genética experimental produzida com a utilização de células derivadas dos bebês humanos abortados na década de 1970". Absurdo flagrante. Também afirma que, no primeiro mês de uso, as vacinas causaram milhares de casos de choque

---

*   N.T.: *QAnon* (muitas vezes, indicado apenas pela letra Q) é uma teoria da conspiração de extrema-direita, criada nos Estados Unidos, que alega haver um conluio secreto formado por pessoas "de esquerda", que incluiria adoradores do diabo, pedófilos e canibais. Esse grupo seria responsável por uma rede global de tráfico sexual infantil e por conspirações contra Donald Trump e os seus apoiadores antes, durante e depois de seu primeiro mandato.

anafilático. Besteira. Os dados mostram no máximo cinco casos por milhão. Hotze também vinculou a morte do grande jogador de beisebol Hank Aaron à vacina da covid, uma alegação apoiada por Robert Kennedy Jr., outro sábio antivacina. Aaron foi vacinado, mas não há absolutamente nenhuma razão para vincular sua morte à vacina. Aos 86 anos, ele já havia ultrapassado com folga a expectativa de vida média.

Assim como Mercola, Hotze também foi alertado pelo FDA da necessidade de corrigir imediatamente certas violações na promoção de seus produtos, como o Dr. Hotze's Kids Immune Pak:* tais peças de propaganda afirmavam que esse produto oferecia proteção contra o coronavírus. Anteriormente, tal virtuoso intelectual havia sido processado por dizer que sua linha de hormônios bioidênticos preveniria o câncer e que as pílulas anticoncepcionais tornariam as mulheres menos atraentes para os homens. Uau!

É difícil explicar como indivíduos com formação científica podem sair dos trilhos dessa maneira. Autoilusão, busca pela fama, perspectivas de ganho financeiro, educação pouco confiável, desconfiança impulsiva na ciência "estabelecida" e incapacidade de aceitar a possibilidade do erro são coisas que vêm à mente. O slogan de Hotze para vacinas é *Just say no* (Apenas diga não), roubado da campanha antidrogas de Nancy Reagan. Acho que também vou surrupiar. Quando se trata de comprar mentiras e desinformação espalhadas pelos especialistas sagazes que mencionei, apenas diga NÃO!

Turismo espacial

Com toda a publicidade em torno dos voos para o espaço de Richard Branson e Jeff Bezos, a impressão que temos é que esses homens são os pioneiros do turismo espacial. Na verdade, a honra de ser o primeiro turista espacial do mundo pertence ao milionário americano Dennis Tito, que em 2001 pagou US$ 20 milhões por uma viagem à Estação Espacial Internacional (ISS)

---

* N.T.: Literalmente, "Pacote de imunidade para crianças do Dr. Holze".

a bordo do um foguete russo Soyuz. Engenheiro aeronáutico que já trabalhou para o Laboratório de Propulsão a Jato da Nasa, Tito fez fortuna como gerente de investimentos.

Tito, que ficou cativado pelo voo orbital do cosmonauta soviético Yuri Gagarin em 1961, sonhava em seguir seus passos. Ele descreveu sua primeira sensação de ausência de peso como o maior momento de sua vida, e sua passagem pela ISS como "oito dias de euforia". Outros sete turistas espaciais seguiram esse mesmo caminho, pagando milhões de dólares aos russos até o fim de 2009, quando o programa do ônibus espacial dos EUA foi aposentado, deixando a nave russa Soyuz como o único meio de transporte para a ISS.

A ideia do turismo espacial foi ressuscitada no dia 12 de julho de 2021, quando Richard Branson, junto com três tripulantes e dois pilotos, subiu na SpaceShipTwo – aeronave em formato de asa com um único motor com propulsão de foguete, acoplada a um avião especialmente construído para carregá-la. A uma altitude de 15 quilômetros, o avião espacial foi liberado, seu motor acionado, impulsionando o veículo a uma altura de cerca de 80 quilômetros e permitindo que seus ocupantes experimentassem alguns minutos de ausência de gravidade antes de pousar, 14 minutos depois, em uma pista como se fosse um avião convencional.

Existe certa controvérsia sobre se esse teria sido, de fato, um "voo espacial", já que o ponto exato onde o espaço começa, do ponto de vista técnico, é bastante discutível. A maioria das agências reguladoras aceita a linha de Kármán, definida como 100 km acima do nível do mar, em média, como representando o limite entre espaço e nossa atmosfera. Essa fronteira recebeu seu nome em homenagem ao engenheiro aeroespacial Theodore von Kármán, o primeiro a fazer cálculos sobre onde a atmosfera realmente se esgota. Kármán nasceu na Hungria, se tornou professor na Universidade de Aachen, na Alemanha, mas por ser judeu foi forçado a fugir para a América, com a ascensão do nazismo. As Forças Armadas dos EUA e a Nasa consideram 80 quilômetros como a demarcação entre espaço e atmosfera terrestre; assim, seguindo essa medição, Branson e sua tripulação foram reconhecidos como astronautas.

A SpaceShipTwo é descendente dos aviões-foguete X-15, produzidos nas décadas de 1950 e 1960. Transportado por um bombardeiro B-52 modificado, o X-15 se separava antes do único piloto acionar um motor de foguete, que queimava seu combustível, amônia anidra, usando oxigênio líquido como agente oxidante. Essa reação produz nitrogênio e vapor de água, gases que escapavam do motor com grande velocidade. De acordo com a terceira lei de Newton, que para cada ação há uma reação igual e oposta, a aeronave era, então, impulsionada na direção contrária. Em 1963, um X-15 atingiu a altitude de 108 quilômetros – em essência, tornou-se uma nave espacial. O piloto experimentou alguns minutos de ausência de gravidade antes que propulsores de peróxido de hidrogênio orientassem o avião para a reentrada na atmosfera. *Flaps** aerodinâmicos, é claro, não funcionam nessa altitude, pois não há ar.

O voo de Richard Branson foi semelhante ao do X-15, mas o motor da SpaceShipTwo queimava polibutadieno terminado em hidroxila (HTPB), um tipo de plástico, sendo o oxigênio necessário fornecido por óxido nitroso – um composto que, em alta temperatura, decompõe-se para produzir oxigênio e nitrogênio. Em 1914, o pioneiro dos foguetes Robert Goddard sugeriu o uso de óxido nitroso, algo realizado pela primeira vez por Joseph Priestley em 1772, através da reação entre limalhas de ferro úmidas e óxido nítrico. No caso deste último, produzido pela queda de pedaços de ferro em ácido nítrico. Atualmente, a produção de óxido nitroso ocorre pelo aquecimento de nitrato de amônio.

Priestley não realizou experimentos subsequentes com aquilo que batizou de "ar nitroso diminuído", deixando o próximo passo do desenvolvimento desse gás para o brilhante químico Humphry Davy. O termo "gás hilariante" foi cunhado por Davy, quando percebeu os efeitos indutores de euforia dessa substância; ele também levantou a possibilidade de uso desse gás como analgésico. As festas com gás hilariante promovidas nas altas classes britânicas se tornaram rapidamente populares, mas o efeito analgésico não foi capitalizado até que o dentista americano Horace Wells introduziu o óxido nitroso na odontologia em 1844. Ele ainda é usado hoje para relaxar os pacientes antes dos procedimentos odontológicos.

No caso do voo de Jeff Bezos, uma tecnologia totalmente diferente estava em jogo. Dessa vez, não houve controvérsia sobre Jeff e seus três companheiros terem obtido asas de astronauta. O foguete New Shepard, que ganhou seu

---

* N.T.: *Flaps* (ou flapes) são dispositivos hipersustentadores, que consistem de abas, ou superfícies articuladas, existentes nos bordos de fuga (parte posterior) das asas de um avião.

nome em homenagem ao primeiro astronauta dos EUA, impulsionou a cápsula da tripulação a uma altitude de 107 quilômetros, passando de forma clara pela linha de Kármán.

O lançamento foi programado para o 52º aniversário do pouso da Nasa na Lua e, curiosamente, o foguete New Shepard possui semelhanças com o Saturn V, que impulsionou Armstrong, Aldrin e Collins em direção ao nosso satélite, pois ambas utilizaram hidrogênio líquido como combustível e oxigênio líquido como oxidante. O voo total levou apenas cerca de 11 minutos, com a cápsula realizando um pouso suave no deserto graças ao uso de paraquedas e retrofoguetes. O propulsor – e isso foi mesmo impressionante – também fez um pouso bem-sucedido após ter esgotado seu combustível, pronto para ser utilizado novamente.

O palco agora está pronto para futuros turistas espaciais com o foguete SpaceX de Elon Musk, capaz de realizar voos orbitais; ou seja, pronto para se juntar à corrida. Então, todos a bordo. Bem, talvez não todos. São necessários bolsos fundos para uma passagem: US$ 250.000 para um voo a bordo da SpaceShipTwo, e vários milhões se você quiser viajar nos foguetes Blue Origin, de Bezos. Custos que atingem altitudes consideráveis, por assim dizer.

O pai da Medicina moderna

Sir William Osler certa vez expressou a esperança de ser reconhecido, em sua lápide, como o homem "que trouxe estudantes de medicina para as enfermarias, e o ensino, às cabeceiras dos leitos". Seu desejo nunca se realizou por uma simples razão: ele não obteve sua lápide. As cinzas de Osler repousam em uma urna na Biblioteca de Medicina Osler, na Universidade McGill, talvez o local de descanso final mais apropriado para um dos graduados mais famosos de tal universidade.

Osler, doutor em Medicina no ano de 1872, retornou à Universidade McGill como professor em 1874, quando introduziu a ideia do "clube de periódicos", no qual estudantes de medicina se reuniam para discutir os últimos artigos publicados em diversos campos de pesquisa. Trata-se de algo que, atualmente, virou parte integrante da educação médica. Dez anos depois, ele se mudou para a Universidade da Pensilvânia, como docente de medicina clínica e, em 1889, tornou-se o primeiro chefe de gabinete do novo hospital Johns Hopkins. Osler terminou sua carreira na Universidade de Oxford antes de sucumbir à gripe espanhola, durante a epidemia de 1919, aos 70 anos.

Considerado o "pai da Medicina moderna", Osler é reverenciado por suas contribuições para a formação dos médicos. Seu livro *The Principles and Practice of Medicine* (Princípios e práticas da Medicina) esteve presente nos estudos de legiões de médicos ao redor do mundo. Osler afirmava que os estudantes de medicina passavam muito tempo ouvindo palestras teóricas e insistia que seus alunos fossem aos leitos dos pacientes logo no início de sua formação. Estabeleceu a prática de rotações clínicas para estudantes de medicina do terceiro e quarto ano e introduziu a ideia de residência, pela qual médicos recém-formados iniciavam suas carreiras em hospitais em um sistema de pirâmide, recebendo ensinamentos de médicos mais experientes e, da mesma forma, ensinando os mais jovens.

Sob o pseudônimo de Egerton Yorrick Davis, Osler também escreveu artigos bem-humorados. Em um desses textos, relatou o suposto fenômeno *penis captivus*, no qual se tornaria impossível retirar o pênis após a atividade sexual. Provavelmente incomodado pela facilidade com que aquele absurdo fora publicado, Osler pretendeu provar seu ponto enviando esse artigo para o *Philadelphia Medical News*, que o publicou sem fazer qualquer crítica. De muitas maneiras, o impacto de Osler na Medicina é indiscutível, mas, infelizmente, há esqueletos no armário do grande médico.

A primeira mancha em sua carreira formidável pode ser rastreada em um discurso feito na cidade de Baltimore, o qual provocou indignação global com suas observações sobre a "inutilidade comparativa de homens acima de 40 anos de idade". Osler fez referência a um romance de 1882 escrito por Anthony Trollope, de título *The Fixed Period* (Período determinado), no qual pessoas são exoneradas de suas funções aos 68 anos para, assim, permitir que o talento juvenil assuma o controle. Foi nesse ponto que ele fez uma piada de improviso sobre utilizar clorofórmio em pessoas por volta dos 60 anos, uma vez que haviam ultrapassado seu período útil. Quando os jornais relataram esses comentários, fora de seu contexto, o público ficou furioso, e o termo *oslerize* foi cunhado para descrever o extermínio de idosos. O médico se tornou alvo do que hoje chamaríamos de *cultura do cancelamento*, pois recebeu verdadeira enxurrada de correspondências repletas de ódio, que incluíam até frascos de clorofórmio com a mensagem de que deveria usar em si mesmo.

Qualquer sugestão de que Osler tenha considerado seriamente a eutanásia para idosos é um absurdo. Contudo, defendeu a aposentadoria precoce, alegando que o mundo estava pior por permitir que tantos idosos permanecessem em posições de poder e influência. De fato, defendia a visão de que o "verdadeiro trabalho da vida é realizado antes do quadragésimo ano". Suspeita-se de que ele teria olhado com algum desprezo para a corrida presidencial americana de 2020.

Muito mais sérios do que as acusações de preconceito por conta da idade são alguns comentários de Osler que não podem ser descritos de outra forma senão como racistas. "A questão conosco é o que devemos fazer quando os homens amarelos e marrons começarem a aparecer", escreveu ele. "Odeio latino-americanos", teria dito, e, em um ensaio de sátira, utilizando seu pseudônimo, descreveu algumas práticas obstétricas indígenas de forma depreciativa, dizendo que "toda tribo primitiva retém hábitos animais e vis, ainda não eliminados no progresso da raça".

Por outro lado, Osler defendia as mulheres na medicina, embora também fizesse comentários questionando a competência delas. Ele também escreveu o seguinte: "O médico deve atender os doentes; assim, ao não diferenciar judeu ou gentio, cativo ou liberto, talvez possa se elevar acima de tais diferenças que isolam e que nos obrigam a viver separados". Está longe de ser uma afirmação racista.

As visões de Osler sobre medicina constituem um manancial de citações. "É muito mais importante saber que tipo de paciente tem determinada doença do que o tipo de doença que acomete um paciente qualquer." "O bom médico trata a doença; o grande médico trata o paciente que tem a doença." "A Medicina é ciência da incerteza e arte da probabilidade." E para os alunos: "Tenho uma confissão a fazer: metade do que ensinamos a vocês está errado; além disso, não podemos dizer qual metade é". Pronto!

Então, como devemos lembrar o legado de Sir William Osler? Tratava-se de um médico com inteligência e percepção revolucionária, especialmente no que dizia respeito ao ensino da Medicina, mas, como a maioria de nós, fez alguns comentários que provavelmente gostaria de nunca ter feito. Osler merece seu lugar no pedestal da ciência médica, mas deve ficar claro que há algumas rachaduras.

James Bond e o baiacu

O FBI montou uma armadilha perfeita. Assim que Edward Bachner pegou o pacote em sua caixa postal em Chicago, certo dia em 2008, foi preso, acusado pela intenção de usar um agente biológico como arma. Um trabalhador astuto da empresa de fornecimento de produtos químicos, da qual Bachner havia encomendado, de forma pouco usual, quantidade considerável de tetrodotoxina, ficou desconfiado e alertou o FBI. Esse produto químico altamente tóxico costuma ser produzido por vários animais, como o polvo-de-anéis-azuis, o tritão-de-pele-áspera (*Taricha granulosa*), alguns sapos conhecidos por fornecerem toxinas aos "dardos venenosos" de certas tribos na América do Sul e, mais notavelmente, o baiacu. Geralmente aquela substância é fornecida para pesquisa neurológica em pequenas quantidades, mas Bachner havia comprado o suficiente para envenenar dezenas de pessoas.

Uma rápida investigação revelou que, para fazer o pedido, Bachner se apresentou falsamente como médico de um laboratório fictício, que já havia pedido tetrodotoxina antes e também fizera um seguro de vida de US$ 20 milhões para a esposa. Após a prisão, os agentes revistaram a casa de Bachner e encontraram diversas armas, bem como um livro que abordava quantidades eficazes de substâncias para envenenar pessoas.

A tetrodotoxina é uma toxina neurológica extremamente potente e estável ao calor, cujo funcionamento se dá através do bloqueio da passagem de íons de sódio através das membranas celulares. Esses íons desempenham um papel crítico na transmissão de impulsos nervosos: a interferência em sua atividade resulta em sinais enviados pelos nervos que não são transmitidos aos músculos. Se a tetrodotoxina entrar na corrente sanguínea humana, causa dormência quase imediata dos lábios e da língua, progredindo rapidamente para paralisia muscular geral. A morte ocorre por asfixia, pois os músculos necessários para a função pulmonar são, por fim, paralisados.

O baiacu também é chamado de "peixe-balão"; recebe esse nome pela habilidade de inflar seu corpo como um balão quando ameaçado, expondo espinhos afiados e carregados de tetrodotoxina em sua pele. Se o eventual predador não for dissuadido pelos espinhos e tentar fazer uma refeição do peixe, provavelmente será sua última. Os humanos também são predadores de baiacus, já que a sua carne é considerada uma iguaria exótica, especialmente no Japão. A preparação do fugu, como o prato de baiacu é conhecido, deve ser feita com muito cuidado para garantir que todas as partes que contêm toxinas sejam totalmente removidas. Os chefs são cuidadosamente treinados e têm que provar sua competência comendo um prato de fugu que eles mesmos prepararam antes de serem autorizados a servir clientes em um restaurante.

Graças a esse treinamento intensivo, os acidentes em restaurantes são muito raros na atualidade, mas ocorrem ocasionalmente. Testemunhe, por exemplo, as aflições de Homer Simpson, estrela do seriado animado *Os Simpsons*. Homer se torna vítima de envenenamento por fugu – preparado inadequadamente por um aprendiz que é pressionado a trabalhar enquanto o mestre-cuca se envolve em façanhas sexuais atrás do restaurante. Quando dizem que tem 22 horas de vida, Homer passa pelos cinco estágios do luto. Felizmente, contudo, ele sobrevive, como ocorre com algumas pessoas. James Bond, o célebre agente secreto de Ian Fleming, também sobreviveu a uma luta com tetrodotoxina, mas precisou de alguma ajuda da ciência. No romance *Da Rússia, com amor*, de Fleming, Bond confronta um agente russo que usa uma bota na qual está oculta uma pequena lâmina retrátil revestida com tetrodotoxina. Então, Bond é atingido por um chute rápido na canela; na conclusão do romance, há uma dúvida repassada ao leitor: 007 sobreviveu ou não? Somente no romance seguinte, *007 contra o satânico Dr. No*, descobrimos que Bond recebeu ventilação artificial imediata, o que é fundamental para que sobreviva à tetrodotoxina. Um médico o diagnosticou com envenenamento por curare e administrou o tratamento apropriado. Aqui, a ciência de Fleming pode ser questionada.

Curare é uma neurotoxina extraída de uma videira que cresce nas selvas da América do Sul. Essa substância possui um histórico de utilização como veneno em flechas. Como a tetrodotoxina, é uma neurotoxina, mas funciona por um mecanismo diferente. Tubocurarina, o ingrediente ativo do curare, produz paralisia ao bloquear a ação do neurotransmissor acetilcolina. Tal bloqueio pode ser revertido com medicamentos como a fisostigmina, que inativa a acetilcolinesterase, enzima normalmente associada à degradação da acetilcolina. Como resultado, os níveis de acetilcolina aumentam o suficiente para deslocar o curare dos receptores. Entretanto, os inibidores da acetilcolinesterase não funcionariam no caso de envenenamento por tetrodotoxina, uma vez que a acetilcolina não está envolvida. Na verdade, não existe antídoto para o envenenamento por tetrodotoxina. Aparentemente, Bond não se abalou com seu encontro com a morte, pois em *Só se vive duas vezes* ele tem em seu jantar justamente o fugu.

E o que aconteceu com Edward Bachner? Foi condenado a quase oito anos por adquirir ilegalmente material perigoso, mas não foi acusado de tentativa de homicídio. A defesa argumentou que ele se envolveu em um jogo de fantasia bizarro no qual pretendia demonstrar como um assassinato empregando produto químico venenoso poderia ser realizado, mas nunca teve a intenção de realmente seguir adiante. Sua esposa o apoiou, dizendo que nunca acreditou que seu marido tivesse qualquer intenção de machucá-la. A tetrodotoxina fez outra aparição nos filmes de Bond, *007 contra Octopussy*, em que a personagem por quem Bond se interessa tem o nome inspirado no polvo-de-anéis-azuis – criatura venenosa que ela mantém como animal de estimação. Como era de se esperar, o polvo faz seu trabalho e se enrola no rosto de um vilão. Uma morte tentacular.

Guta-percha, bengalas e golfistas de nogueira

Na década de 1800, os elegantes cavalheiros europeus usavam cartola e levavam uma bengala, que servia tanto como acessório decorativo do traje quanto como item de autodefesa contra crimes de rua. Embora não fossem tão populares quanto na Europa, as bengalas também faziam parte do cenário americano, assumindo o papel de símbolo de *status*. Em um caso específico, porém, a bengala não era usada como proteção contra crimes, mas para cometer certo delito.

Essa bengala, ou pelo menos uma parte quebrada dela, pode ser vista em exposição na Old State House, em Boston. Há duas características interessantes nessa relíquia, uma cientificamente notável e outra historicamente perturbadora. A bengala é feita de guta-percha, o látex endurecido da árvore *Palaquium gutta*, nativa da Malásia. É uma substância termoplástica natural – ou seja, pode ser amolecida com calor e moldada em uma fôrma que é mantida no resfriamento. A guta-percha foi introduzida na Europa em 1842 por William Montgomerie, um cirurgião que servia no Exército britânico nas Índias Orientais e que originalmente havia encontrado a substância em Cingapura, onde era empregada na feitura dos cabos de facões. Montgomerie imaginou que essa substância seria útil para produzir cabos de dispositivos médicos, bem como talas para fraturas.

A sociedade vitoriana rapidamente adotou a guta-percha. Peças de xadrez, estojos de espelho e joias eram fabricados com a látex dela; dentistas descobriram que era útil para preencher cavidades dentárias. Mas o maior impacto, talvez, tenha sido no jogo de golfe. À época, as bolas do esporte eram feitas de couro com penas – dispendiosas e não exatamente aerodinâmicas. Bolas feitas de guta-percha eram mais baratas e voavam mais longe. Quando amassadas, essas *gutties*, como eram chamadas, podiam ser reparadas: após serem amolecidas em água fervida, eram remodeladas em uma prensa manual. A sua popularidade aumentou após uma descoberta: ranhuras feitas na superfície permitiam que elas voassem ainda mais longe. As *gutties* eram as bolas preferidas até por volta de 1900, quando foram substituídas pela *Haskell*, feita de um núcleo sólido de borracha enrolado firmemente com fios de borracha.

Curiosamente, a borracha, que também é um exsudato de uma árvore, e a guta-percha têm estruturas moleculares quase idênticas. Ambas são polímeros de molécula simples, o isopreno – ou seja, podem ser denominadas poli-isoprenos –, mas diferentes "dobras" nas moléculas longas, chamadas "cis" ou "trans", permitem propriedades diferentes. Enquanto a guta-percha é termoplástica, a borracha é termoendurecível, o que significa que, uma vez moldada em determinado formato, não pode ser remodelada com calor. A borracha usada nas bolas Haskell era vulcanizada, um processo introduzido por Charles Goodyear, que descobriu que tratar borracha natural com enxofre permitia a transformação desse material em algo muito mais duro, pois os átomos de enxofre reticulam as unidades de poli-isopreno cis para formar um látex resistente.

Michael Faraday, o brilhante cientista inglês que realizou vários experimentos com eletricidade, descobriu que a guta-percha era um excelente isolante; essa propriedade permitiu que fosse usada como revestimento para os novos cabos telegráficos. Em um empreendimento monumental de engenharia, ocorrido entre 1854 e 1858, o primeiro cabo telegráfico transatlântico, isolado com guta-percha, foi instalado. Infelizmente, apresentou problemas em pouco tempo. Em 1865, contudo, melhorias na tecnologia resultaram em um cabo telegráfico isolado com guta-percha funcionando corretamente, o que permitiu que mensagens fossem enviadas entre os continentes em poucos minutos. Antes disso, a comunicação era feita por navios e podia levar semanas. A guta-percha provou ser um grande triunfo e serviu bem até ser substituída pelo isolamento de polietileno.

Agora, voltemos àquela bengala de guta-percha exibida na Old State House de Boston. Ela foi usada no famoso caso *Fustigação de Charles Sumner*, uma mancha significativa na história americana. Em 1856, o senador democrata Preston Brooks atacou brutalmente com sua bengala o republicano Charles Sumner em pleno Senado, no Capitólio. Sumner, um abolicionista dedicado, fez um poderoso discurso contra a escravidão, que era aprovada por Brooks. O ataque foi tão violento que a bengala de guta-percha utilizada por Brooks se partiu em pedaços, alguns dos quais foram recuperados do plenário do Senado e cortados em anéis que os legisladores do Sul usavam em correntes ao redor do pescoço para mostrar sua solidariedade a Brooks, que se gabava de que as pessoas imploravam por pedaços de sua bengala como relíquias sagradas. A surra foi seguida de manifestações em cidades do Norte para apoiar Sumner, e no Sul, para apoiar Brooks. Aquela bengala de guta-percha seria um lembrete gritante da divisão nos EUA que levou à Guerra Civil, uma divisão que existe até hoje, embora baseada em ideologias distintas daquelas que havia naquela época.

|177|

Guta-percha é, em grande parte, uma relíquia do passado, tendo sido substituída por grande variedade de polímeros voltados ao alto desempenho. Exceto em uma aplicação: ela ainda é usada na odontologia, embora não para preencher cavidades como antigamente. Guta-percha é o melhor material para preencher canais radiculares após a remoção de tecido doente. E ainda há um mercado para bolas de golfe de guta-percha, pois há os golfistas de nogueira (*hickory golfers*), uma comunidade global de proporções surpreendentemente consideráveis, que adquirem essas bolas para jogar partidas da forma como eram disputadas nos anos 1800. Usam apenas tacos com hastes de madeira de nogueira em vez de metal e *gutties* feitas por um processo semelhante àquele dos dias nostálgicos do passado, quando uma tacada de 160 jardas era o melhor que se podia esperar.

John Dee e 007

A encenação é incrível. Trigeu monta em um besouro mecânico gigante para depois voar até o palácio dos deuses. Essa cena, da peça *A paz*, de Aristófanes, seria espetacular no palco da Broadway nos dias de hoje, mas o que é realmente impressionante é que ela foi encenada em 1547 no Trinity College, em Cambridge. O cérebro por trás desse espetáculo era John Dee, um jovem membro do corpo docente que imediatamente ganhou reputação de feiticeiro, uma vez que o público não conseguia acreditar que um efeito tão espetacular pudesse ser produzido por meios normais.

Dee seguiria adiante, erigindo sua carreira como matemático, astrônomo, especialista em navegação, cartógrafo, colecionador de livros e alquimista. Certamente se qualificaria como um cientista se a descrição de seus interesses terminasse aí. Mas não termina. Embora o besouro de Cambridge não tivesse nada a ver com feitiçaria, mais tarde Dee acabaria por justificar a reputação que havia ganhado, pois se envolveu com astrologia, explorando contatos com o mundo espiritual e mergulhando na adivinhação. Uma curiosa mistura de ciência e ocultismo.

Em 1558, Dee consolidou seu *status* como vidente ao aconselhar a jovem princesa Elizabeth a não se desesperar porque, "como os deuses me indicaram, tu te tornarás rainha em cerca de quatro meses" De fato, exatamente quatro meses depois, Mary Tudor morreu, permitindo que Elizabeth subisse ao trono. Por gratidão, a rainha nomeou Dee seu astrólogo e conselheiro pessoal.

Em pouco tempo, John Dee provou ser tão útil que recebeu a tarefa de reunir informações sobre governantes estrangeiros e de reportar essas investigações diretamente à rainha. Um agente secreto, por assim dizer. Esses relatórios não eram assinados pela rubrica do nome de Dee, mas sim com um símbolo: dois círculos flanqueados por duas linhas, uma horizontal e outra vertical, que podem ser interpretados como o número sete. Os círculos, supostamente, representavam olhos, o que significava que o relatório era apenas para os olhos de Sua Majestade. O número sete estava lá porque era o número da sorte dos alquimistas. E aí temos o primeiro agente secreto, codinome 007. Foi desse detalhe que Ian Fleming tirou a ideia para 007? John Dee foi a inspiração para James Bond? Nunca saberemos porque Fleming não está mais conosco. Uma teoria alternativa é que a pesquisa de Fleming sobre atividades de espionagem revelou um dos grandes sucessos britânicos durante a Primeira Guerra Mundial – a quebra de um código alemão, que os britânicos chamavam 0070. Fleming apenas encurtaria para 007. Dado o apreço de Dee pela química, prefiro a primeira hipótese.

Está documentado em célebre pintura de Henry Gillard Glindoni, que data do século XIX: na representação do pintor, a rainha Elizabeth e seus cortesãos observam Dee realizar um experimento químico. É possível ver, de forma bem nítida, "o mago da rainha" despejar alguma substância de um frasco em um braseiro em chamas. Trata-se de algo que lembra uma demonstração comumente realizada em aulas de química, quando borrifamos pó de licopódio em uma chama. Dee documenta outros experimentos químicos em seus escritos, incluindo a fabricação de cloreto de prata. Embora não esteja totalmente claro, parece que o processo adotado foi realizar uma reação de prata com ácido nítrico para formar nitrato de prata, e então produzir cloreto de prata de outra reação, dessa vez com sal, cloreto de sódio.

O interesse de Dee em questões relacionadas à química torna-se mais evidente por sua associação com Edward Kelley – infame ocultista, autodeclarado médium espírita e alquimista. Tendo sido condenado por falsificação, as orelhas de Kelley foram cortadas como punição, e o vemos na pintura de Glindoni com um chapéu cobrindo sua mutilação. Kelley procurou Dee em 1582, oferecendo sua ajuda como médium depois de ouvir a respeito dos esforços feitos pelo "mago da rainha" em prever o futuro olhando para um espelho. De fato, Dee apreciava essa busca por "vidência" empregando um espelho feito de obsidiana, uma rocha vulcânica. Kelley alegou possuir a habilidade de entrar em contato com os anjos, que auxiliariam na interpretação das visões de Dee em seu espelho.

O espelho supostamente utilizado por John Dee está em exposição no Museu Britânico, junto com sua bola de cristal. Espelhos de obsidiana foram introduzidos na Europa por exploradores espanhóis, que encontraram nativos mexicanos usando tais objetos para adivinhação. A rocha obteve o brilho necessário ao ser friccionado com, e isso é bem curioso, excrementos de morcego. Como os morcegos digerem apenas parcialmente os insetos que comem, resíduos dos exoesqueletos dos insetos estão presentes nas fezes desses animais, fazendo delas um material abrasivo funcional para polir rocha vulcânica. Também em exposição no Museu Britânico está uma tábua de argila com todos os tipos de símbolos ocultos que Kelley usava em suas comunicações com anjos. Ele interpretaria as mensagens para Dee, incluindo uma célebre transcrição a respeito da necessidade de compartilhar todas as posses terrenas, incluindo esposas. E, sim, isso significa que Dee e Kelley começaram a se envolver em troca de esposas. Um dos filhos de Dee pode realmente ter sido gerado por Kelley.

Dee e Kelley viajaram pela Europa – enquanto Dee predizia o futuro e demonstrava fenômenos científicos, Kelley tentava transformar metais em ouro com um pó mágico que alegava ter descoberto. Na Boêmia, Dee chegou a ser preso por um tempo, uma vez que não foi capaz de produzir ouro como prometido. Logo caiu em desgraça, quando Elizabeth foi sucedida por Jaime I, que abominava adivinhação e qualquer coisa relacionada ao ocultismo. O enigmático polímata que um dia fora o preferido da corte real morreu na pobreza.

Uma análise recente feita por raio-X da pintura de Glindoni mostra que, originalmente, Dee estava cercado por um círculo de crânios – provavelmente, o pintor pretendia retratar que, ao mesmo tempo que Dee buscava ciência, também tinha envolvimento com o ocultismo. Talvez o patrono que encomendou a pintura não tenha gostado dessa associação e pediu para o artista para modificar a obra. Glindoni cobriu os crânios, mas, talvez irritado, manteve a conexão oculta ao substituir um globo na pintura original por Kelley. Mas eu só queria que ele tivesse escondido um 007 em algum lugar.

Cerejas marrasquino

Banana split com uma cereja no topo. Essa foi a primeira sobremesa que comi no Canadá. Claro, tínhamos sorvete na Hungria, mas eu nunca tinha visto uma banana. E, certamente, também nada parecido com a cereja deslumbrante que praticamente brilhava em cima das enormes bolas de sorvete encharcadas de chocolate. Meu primeiro encontro com uma cereja marrasquino. Não seria o último. Mas seria a química, não o sabor, desse pequeno e exótico espécime que terminaria por atrair minha atenção.

O local de nascimento da cereja marrasquino, tão frequente e sedutora em muitos coquetéis, é o laboratório. Sua ancestralidade, no entanto, remonta a 1905, quando as cerejas pretas marasca, preservadas em um licor adoçado com açúcar, foram apresentadas pela destilaria Luxardo, na Croácia. Esse licor, batizado de *maraschino*, era feito de uma mistura fermentada de cerejas, caroços, folhas e talos, daí o nome da cereja banhada nele. Ao contrário das cerejas frescas que se machucam e estragam facilmente, as do tipo marrasquino ficam bem conservadas e suportam serem transportadas sem maiores problemas. No final dos anos 1800, cruzaram o Atlântico e, com seu talento para seduzir clientes de bar, logo conquistaram os corações dos atendentes.

Como a importação de cerejas marrasquino europeias era dispendiosa, os americanos começaram a experimentar versões mais baratas empregando uma engenhosidade típica. Assim, tendo em vista que as cerejas marasca eram escassas no Novo Mundo, a variedade *Royal Ann* foi escolhida, tendo desde então sido testados e implementados os mais diversos métodos de preservação, além da imersão em álcool. Uma solução de metabissulfito de sódio, nesse sentido, funcionou muito bem. Havia um problema, porém: o dióxido de enxofre liberado destruía a cor e o sabor da fruta. Corantes sintéticos de alcatrão de hulha resolveram o problema da cor, enquanto benzaldeído foi adicionado para realçar o sabor. Benzaldeído é o sabor característico das amêndoas, mas também ocorre naturalmente nas cerejas. Quando usado como aditivo, costuma ser produzido sinteticamente, mas isso é irrelevante. Benzaldeído é benzaldeído, seja extraído de fontes naturais ou produzido em laboratório.

Essas imitações de cerejas marrasquino não pareciam nem tinham gosto semelhante ao original, mas serviam bem como colírio para os olhos em bebidas e em cima de sorvetes. Na verdade, elas eram mais do que apenas colírio para os olhos – saturadas de açúcar para satisfazer ao paladar americano, estavam mais próximas de um doce do que de uma fruta.

Havia ainda outro problema. Com o tempo, essas cerejas tendiam a ficar moles. Em 1911, um crítico gastronômico infeliz opinou que a "longa prisão em uma garrafa" reduzia essas cerejas manipuladas quimicamente "a um caroço informe e pegajoso" e previu que essa "abominação" desapareceria assim que "seu total absurdo fosse manifestado".

Mas as cerejas não desapareceram, devido em grande parte ao trabalho do professor Ernest Wiegand, no Oregon Agricultural College, atualmente Universidade do Estado do Oregon. Em 1925, Wiegand passou a se concentrar na questão dessa "aptidão", com seus esforços sendo bem-vindos em um estado onde os fazendeiros haviam investido pesadamente no cultivo de cerejas *Royal Ann*. Até hoje, a Universidade oferece um curso completo sobre a cereja marrasquino.

Wiegand trabalhou por seis anos antes de fazer seu achado: a descoberta de que o cloreto de cálcio, adicionado à solução de branqueamento de metabissulfito, reticulava polímeros de pectina na polpa das cerejas, resultando em uma textura firme. A flacidez desaparecera. O Dr. Wiegand também introduziu benzoato de sódio e sorbato de potássio para evitar contaminação microbiana, além de demonstrar que, com pH abaixo de 4,5 na mistura, caso a bactéria *Clostridium botulinum* estivesse presente seria incapaz de produzir botulina altamente tóxica.

Na época, o corante vermelho mais adequado era o Vermelho nº 4, aprovado pela FD&C,* mas seu uso trouxe um problema em 1965, quando um estudo

---

* N.T.: Sigla para Lei Federal de Alimentos, Medicamentos e Cosméticos dos Estados Unidos.

em cães o relacionou à toxicidade da glândula adrenal e da bexiga, embora em níveis muito mais altos do que os encontrados em cerejas marrasquino. Foi substituído pelo Vermelho nº 40 (Vermelho Allura) ou Vermelho nº 3 (Eritrosina); esses dois últimos corantes levantavam poucas preocupações, pois seus metabólitos seriam excretados na urina. Foram levantadas questões sobre a ação de certos corantes sintéticos, que possivelmente afetariam o comportamento das crianças; mas aquela cereja no sorvete não faria nenhuma criança pular nas paredes.

A essa altura, é possível que muitos leitores estejam pensando que a versão atual da cereja marrasquino pertença à categoria *Frankenfood*,* perguntando a si mesmos se as cerejas Luxardo originais ainda estariam disponíveis. Sim, estão, de fato. Durante a Segunda Guerra Mundial, a destilaria foi quase totalmente destruída e muitos membros na família Luxardo, mortos. Giorgio Luxardo sobreviveu e, levando algumas mudas de cereja marasca, migrou para a Itália. Logo, uma nova destilaria produzia o licor Maraschino Originale, bem como as lendárias cerejas. Sem corantes, aromatizantes ou conservantes artificiais. Sem economizar açúcar, contudo.

Muita gente se pergunta sobre a presença de cianeto, porque os caroços de cereja fazem parte da receita do licor, e, ao serem esmagados, liberam benzaldeído e cianeto de hidrogênio. Uma curiosidade aqui é que tanto o benzaldeído quanto o cianeto de hidrogênio têm cheiro de amêndoas amargas. Lembra daquelas histórias de mistério em que um detetive detecta o cheiro de amêndoas na boca de um cadáver e conclui que um assassinato foi cometido? Não precisa se preocupar com licor de marrasquino, no entanto; dificilmente haverá traços de cianeto. E quanto a licores e cerejas de tipo "falso" marrasquino? O cheiro de amêndoas permanece, mas nenhum cianeto à vista. Apenas o aroma de benzaldeído adicionado como aromatizante.

Um artigo do *New York Times* de 2005 fez troça da composição nutricional dos marrasquinos altamente processados e atacou tais produtos, afirmando que seriam o "equivalente culinário de um cadáver embalsamado". Vamos lá: ninguém come marrasquinos por seu valor nutricional. Eles apenas fornecem um pouco de diversão, um pouco de *kitsch*.

---

* N.T.: Termo que representa a junção entre *Frankenstein* (personagem artificial da ficção) e *food*, comida em inglês. Costuma ser aplicado a alimentos que passam por intensa manipulação e processamento em termos químicos e genéticos.

Mas se desejar a coisa para valer, as cerejas *Luxardo* sem exageros *kitsch*, é preciso se preparar para os preços salgados, em média de US$ 1,60 por cereja. Ou seja, provavelmente ninguém vai querer quer colocar uma delas na bebida estilo Shirley Temple das crianças. Mas elas adicionarão uma dimensão totalmente nova a um *banana split*.

Mantenha a temperatura baixa

"Quando provei daquela carne, fiquei muito surpreso ao descobrir que era bem diferente, tanto no sabor quanto no aroma, de qualquer outra que eu já tivesse provado antes." Com essa observação, registrada em seu livro *Essays, Political, Economical and Philosophical* (Ensaios políticos, econômicos e filosóficos), publicado em 1802, Sir Benjamin Thompson lançou a ciência do cozimento em baixa temperatura, que, alguns séculos depois, evoluiria para a técnica *sous vide*.*

Thompson era um cientista estabelecido quando voltou sua atenção para a culinária, embora sua história fosse incomum. Nascido em Massachusetts, desenvolveu interesse precoce pela ciência e se tornou professor em Rumford, New Hampshire; nessa localidade, casaria-se com uma viúva rica e idosa. Enquanto a Revolução Americana se formava, suas simpatias estavam com os britânicos – quando sua casa foi atacada por uma multidão, Thompson fugiu e se refugiou atrás das linhas britânicas. Foi bem-vindo, tanto pelo fato de oferecer informações a respeito das forças americanas quanto por seu interesse em realizar experimentos para melhorar a pólvora.

Após a Revolução, Thompson fugiu para a Inglaterra – tornou-se cientista real e depois ministro da guerra. Logo, teve problemas com o rei Jorge III, após

---

* N.T.: *Sous vide* ("sob vácuo", em francês) é um método de cozinhar em que o alimento é colocado em uma sacola plástica selada a vácuo em temperatura não muito elevada por tempo maior que o tradicional. O tempo pode variar entre 2 e 72 horas, e a temperatura precisa ser estável, normalmente entre 40°C e 70°C, dependendo daquilo que se cozinha. O objetivo da técnica é manter a integridade do alimento, evitando a perda de umidade e sabor.

supostamente vender segredos navais para os franceses, mas foi poupado da punição quando concordou em ser enviado como diplomata para a Baviera e atuar como espião. Uma vez instalado nesse novo país, cortou seus laços com os britânicos e se tornou consultor científico de Karl Theodor, o governante da Baviera. Esta era assolada por pessoas pobres que não tinham trabalho; assim, Thompson recebeu a tarefa de resolver tal problema. Teve a ideia de implementar asilos para os necessitados, nos quais os pobres poderiam ganhar algum dinheiro ao servirem como uma fonte de mão de obra a baixo custo. A questão de como esses trabalhadores poderiam ser alimentados de forma adequada e barata desencadeou seu interesse em alimentos e nutrição.

Thompson preparou uma sopa econômica baseada em cevada perolizada, ervilhas amarelas, batatas e cerveja que, de acordo com o conhecimento da época, era nutritiva. Por seus esforços científicos, tornou-se conde. Quando foi solicitado que escolhesse um nome, optou por "conde Rumford", uma homenagem à cidade onde começou sua carreira. Sua sopa se tornou uma ração militar comum e barata e foi batizada de *sopa Rumford*. Outros experimentos culinários do conde levariam à cafeteira por infusão, ao banho-maria, a uma panela de pressão aprimorada, à lareira sem fumaça e a uma máquina para desidratar batatas. Foi esta última que levaria Thompson a ser reconhecido como o pioneiro da culinária em baixa temperatura.

"Como desejava descobrir se seria possível assar carne em uma máquina que havia inventado para desidratar batatas, coloquei um ombro de carneiro nela e, depois de fazer o experimento por três horas e descobrir que não havia sinais de estar pronto, concluí que o calor não era suficientemente intenso e entreguei meu ombro de carneiro às cozinheiras." Depois de apagar o fogo da secadora, as criadas imaginaram que a carne poderia ser armazenada ali durante a noite. De manhã, ficaram surpresas ao encontrar a carne cozida e "não apenas comestível, mas perfeitamente pronta e com um sabor singularmente bom". Thompson concordou com as observações delas e concluiu que "o calor suave, por longo período de tempo, havia afrouxado a coesão das fibras daquela carne, além de ter concentrado seus sucos, sem eliminar suas partes tênues e voláteis e sem tornar seus óleos rançosos e empireumáticos". Agora, temos uma palavra precisa para "ter gosto ou cheiro de substâncias animais ou vegetais levemente queimadas": empireumático.

Thompson prosseguia, afirmando: "Há muito tempo suspeitava que a temperatura da água fervente fosse a mais adequada para cozinhar todos os tipos de alimentos". Na época, cozinhar em água que fervesse intensamente ou assar em fogo alto eram os métodos padrão empregados na cozinha. Thompson passou a questionar tais práticas usuais, demonstrando que ferver suavemente os alimentos produzia o mesmo resultado, já que a fervura intensa não aumentava a temperatura da água. Também destacou que o calor extra necessário para a fervura vigorosa desperdiçava combustível.

O cozimento em baixa temperatura passou despercebido até que o chef francês Georges Pralus descobriu, em 1974, que o *foie gras* cozido em baixa temperatura, no interior de um saco plástico selado a vácuo e imerso em água, mantinha sua aparência original, retinha seu teor de gordura e produzia melhor textura. Outros chefs passaram a experimentar o cozimento *sous vide*, que significa "sob vácuo", mas logo descobrindo que este não era essencial: a técnica funcionaria também ao comprimir o ar de um saco plástico. À medida que dispositivos voltados ao controle preciso da temperatura em uma panela com água ganharam disponibilidade comercial, cozinheiros não profissionais também experimentaram essa técnica, com resultados bastante satisfatórios, exceto por um ponto preocupante.

A carne, embora macia e saborosa, não desenvolvia a crosta marrom usual. Isso ocorre porque a reação de Maillard (nomeada assim em homenagem ao químico francês Louis Camille Maillard, que a descobriu em 1912) não pode ocorrer em temperaturas abaixo de 135°C. Nessa reação, aminoácidos reagem com carboidratos na comida para produzir uma variedade de compostos marrons e saborosos, como evidenciado pela crosta que se forma no pão e pelas linhas de grelha no bife. Os chefs solucionaram esse problema selando rapidamente a carne após o cozimento *sous vide*.

A ausência da reação de Maillard traz algumas consequências positivas, visto que alguns dos resultados desse processo, como a acrilamida, são supostamente cancerígenos. A selagem rápida, no entanto, é suficientemente segura. Outra questão que surge diz respeito à lixiviação de produtos químicos nos sacos plásticos, mas os sacos feitos especificamente para *sous vide* são, em geral, de polietileno, o que não leva a nenhuma lixiviação de compostos estrogênicos, uma preocupação com alguns plásticos, como policarbonato ou cloreto de polivinila.

Ao lado de Sir Joseph Banks, o conde Rumford fundou a Royal Institution of Great Britain, ofertando palestras científicas abertas ao público. Após sua morte, deixou como legado fundos para estabelecer a Cátedra Rumford da Universidade de Harvard. No século XIX, tal cátedra foi ocupada por Eben Horsford, que desenvolveu o primeiro fermento em pó comercial. Em homenagem a Benjamin Thompson, ele o batizou de Rumford Baking Powder. Esse produto ainda é vendido nos dias de hoje.

O ônibus escolar amarelo

Normalmente, você não encontra um conjunto singular de engenheiros, autoridades de transporte, produtores de tintas e fabricantes de automóveis todos juntos em uma conferência educacional. Mas lá estavam eles, confraternizando na Universidade de Colúmbia. O ano era 1939 e o evento surgiu de um convite feito pelo professor de Pedagogia Frank W. Cyr, que estava preocupado com a forma desorganizada pelas quais os alunos costumavam ir para a escola; ele pretendia estabelecer algum tipo de padrão nacional para ônibus escolares. Ao longo de sete dias, os padrões para comprimento do ônibus, altura do teto e largura do corredor foram definidos. Quando passaram a discutir as cores, amostras variando de amarelo a vermelho foram penduradas na parede – todos concordaram que amarelo seria o mais visível, especialmente no escuro. Acontece também que o amarelo é a cor mais facilmente vista pelo canto do olho, de forma que motoristas perceberiam imediatamente a aproximação de um ônibus escolar vindo de qualquer lado.

Cyr e seus convidados não foram os primeiros a perceber a alta visibilidade dos veículos amarelos. Mesmo antes do advento do automóvel, táxis puxados por cavalos em Londres e Paris eram pintados de amarelo. Já em 1798, os espectadores de teatro em Paris se aglomeravam para assistir ao musical de sucesso *Le Cabriolet jaune* (O táxi amarelo), que apresentava ciúmes, identidade trocada e dois táxis amarelos. (O termo em inglês "cab", táxi, na verdade, vem de *cabriolet*.)

Como pintavam os táxis de amarelo naquela época? Possivelmente com um dos pigmentos conhecidos desde a Antiguidade. Ocre amarelo, por exemplo, é uma forma natural do óxido de ferro; o sulfeto de arsênio amarelo é encontrado no mineral auripigmento; o "amarelo indiano" pode ser isolado na urina de vacas alimentadas com folhas de manga. Até mesmo alguns pigmentos sintéticos, como o antimoniato de chumbo, surgido do aquecimento de óxido de chumbo com óxido de antimônio, já eram conhecidos. Mas tais substâncias deram lugar ao vibrante "amarelo cromo", graças a uma descoberta do químico francês Nicolas-Louis Vauquelin, que em 1797 isolou um novo elemento a partir do mineral conhecido como chumbo vermelho siberiano. Em combinação com outras substâncias, produzia uma ampla gama de cores, que Vauquelin batizou de *cromo*, do termo grego para *cor*.

A reação do cromo com oxigênio e chumbo produzia o pigmento amarelo denominado cromato de chumbo; tal componente, quando moído e misturado com óleo de linhaça, formava o amarelo cromo. Os artistas imediatamente notaram essa tinta a óleo, assim como as empresas de táxis de Paris e Londres. Seus táxis poderiam ser facilmente percebidos em meio a outras carruagens. Quando os automóveis apareceram em cena, a tradição continuou. Em 1907, John Hertz lançou uma frota de táxis amarelos em Chicago, e, dois anos depois, os táxis amarelos começaram a andar pelas ruas de Nova York e nunca mais saíram. Em 1939, quando chegou a hora de tomar uma decisão a respeito da cor dos ônibus escolares, não havia dúvidas sobre qual tinta seria usada. O *National School Bus Chrome** seria o padrão.

Os artistas apreciavam bastante o amarelo cromo, valorizando-o por seu brilho impressionante. Os famosos girassóis de Van Gogh deslumbravam com seu pigmento. Infelizmente, já não deslumbram tanto na atualidade. Em 2011, pesquisadores descobriram que a luz ultravioleta desencadeia a liberação de elétrons de contaminantes do solo na tinta; a partir daí, há uma redução dos íons de cromo de um estado de oxidação de +6 para +3. Os compostos de cromo que incluem íons com carga +3 são marrom-escuros. Para limitar esse desbotamento, as obras-primas de Van Gogh passaram a ser exibidas com exposição limitada à luz.

---

* N.T.: Algo como "Cromo do Ônibus Escolar Nacional", o nome oficial dado para a cor dos ônibus escolares nos EUA e Canadá.

Não foram apenas séries de girassóis as vítimas do envelhecimento: no clássico *O grito*, de Edvard Munch, os amarelos utilizados também estão perdendo o brilho, embora por um motivo diferente. Nesse caso, o problema é a umidade. Munch já estava ciente dos problemas com o amarelo cromo e, então, recorreu a um novo pigmento, cuja introdução fora recente à época do quadro. O boticário alemão Friedrich Stromeyer preparava uma loção de calamina quando notou que a remessa de carbonato de zinco por ele encomendada não estava tão branca quanto de costume. Experimentos para rastrear o problema levaram a uma impureza a partir da qual foi possível isolar uma substância, que acabou se tornando um novo elemento. Stromeyer o chamou de *cádmio*, do latim *cadmia*, o antigo nome do carbonato de zinco. Quando o cádmio foi combinado com enxofre produziu amarelo cádmio, uma substância que Stromeyer percebeu ter "promissora utilidade na pintura". Na verdade, tinha. Mas não foi tão útil quanto parecia a princípio. Assim como o amarelo cromo, tal tipo de amarelo também desbotava com o tempo.

A química aqui também foi esclarecida através da comparação de amostras dos tubos de tintas de Munch ainda fechados com o amarelo em *O grito*. Assim, ao ser exposto à umidade, o sulfeto de cádmio se transforma em sulfato de cádmio, que é branco. Tal problema me preocupa, porque tenho um carinho especial por essa pintura de Munch, tendo-a utilizado em muitas palestras pois, para mim, ela representa a ansiedade produzida por alarmistas, em suas afirmações de que nossa saúde estaria em risco por coisas como vacinas, organismos geneticamente modificados (OGMs), aditivos alimentares e redes 5G.

Depois de ter sido roubado em 2004 e recuperado em 2006, *O grito* foi armazenado em um local com controle de temperatura, mas em 2022 voltou a ser exibido no novo Museu Nacional de Oslo, em uma sala onde a umidade é cuidadosamente regulada.

No que diz respeito aos ônibus escolares, eles não são pintados com amarelo cromo desde a década de 1970, quando as tintas à base de chumbo foram retiradas do mercado. A tinta nunca apresentou risco aos alunos, mas a exposição ocupacional dos trabalhadores que a produziam constituía preocupação considerável. A tinta usada hoje é a *School Bus Glossy Yellow*, que tem uma série de formulações patenteadas. Algumas versões são feitas misturando tintas vermelhas e verdes, outras usam o composto orgânico sintético chamado amarelo benzidina.

Espero que esses ônibus escolares amarelos estejam sempre carregados de alunos no caminho para sua formação – talvez até mesmo aprendam por que girassóis são chamados de girassóis e por que os químicos pensam em *O grito* quando estão diante dos anúncios de protetores solares "sem produtos químicos".

Não, isto não aciona minhas células-tronco

Pensei que escreveria mais um texto deprimente a respeito de um médico, devidamente formado, que se desviou de seu caminho e trocou sua alma por lucros, promovendo suplementos alimentares de efeitos questionáveis. Às vezes, porém, a jornada se inicia com o cenho franzido e termina com um sorriso. Mas vamos começar do começo.

Costumo receber e-mails que tentam me fisgar para ver vídeos intermináveis a respeito de alguma "inovação de ponta" que promete rejuvenescimento ou, pelo menos, "turbinar o cérebro". Na maioria das vezes, a substância não passa de algum tipo de derivado vegetal, "natural", descoberto por um cientista independente, que conseguiu contornar os esforços da *Big Pharma*,* a qual pretendia varrer esse milagre para debaixo do tapete. Vídeos que dizem que eu voltaria a ser o que eu fui no passado, que o brilho nos meus olhos seria restaurado, enquanto minhas células sofreriam verdadeira "inundação por um tsunami de nutrientes vitais, nunca antes disponibilizados ao público". Mas era possível ter tudo aquilo naquele instante, enquanto durassem os estoques, pela metade do preço, se eu fizesse meu pedido nos próximos dez minutos.

---

* N.T.: Termo que poderia ser traduzido como "grandes [indústrias] farmacêuticas", mas que optamos por manter em inglês, uma vez que em geral é empregado no escopo de uma teoria conspiratória (bastante popular a partir da pandemia da covid-19) na qual os grandes laboratórios farmacêuticos estariam em conluio com a comunidade médica para ocultar tratamentos eficazes e, assim, maximizar seus lucros.

Atualmente, quando alguma dessas farsas contra a ciência acena com a promessa de fazer meu corpo "disparar a todo vapor" com algum superalimento, eu simplesmente aperto o botão de excluir. No entanto, quando eu estava pronto para mover alguma mensagem do *Alternative Daily** para o lixo, meus olhos se fixaram em uma frase. Tudo o que eu precisava fazer para proteger meu cérebro era "evitar certos alimentos que contêm uma enzima perigosa, chamada diacetil". O que havia de errado nisso? Diacetil não é uma enzima; é uma molécula pequena e simples, que está presente naturalmente na manteiga, mas também pode ser produzida sinteticamente para dar um sabor amanteigado à pipoca. O que há de perigoso nisso? Em um ambiente ocupacional, em que trabalhadores inalam diacetil enquanto produzem aroma artificial de manteiga, tal substância foi associada à bronquiolite obliterante – doença pulmonar rara, popularmente conhecida como "pulmão de pipoca". Diacetil nunca foi associado a nenhum problema quando consumido.

O *Alternative Daily* atribuía a conexão diacetil-cérebro ao "especialista em saúde cerebral e cientista da Nasa, Dr. Sam Walters", que afirmava: "O diacetil frequentemente atravessa a barreira hematoencefálica, podendo levar à formação de depósitos no cérebro". Não há evidências para isso. Fui então direcionado a um vídeo de Walters, que oferecia os clichês de sempre sobre glutamato monossódico (MSD), aspartame, sucralose e alumínio como sendo "ameaças mentais" e a necessidade de combater esse ataque com uma "solução única, multiespectral" para a perda de memória relacionada à idade, que o tal brilhante cientista havia formulado.

Chamar diacetil de enzima e vender suplemento sugeriu que eu tinha os ingredientes para uma história de "médico que se perdeu", mas não demorou muito para que eu estacasse no meio do caminho. Acontece que Walters não é médico, mas sim naturopata. Então não se tratava realmente de um desvio da profissão, já que suplementos alimentares e difamação de qualquer coisa que não seja "natural" são parte integrante do ofício de Walters. Além disso, ser um naturopata dificilmente qualifica alguém para ser um "especialista

---

*   N.T.: Como o nome – em português, "diário alternativo" – indica, uma página da internet especializada em material de medicina alternativa.

neurológico"; também não consegui encontrar nenhuma evidência de que o sujeito fosse um "cientista da Nasa". Descobri que ele aprecia homeopatia, manipulação espinhal, terapia de oxigênio hiperbárico e, claro, fitoterapia.

O suplemento Youthful Brain, promovido no vídeo, lista como ingredientes "mil mcg de vitamina B12 dosada a 16,667% do valor diário para energia mental máxima, 280 mg no total de *Bacopa monnieri*, fosfatidilserina, extrato de folha de *Ginkgo biloba* e *Huperzine A*". A vitamina B12 não fornece energia mental, e a 16,667% do valor diário (ridiculamente apresentado como número de cinco algarismos), ao final quem consumir o produto vai urinar a maior parte da vitamina contida nele. O extrato de *Bacopa monnieri* aparece na lista pela sua suposta utilização por "uma sociedade secreta de monges tibetanos com memórias firmes como aço, raramente acometidos por doenças". Certo.

Por que *Ginkgo biloba*? Porque aprendemos que as folhas de *ginkgo* são as favoritas dos elefantes, que costumam ter uma memória espetacular. Quais outras evidências poderíamos desejar? *Huperzine*, extraída de um tipo de musgo, aumenta os níveis do neurotransmissor acetilcolina, que é de fato importante para o funcionamento adequado do sistema nervoso. A fosfatidilserina, encontrada nas membranas das células cerebrais, pode ser produzida a partir da lecitina de soja e é "a molécula destinada à memória na juventude", de acordo com Walters. Alguns estudos demonstraram realmente certos efeitos benéficos da combinação de *Huperzine* e a fosfatidilserina, mas não nas baixas doses encontradas no Youthful Brain.

Walters também promove outro produto, Stem Cell Renew, cujo conteúdo é o seguinte: pó de mirtilo selvagem, *goji berry* orgânico, extrato de uva e *ginkgo*. A justificativa? Walters afirma que os habitantes de Bapan, na China – conhecida como *Vila da Longevidade* –, devem suas prolongadas existências ao fato de consumirem tal mistura de ervas todos os dias. Não há absolutamente nenhuma evidência de que eles façam isso. Além disso, renovar células-tronco é um absurdo.

Os moradores de Bapan, de fato, apresentam uma longevidade aparentemente incomum. Provavelmente, porque são ativos, por disporem de um forte tecido social, consumirem dieta baseada sobretudo em vegetais e estarem felizes com suas vidas. Esses moradores, por exemplo, sorriem muito.

E, acredite ou não, tais elementos podem contribuir para uma vida mais longa. Quer uma evidência científica disso? Pesquisadores examinaram cartões de beisebol lançados durante a temporada de 1952 e classificaram as fotos dos jogadores nas seguintes categorias: "sem sorriso", "sorriso parcial" ou "sorriso completo".

A expectativa de vida média para os que estavam na categoria "sem sorriso" era de 73 anos; para os "sorrisos parciais", 75; para os "sorrisos completos", 80. Esses resultados foram considerados estatisticamente significativos. Como isso pode ser racionalizado? Talvez as pessoas que sorriem prontamente sejam menos propensas a ficarem estressadas, pois são sacudidas pelas ondas da vida. O estresse está definitivamente ligado à redução da longevidade.

Acho que, em vez de franzir a testa de aborrecimento quando algum produto maravilhoso afirma "ligar o interruptor para acionar suas células-tronco", eu deveria apenas sorrir da loucura de tal promessa.

A verdade está lá fora

"A verdade está lá fora." Esse era o slogan de *Arquivo X*, popular série de ficção científica que estreou em 1993. O programa certamente chamou minha atenção, porque à época eu já estava focando na compreensão do público a respeito da ciência, enfatizando a importância do pensamento crítico e a necessidade de basear conclusões na observação. Em apresentações para alunos e o público, eu costumava usar o exemplo de objetos voadores não identificados, ou óvnis, para ilustrar quão facilmente alguém poderia chegar a uma conclusão equivocada com base em uma observação. Muitos observadores concluiriam que avistaram algo que não parece pertencer à nossa realidade, talvez até mesmo, literalmente, um disco voador, quando o que realmente viram não passava de formações incomuns de nuvens, lançamentos de mísseis, artefatos de câmera, aeronaves, reflexos de luz, balões, satélites, pássaros ou planetas – Vênus, em particular. Alguns até teriam sido vítimas de fraudadores inteligentes.

O SURPREENDENTE MUNDO DA CIÊNCIA

Fiquei particularmente atraído por *Arquivo X* porque a série apresentava uma dupla de agentes do FBI designados para investigar casos que pareciam estar fora do reino da ciência. Mulder acreditava em diversos fenômenos paranormais, bem como em visitas alienígenas; já Scully era cética, uma médica com formação científica que geralmente chegava a conclusões racionais, alternativas às conclusões místicas de Mulder. Isso era exatamente o que eu queria.

Meu interesse no processo de "observação-conclusão" pode ser rastreado até o momento em que comecei a praticar mágica como *hobby*. Afinal, o objetivo de uma apresentação de mágica é levar o público à conclusão errada sobre o que ele estaria observando. Ao mostrar um chapéu vazio, do qual será retirado um coelho, espera-se que a conclusão do público penda para a materialização do coelho magicamente surgido do nada – algo totalmente contrário às leis da natureza. Sim, eu costumava realizar esse truque com um coelho vivo, até que Éter cresceu mais que o chapéu. Recentemente passei a usar um coelho sintético. Nem preciso dizer que tudo no truque é feito por meios cientificamente explicáveis.

A curiosidade sobre óvnis, um desdobramento natural do trabalho com ilusões, foi desencadeada por uma palestra do físico Stanton Friedman em algum momento da década de 1980. Com uma formação tradicional em física, Friedman forjou uma nova carreira como *ufólogo* após investigar o suposto pouso de uma nave alienígena perto de Roswell, Novo México, em 1947. Havia se convencido de que naves extraterrestres, controladas de forma inteligente, estavam cruzando nossos céus e que o governo estava envolvido em um grande processo de dissimulação. Friedman parecia muito confiável e mostrou um comunicado à imprensa liberado pela base do Exército de Roswell a respeito de um *disco voador* ter sido capturado, bem como uma retratação no dia seguinte com uma explicação de que um erro havia sido cometido. O que realmente havia sido recuperado eram os restos de um balão meteorológico. Fiquei intrigado e, assim, desci pela toca do coelho.

Parece que a primeira menção a discos voadores foi feita por Kenneth Arnold, que em 1947 pilotava seu pequeno avião perto do Monte Ranier, no estado de Washington. Ele relatou ter visto um grupo de objetos viajando em alta velocidade, movendo-se "como discos que atravessam, aos saltos, a superfície da água". Um relato de jornal afirmou, erroneamente, que os objetos tinham o formato de um disco, e a mitologia do disco voador nasceu. Na mesma época, o fazendeiro Mac Brazel encontrou destroços perto de Roswell, que levou ao xerife local. Esse xerife, mais tarde, relataria que Brazel "sussurrou em tom confidencial" que aqueles poderiam ser os restos de um "disco voador". Não está claro se Brazel estava ciente do avistamento de Arnold. O xerife, por sua vez, entrou em contato com o major Jesse Marcel, oficial de inteligência na base local do exército, e uma investigação teve início, resultando no comunicado à imprensa e na subsequente retratação. Todo o caso foi uma notícia menor na época e logo desapareceu.

A investigação de Friedman começou em 1978, quando ele encontrou o major Marcel e ouviu sobre como ele, de fato, ocupou-se com os restos daquele óvni. O físico, então, começou a entrevistar pessoas que estiveram, de alguma forma, envolvidas com o suposto incidente. Isso foi quase 30 anos depois do evento e, como sabemos, as memórias são bastante maleáveis. De qualquer modo, Friedman concluiu que uma nave alienígena realmente pousou na região e, por algum motivo, tal evento épico foi encoberto.

Fiquei viciado no assunto, colecionei livros, artigos, ouvi entrevistas de especialistas e até participei de uma conferência sobre óvnis. Pois houve, de fato, um acobertamento, mas não do tipo promovido pelos ufólogos. Em 1947, o governo dos EUA lançou o Projeto Mogul, com o objetivo de detectar ondas sonoras geradas por testes de bombas atômicas soviéticas utilizando balões de alta altitude equipados com microfones. Um desses balões pousou perto de Roswell e, por se tratar de um projeto ultrassecreto, o governo preferiu que o acidente fosse retratado ao público como um *disco voador*. Quando ficou claro que os restos exibidos não pareciam pedaços de uma nave espacial, a história foi mudada novamente – tratava-se de um balão meteorológico. Claro, ainda há ufólogos devotos, crentes de que tal acobertamento foi mais que isso. Não foi.

Desde 1947, milhares de avistamentos de óvnis foram relatados, principalmente na América do Norte – aparentemente, o continente preferido dos alienígenas. A grande maioria é explicada, mas muitos permanecem "não identificados". O interesse aumentou em 2021 graças a um relatório do Pentágono que examinou vídeos feitos por aeronaves do porta-aviões Nimitz em 2004 que parecem mostrar "Fenômenos Aéreos Não Identificados". Vários pilotos alegaram ter visto uma nave que parece uma pastilha gigante de Tic Tac sem meios visíveis de propulsão. Especialistas já deram opiniões, sugerindo que os avistamentos pode ser artefatos de câmera, brilho de motores ou, sim, balões.

Quanto a mim, ficaria emocionado em ter evidências de contato com alienígenas. Isso tornaria a ciência ainda mais fascinante. Embora acredite ser extremamente improvável que a vida tenha evoluído apenas em nosso pequeno planeta insignificante, em uma galáxia insignificante, acho igualmente improvável que estejamos sendo visitados por extraterrestres. As distâncias são muito grandes. A verdade está realmente lá fora. Muito, muito lá fora. Assim como algumas teorias sobre óvni.

Implantes dentários

As pessoas pobres que faziam fila do lado de fora da casa de John Hunter em Londres não estavam lá para serem tratadas de nenhuma doença. Elas estavam lá para ter seus dentes arrancados. Sem o benefício de um anestésico!

A notícia de que o médico pagaria generosamente por dentes extraídos que ele tentaria implantar nas gengivas dos ricos desdentados se espalhou rapidamente. Hunter, um dos primeiros defensores da aplicação do método científico à medicina, teve essa ideia após realizar um experimento incomum que ele descreveu em sua publicação de 1778, *Treatise on the Natural History and Diseases of the Human Teeth* (Tratado sobre a História Natural e doenças dos dentes em seres humanos). Depois de fazer uma incisão na crista de um galo, implantou um dente humano, observando que "a superfície externa do dente aderiu em todos os lugares à crista por vasos, semelhante à união de um dente com a gengiva e a cavidade dentária".

Galos, sem dúvida, não eram fãs do trabalho de Hunter, já que também eram as cobaias de seus experimentos de transplante testicular. O cientista havia percebido que as cristas dos galos castrados caíam, mas ficavam eretas novamente após a reinserção de um testículo em sua cavidade abdominal. Embora não tenha sido reconhecido na época como tal, essa foi uma demonstração precoce de atividade hormonal.

A cabeça de galo de Hunter com o dente implantado foi preservada e está em exibição no Museu Hunterian, em Londres, juntamente com centenas de outros espécimes anatômicos, incluindo um esqueleto bastante controverso – trata-se de Charles Byrne, que media 2,31 metros, cujo corpo Hunter havia conseguido roubar a caminho de seu funeral. Assim, fica evidente que Hunter não tinha qualquer problema em lidar com os chamados "ladrões de túmulos", fornecedores de cadáveres para seus estudos anatômicos.

Os dentes transplantados de Hunter nunca aderiram adequadamente ao osso, de forma que os resultados estavam longe de ser satisfatórios. De fato, até hoje, nenhum transplante de dente foi realizado com sucesso. No entanto, coroas artificiais ancoradas no osso com parafusos de titânio revolucionaram a odontologia, pelo menos para aqueles que podem pagar por tais implantes.

A ideia de substituir dentes perdidos por artificiais não é de forma alguma nova. Egípcios e fenícios, na Antiguidade, conseguiram ligar dentes humanos, ou aqueles esculpidos em marfim, aos dentes existentes com fio de ouro; já os maias tentaram substituir dentes perdidos na mandíbula inferior com pedaços de conchas do mar. Mas somente nos últimos anos do século XX os implantes dentários se tornariam uma realidade prática graças à descoberta de que o titânio metálico se funde com o osso sem qualquer sinal de rejeição.

Os médicos Bothe, na Grã-Bretanha, e Leventhal, nos EUA, realizavam experimentos com o uso de implantes metálicos em cirurgias ortopédicas. Eles perceberam que o titânio adere fortemente ao osso e não é rejeitado pelo corpo. Essa observação acabaria por colocar um pesquisador sueco de anatomia, Per-Ingvar Brånemark, no caminho para os implantes dentários. Brånemark originalmente não tinha interesse em odontologia; seu foco era a circulação do sangue nos ossos. Para ter uma ideia de como tais processos se davam, implantou um pequeno tubo equipado com uma lente de visualização no osso da perna de um coelho. Familiarizado com a literatura sobre o titânio não desencadear reações imunológicas, formulou seu dispositivo a partir desse metal. Quando finalmente tentou remover o tubo, não conseguiu – o metal havia aderido completamente ao osso.

Nesse ponto, Brånemark mudou o foco de sua pesquisa para o mecanismo pelo qual o titânio se funde com o osso e cunhou o termo *osteointegração* para tal fenômeno. Esse pesquisador já se questionava a respeito de possíveis aplicações práticas dessa integração, mas primeiro teve que garantir que o osso humano vivo não rejeitaria o implante. Afinal, pessoas não são coelhos gigantes. Brånemark recrutou vários voluntários de seu grupo de pesquisa, que concordaram em ter um parafuso de titânio inserido em um osso do braço. Não houve qualquer reação adversa.

O cenário estava pronto para um experimento no formato clássico. Dado que o maxilar poderia ser facilmente acessado e que havia muitas pessoas lutando com problemas dentários, Brånemark passou a se concentrar na criação de implantes feitos de titânio. Gösta Larsson, que nasceu com o maxilar deformado e não tinha dentes inferiores, ofereceu-se para ser a cobaia humana do experimento. Em 1965, Larsson teve quatro implantes de titânio inseridos cirurgicamente, aos quais dentes artificiais foram, posteriormente, fixados. Quando faleceu, 40 anos depois, os implantes ainda estavam no lugar, tendo transformado sua vida.

Brånemark prosseguiu seus estudos: montou uma equipe de cientistas para investigar mais a fundo a interação entre osso e titânio. Apesar de já haver uma série de publicações atestando a segurança e longevidade dos implantes de titânio, a comunidade odontológica ainda não estava convencida, devido ao longo histórico de falhas em implantes e ao senso comum convencional de que o corpo humano sempre rejeitará qualquer corpo estranho implantado. Finalmente, após apresentar evidências conclusivas em uma conferência realizada em Toronto, no ano de 1982, a comunidade odontológica passou a adotar implantes de titânio, dos quais milhões já se beneficiaram.

Brånemark continuou a expandir sua pesquisa, ultrapassando a odontologia – também deixou sua marca no uso de titânio para fixar próteses em membros e rostos. Décadas depois de se tornar o primeiro destinatário de um "dispositivo odontológico de titânio", termo preferido de Brånemark para esse tipo de prótese, Gösta Larsson teve um aparelho auditivo de titânio implantado.

É evidente que a ciência percorre caminhos bem pouco usuais com certa frequência. Quem poderia prever que um experimento com coelhos seria um salto para resolver o embaraço causado por um sorriso desdentado?

Cheira mal!

"Nossa, não sei por que as pessoas não limpam os dejetos dos cachorros. Isso aqui cheira mal", lamentou um amigo enquanto caminhávamos por uma rua arborizada em Washington. O cheiro inconfundível das fezes de cachorro estava no ar, mas montes desse material orgânico seriam necessários para produzir odor tão intenso. Não havia pilhas de cocô à vista, mas sim muito do que parecia ser cerejas amarelas esmagadas na calçada. E elas fediam. Uma mistura de vômito, meias suadas e fragrância de banheiro seria a descrição mais adequada. Um olhar para cima revelou que não eram cerejas, mas sim vagens das sementes de árvores *Ginkgo biloba*, facilmente reconhecidas por suas folhas semelhantes a pés de pato – o antigo nome chinês para a árvore, *yinxin*, pode ser traduzido como "pé de pato".

As vagens carnudas, ou cones, que envolvem as nozes são produzidas apenas por árvores fêmeas e não têm cheiro, isso até serem esmagadas. Essas nozes são comestíveis, sendo usadas na culinária chinesa e japonesa, especialmente em ocasiões especiais como casamentos ou celebrações do Ano-Novo, mas não em grandes quantidades porque contêm metilpiridoxina, uma toxina estável em temperaturas mais altas. Quando as vagens são pisadas, o cheiro aterrorizante de ácido butírico se espalha pelo ar; embora tal odor seja repugnante para os humanos, acredita-se que os dinossauros apreciavam esse aroma, pois comeram as vagens, o que levou à propagação das árvores, quando as sementes foram expelidas nos seus excrementos.

Sim, árvores dessa espécie existiam naquela época; os botânicos chamam o *ginkgo* de "fóssil vivo", porque trata-se de um tipo de planta que existe, praticamente inalterado, há cerca de 200 milhões de anos. Essa árvore é extremamente resistente e demonstrou sua força de sobrevivência na Londres do século XIX, quando a Revolução Industrial sufocou a cidade com poluição produzida pela queima de carvão. Enquanto as pessoas sufocavam, e as árvores murchavam, os *ginkgos* permaneciam ilesos. Ainda mais impressionante foi a sobrevivência de vários *ginkgos* em Hiroshima, depois que a cidade foi essencialmente destruída pela bomba atômica, em 1945. Não é de se admirar que muitas cidades tenham começado a plantar árvores de *ginkgo* em suas ruas, especialmente em áreas centrais, onde outras árvores costumam ter uma expectativa de vida de apenas algumas décadas.

O preço a pagar por tal vegetação é o cheiro pútrido no outono, quando as árvores deixam cair seus cones que são, inevitavelmente, esmagados nas ruas. Em Seul, na Coreia, o combate ao mal cheiro emprega trabalhadores que colhem os cones manualmente antes que amadureçam e caiam no chão. Algumas cidades dos EUA começaram a pulverizar as árvores na primavera com clorprofame, um herbicida comumente usado para impedir que as batatas brotem, que nesse caso, interrompe o desenvolvimento dos cones. Não é uma solução perfeita: se houver chuva após a aplicação, o produto químico será levado pelas águas. A solução de plantar apenas árvores machos também não ajuda, pois descobriu-se que os *ginkgos* podem mudar de sexo espontaneamente, uma forma de adaptação evolutiva.

O ácido butírico é responsável por um dos odores mais desagradáveis que é possível encontrar. E você não precisa pisar em vagens de *ginkgo* para ter seu olfato atacado por tal fedor. Manteiga rançosa ou meias suadas podem fazer o trabalho. As gorduras na manteiga reagem com o oxigênio do ar para produzir ácido butírico, cujo nome deriva do grego antigo para manteiga. O composto também costuma ser produzido, junto com outras delícias como dissulfeto de dimetila e trissulfeto de dimetila – que evocam a fragrância de gambá –, quando bactérias na pele se alimentam de gorduras e proteínas contidas no suor. Sistemas de aquecimento e ar-condicionado também podem ser afetados pelo que é chamado de Síndrome da Meia Suja. Tal problema pode ser rastreado até sua origem: mofo e bactérias que crescem quando as condições certas de umidade estão presentes, em conjunto com certas combinações nos ciclos de aquecimento e resfriamento. Os sistemas de ar-condicionado de automóveis geralmente liberam algum odor desse tipo quando são ligados pela primeira vez no verão, depois do uso exclusivo nos modos de ventilação e aquecimento durante o inverno.

Nem todos os animais são avessos ao odor de ácido butírico. Cães são atraídos por esse cheiro, bem como mosquitos e ursos. Não é uma boa ideia usar meias ou camisetas com odor forte na floresta. O aroma de imitação do fedor de nossos pés, composto por amônia, ácido láctico e ácidos graxos, incluindo butírico, costuma ser empregado para atrair mosquitos até armadilhas, desviando tais insetos das atividades costumeiras deles, que consistem em picar pessoas, mas parece que meias suadas funcionam melhor. A Fundação Bill e Melinda Gates financia um experimento no Quênia envolvendo coleta do odor de meias fedorentas com discos de algodão para utilização como iscas em armadilhas para mosquitos. Surpreendentemente, a aranha vampira da África Oriental, que se alimenta de mosquitos ensanguentados, também é atraída pelo ácido butírico. Trata-se de uma adaptação biológica, baseada no fato de os mosquitos serem atraídos por esse tipo específico de odor; então a aranha sabe que, onde houver ácido butírico, também haverá uma refeição para ela.

Enquanto a maioria das pessoas costuma sentir repulsa por meias fedorentas, algumas sentem excitação erótica por esse cheiro. Trata-se de uma forma de olfactofilia, ou excitação sexual causada pelo odor corporal. Não é de surpreender que muitos fetichistas por pés sejam excitados por meias fedorentas. Claro, ser repelido pelo ácido butírico é mais comum, não apenas no caso de pessoas, mas também de animais. Espécies com cascos, chamadas de *ungulados*, como cavalos, porcos, gado, camelos, veados e ovelhas, ficam longe de excrementos de lobos, leões e cães porque isso sinaliza a possível presença de predadores.

A química das fezes de cães foi analisada em um estudo para investigar qual componente era responsável pelo efeito repulsivo, pois a ideia seria utilizá-lo na proteção de plantações agrícolas e árvores de serem devoradas por ungulados. Cento e seis compostos foram isolados nas fezes dos cães; ao final, foi estabelecido que a mistura de ácidos graxos de cadeia curta, sendo o butírico um deles, interferia no apetite das ovelhas. Quando essa mistura era colocada no cocho, sob a ração de milho, uma iguaria para ovelhas, os animais não comiam ou comiam menos.

Obviamente, deixar ovelhas soltas em ruas povoadas por árvores de *ginkgo* não resolveria o problema do cheiro. Elas não comeriam as vagens caídas. Ursos seriam uma aposta melhor. Por outro lado, eles podem preferir humanos a vagens de *ginkgo*.

Estes "eternos"
produtos químicos

Diga em voz alta: substância perfluoroalquil. É de travar a língua e preencher a boca, certo? Felizmente, podemos usar a sigla PFAS, que em inglês se pronuncia "pífas". Mas a verdadeira questão é: estamos literalmente recebendo um bocado desses produtos químicos quando comemos ou bebemos? Hora de algumas palavras a respeito de PFAS.

Para começar, há um consenso de que esses produtos químicos são muito úteis, mas, ao mesmo tempo, muito controversos. Não houve controvérsia quando a 3M lançou o primeiro desses compostos, na década de 1930, como Scotchgard. Os consumidores ficaram entusiasmados com a capacidade do produto de tornar sofás à prova de manchas, fazer carpetes repelirem sujeira e impermeabilizar roupas. Houve mais alegria nas cozinhas, quando o politetrafluoroetileno, comercialmente chamado de Teflon pela DuPont, revolucionou a culinária, com superfícies antiaderentes. Mais um produto surgiu quando substâncias PFAS foram incorporadas ao combate a incêndios. Isso aconteceu após a tragédia do USS Forrestal, acorrida em 1967, quando um míssil foi lançado acidentalmente contra aviões armados no convés daquele porta-aviões, provocando um incêndio que matou 130 membros da tripulação. O equipamento de combate a incêndio a bordo demonstrou, dessa forma, sua inadequação, impulsionando a pesquisa e o desenvolvimento de uma espuma que, de forma rápida, seria capaz de abafar o fogo. A chave era a capacidade do PFAS em reduzir a tensão superficial da água, permitindo que a espuma se espalhasse rapidamente sobre as chamas. As espumas de combate a incêndio, em pouco tempo, tornariam-se equipamentos padrão em aeroportos e instalações militares ao redor do mundo, salvando vidas.

Outras aplicações se seguiram. As substâncias perfluoroalquil eram ideais para limpeza de chips na indústria eletrônica e para impermeabilizar embalagens de alimentos, como caixas de pizza e sacos de pipoca para micro-ondas. Hoje, cerca de 1.400 produtos químicos com PFAS são produzidos, com mais de 200 aplicações, que vão desde fio dental e cera de esqui até revestimentos em pás de moinhos de vento e cordas de violão.

A característica química que torna esses usos possíveis, ou seja, a força da ligação entre átomos de carbono e flúor, também está na raiz da controvérsia. É a força com que esses átomos são mantidos juntos que resulta na persistência ambiental dos PFAS, levando-os a serem apelidados como "produtos químicos eternos". De fato, eles podem ser detectados em nossos alimentos, água e, o mais preocupante, em nosso sangue. As estimativas são de que cerca de 95% da população tem esse tipo de substância em níveis sanguíneos mensuráveis. Claro, a presença de um produto químico não pode ser equiparada à presença de risco, mas, nesse caso, há motivos para certa inquietação.

O lado sombrio do PFAS veio à tona pela primeira vez com o adoecimento do gado de uma fazenda situada nas proximidades de um aterro sanitário da DuPont. O problema foi rastreado e localizado em um riacho próximo no qual os animais que bebiam água, contaminado por chorume do aterro sanitário, algo que levou o proprietário da fazenda a procurar aconselhamento jurídico. Rob Bilott, o advogado que assumiu esse caso, logo descobriu, naquela área, uma incidência anormalmente alta de colite ulcerativa, câncer renal e defeitos congênitos. Bilott conseguiu encontrar evidências de que a DuPont não havia tornado públicos certos estudos internos que vinculavam PFAS, particularmente o ácido perfluorooctanoico (PFOA), usado na fabricação de Teflon, a efeitos tóxicos. Isso levou a uma ação coletiva, cujo resultado foi um acordo multimilionário e a criação de uma associação independente de especialistas encarregados de examinar as consequências do PFOA no meio ambiente. Um estudo das amostras do sangue de 69.000 pessoas que viviam nas proximidades da fábrica da DuPont em Parkersburg, Virgínia Ocidental, confirmou a presença de PFAS e também encontrou uma alta incidência de câncer renal, colite ulcerativa, câncer de tireoide, hipertensão induzida pela gravidez, colesterol alto no sangue e câncer testicular. Essa história foi recontada com ênfase na dramaticidade em *O preço da verdade*, filme de 2019 que documenta a batalha legal entre a DuPont e Rob Bilott.

À medida que as evidências contra o PFOA aumentavam, incluindo a descoberta de sua capacidade como disruptor endócrino, a indústria química, como resposta, prometia eliminar seu uso e conseguiu fazê-lo em 2015.

Após muita pesquisa, a conclusão foi que o problema era a bioacumulação no corpo do PFOA, devido à falta de solubilidade dessa substância. Uma vez absorvido, os rins não conseguiam eliminá-lo. Essa falta de solubilidade foi atribuída à estrutura molecular do composto, essencialmente ao seu esqueleto básico de oito átomos de carbono. Foram, então, desenvolvidos PFAS de cadeia molecular mais curta, para substituir o PFOA; alegava-se que esses novos compostos eram mais solúveis e menos tóxicos. No entanto, ainda eram persistentes em contaminar o ambiente; além disso, não está claro se são realmente mais seguros.

E os problemas com PFAS continuam surgindo. Descobriu-se que crianças com essa substância em níveis sanguíneos mais altos têm menos anticorpos após as vacinas contra difteria e tétano. Ainda mais alarmante é que pessoas com testes positivos para covid têm maior probabilidade de serem hospitalizadas e de sofrer com as consequências mais graves da doença se tiverem em seus níveis sanguíneos índices detectáveis de ácido perfluorobutírico (PFBA), o PFAS de cadeia curta mais amplamente usado. Curiosamente, o PFOA não mostrou tal associação, ressaltando que os PFAS não podem ser todos agrupados quando se faz necessário explorar seus efeitos.

Embora não estejamos diante de um inferno abrasador, há fumaça suficiente para estimular esforços em reduzir a exposição das pessoas a tais produtos químicos "eternos". No caso de alguns usos – equipamentos médicos, por exemplo – não há substitutos imediatos, mas em outros casos os silicones podem conferir resistência a manchas, e os tecidos de poliéster resistem à umidade sem a necessidade de qualquer revestimento. O fio dental pode ser feito sem PFAS, assim como cosméticos, carpetes, utensílios de cozinha antiaderentes e materiais usados na embalagem de alimentos. De fato, vários estados nos EUA já proibiram o uso desses produtos químicos em materiais que entram em contato com alimentos. E não precisamos de PFAS para lubrificar correntes de bicicleta ou esquis. Lubrificantes de hidrocarbonetos fazem um bom trabalho.

Os esquiadores, no entanto, detestam abrir mão de ceras fluoradas, porque elas reduzem o atrito; uma vez que os resultados das competições são medidos em frações de segundo, uma cera assim faz a diferença. Entretanto, a Federação Internacional de Esqui proibirá ceras fluoradas a partir da temporada de 2023-2024; claro que isso pode estimular trapaças. Acredite ou não, cães já estão sendo treinados para detectar o cheiro de compostos fluorados e farejar trapaceiros. Mas o uso de químicos clandestinos se dará, sem dúvida, em outras substâncias, para mascarar o cheiro da cera de esqui fluorada. A essa altura, suspeito que meu leitor já apreciou o "sermão" que prometi.

Cocô do bicho-da-seda

"Não quero enojá-los, então, em vez de tripas de frango, usarei um pedaço de seda vermelha." É o que digo ao público ao começar minha demonstração abordando "cirurgias psíquicas". Mágicos, sejam profissionais ou amadores, não toleram que sua arte seja usada para enganar o público. Como "cientistas do palco", os mágicos usam uma variedade de princípios científicos e de engenharia para entreter seus espectadores e têm profundo desprezo por charlatões que realizam as mesmas ilusões afirmando que as fazem por meios paranormais. Falsos médiuns se enquadram nessa categoria, embora eu suponha que o termo "falso" seja redundante nesse caso.

Particularmente ofensivos são os "cirurgiões mediúnicos", que capitalizam o desespero de pacientes com câncer fingindo remover tumores sem realizar qualquer incisão. Para um observador ingênuo, o processo todo é muito impressionante, pois parece que o tecido doente, por ação enérgica, foi completamente removido. Tudo o que é necessário para realizar esse feito incrível se resume a "algo especial", além de alguma prática com ilusionismo. Muitos mágicos, inclusive eu, tentam seguir os passos de James Randi, campeão do pensamento crítico – ele realizava "cirurgias mediúnicas" para demonstrar como as pessoas podem ser facilmente enganadas e acreditar no inacreditável.

No meu caso, o papel do tumor foi desempenhado por um pequeno pedaço de seda vermelha. Digo ao público que esse "tumor" foi produzido por um verme – nesse caso, por um bicho-da-seda em vez de um verme humano. Essa descrição do "cirurgião mediúnico" geralmente provoca risadas. Embora minha menção aos bichos-da-seda aqui seja um tanto tortuosa, tenho um longo fascínio por essas criaturas. Um dos primeiros brinquedos científicos que ganhei foi uma *Fábrica de Seda*, que vinha com ovos de bicho-da-seda e instruções sobre como chocá-los para que se tornassem os animais de fato, que então fiariam casulos para produzir seda. Nunca consegui produzir seda, mas o kit despertou interesse nos bichos-da-seda e nas mariposas geradas por essas lagartas. Muito mais tarde, eu aprenderia sobre a fascinante química que as mariposas da seda usam para atrair umas às outras e realizei uma verdadeira tessitura de tudo isso em uma palestra que costumo apresentar sobre feromônios.

Esse preâmbulo serve para explicar o motivo pelo qual fiquei tão intrigado quando me deparei com um item anunciado para venda por uma fábrica de seda em Xangai. *Travesseiro de excremento do bicho-da-seda*, essa é a descrição do produto incomum. Parece constituir retrato preciso, já que o travesseiro é, de fato, preenchido com fezes de bicho-da-seda. Tais excrementos, alega-se, são parte da "medicina chinesa", que induziria "o doce sono em bebês, além de aliviar dores reumáticas em idosos, melhorar a visão e promover a renovação da potência cerebral". Embora a ideia de produzir sonhos doces com um travesseiro de dejetos possa ser nova, acontece que o uso das fezes possui longa história na medicina tradicional chinesa. Isso não é muito surpreendente, uma vez que a seda está bordada no tecido da cultura chinesa.

Segundo a lenda, a produção de seda remonta a cerca de 2700 a.C.: certa feita Leizu, esposa de Huangdi, o Imperador Amarelo, tomava seu chá quando um casulo caiu em sua xícara. Na água quente, o casulo se desfez, e a Imperatriz ficou impressionada com os fios longos e fortes que se formaram. Ela percebeu que o casulo viera de uma amoreira e, após alguma investigação, descobriu que essas árvores eram o lar de bichos-da-seda, que teciam casulos dos quais as mariposas, por fim, emergiam. Leizu encorajou o plantio de amoreiras para produzir uma quantidade maior de fibra da seda e até mesmo inventou um tear que entrelaçava os fios formando um tecido macio.

A produção do tecido era difícil, e a seda se tornou um importante símbolo de status – pois era usada apenas pela nobreza. Seu valor era tão elevado que, por vezes, ela era usada como moeda. Dizia-se que qualquer pessoa que fosse flagrada levando o segredo da produção de seda para fora da China era condenada à morte. Finalmente, por volta de 550 d.C., dois monges conseguiram contrabandear ovos de bicho-da-seda, escondendo-os no interior de bengalas feitas de bambu. Ainda assim, os chineses conseguiram manter o controle sobre a produção, e a rota comercial da Europa para a China ficou conhecida como Rota da Seda.

Historicamente, a medicina chinesa usou todos os tipos possíveis de materiais vegetal e animal. A criação de bichos-da-seda gerou muitos excrementos e, ao que parece, uma busca por usos potenciais, na mesma medida. Esse tipo de dejeto logo encontrou seu caminho na medicina, com a circulação de afirmações a respeito de sua capacidade para "aliviar o reumatismo, dissipar gases, melhorar o sono e fortalecer o estômago". É possível que pensassem ser necessário ter um estômago forte para engolir fezes de verme.

Poderia haver algo útil nessa terapia com larvas? Acredite ou não, pesquisadores investigaram a possibilidade, resultando em publicações com títulos como "Potenciais usos farmacêuticos de compostos isolados dos excrementos de bicho-da-seda" e "Efeitos de extratos fisiológicos das fezes do bicho-da-seda". A referência é a uma série de flavonoides, esteróis e álcoois graxos de cadeia muito longa que, possivelmente, teriam alguma atividade fisiológica. É uma revelação interessante, embora nada surpreendente. As folhas de amoreira contêm diversos compostos que poderiam ser descarregados nas fezes do bicho-da-seda. Claro, tais compostos estão disponíveis em fontes muito mais palatáveis, como frutas e vegetais.

Por fim, retomemos os tais travesseiros. Embora sem pesquisas posteriores não se possa descartar a possibilidade de que alguns compostos sejam volatilizados, a probabilidade de ter algum benefício ao deitar, durante as noites, sua cabeça em um travesseiro de excremento de bicho-da-seda parece muito baixa. Ademais, há sempre a possibilidade de fazer o seu próprio travesseiro com esse material. Fezes do bicho-da-seda é um produto disponível na Amazon. Se isso não for do seu agrado, é possível experimentar *Sansha*, bebida japonesa singular, feita de amoras e excrementos de bicho-da-seda.

Agora, uma revelação final. Vou contar um segredo, mas não fale para ninguém. A "seda" que uso na minha demonstração é, na verdade, poliéster. Nenhum bicho-da-seda foi jogado na água quente para sua produção.

Oxigênio em Marte

Pousar humanos em Marte é um desafio colossal. Retorná-los à Terra, por sua vez, apresenta-se como desafio ainda maior. Lançar uma nave de retorno requer combustível e oxigênio, e as quantidades necessárias excedem o que poderia ser transportado da Terra e, portanto, precisariam ser produzidas em Marte. O metano combustível poderia ser produzido a partir do dióxido de carbono que compõe cerca de 95% da atmosfera de Marte, mas fornecer o oxigênio necessário representa um problema imenso. A esperança é que o dispositivo Experimento de Utilização de Recursos *In Situ* de Oxigênio de Marte, transportado ao planeta vermelho pelo rover Perseverance, possa servir como um protótipo para a produção de oxigênio em larga escala.

O nome curioso do experimento foi projetado para gerar a sigla Moxie, uma palavra que ganhou significados de vitalidade, ousadia, determinação e, apropriadamente, perseverança. Uma descrição adequada para esse esforço incrivelmente complicado, corajoso e determinado. A expressão *moxie* foi introduzida no vocabulário da língua inglesa no ano de 1876 – tratava-se do nome de uma bebida carbonatada inventada pelo médico homeopata Augustin Thompson em sua busca por criar um líquido com propriedades medicinais que não contivesse ingredientes potencialmente prejudiciais, como álcool ou cocaína, comuns na época. Seu ingrediente secreto, que diziam ser proveniente de uma planta rara, revelou-se extrato de raiz de genciana, nomeada em homenagem a Gentius, o rei da Ilíria do primeiro século a.C., que supostamente usava a erva como tônico. Thompson comercializou seu produto como uma "bebida muito saudável que fortalece os nervos".

De fato, é preciso ter nervos fortalecidos para trabalhar em um projeto tão complicado quanto o Moxie da Nasa, baseado em um dispositivo de aproximadamente 0,03 metros cúbicos, carregado de inúmeras válvulas, tubos e componentes eletrônicos. O componente crítico é o eletrolisador de óxido sólido, que divide o dióxido de carbono em monóxido de carbono e oxigênio. *Lise* é a palavra grega antiga utilizada para designar "quebra", de maneira que *eletrólise* significa "quebrar com eletricidade". Essa expressão foi cunhada no século XIX por Michael Faraday, que conduziu amplas investigações a respeito dos efeitos da passagem de uma corrente elétrica por soluções químicas. Qualquer pessoa que tenha estudado Química no ensino médio estará familiarizada com o experimento clássico de eletrólise de imergir um par de eletrodos em um recipiente de água, conectá-los a uma bateria e observar bolhas de oxigênio se formarem no eletrodo positivo (ânodo) e hidrogênio no negativo (cátodo). Dividir o dióxido de carbono é mais complicado do que dividir a água, mas o princípio é semelhante. O gás é introduzido em uma célula eletrolítica, que consiste em cátodo e ânodo separados por um eletrólito, composto por substância capaz de conduzir eletricidade. Nesse caso, a natureza do eletrólito é a chave. Trata-se de uma substância cristalina, composta de óxido de zircônio e óxido de ítrio, semelhante aos diamantes sintéticos feitos de *zircônia cúbica*.

Então, o dióxido de carbono da atmosfera marciana é primeiramente comprimido, aquecido a altas temperaturas e, em seguida, passado pelo cátodo poroso, onde elétrons são agregados ao gás e ele se quebra. Os íons de óxido carregados negativamente formados são, então, conduzidos para o ânodo através de canais na rede cristalina, do tamanho certo para permitir que esses íons de óxido e nada mais passem. No ânodo, os íons de óxido cedem seus elétrons extras para se tornarem átomos de oxigênio que então se juntam para formar gás oxigênio diatômico que pode ser coletado e armazenado. O monóxido de carbono que se forma da reação também pode ser coletado e talvez até mesmo utilizado como combustível. Cálculos mostram que um dispositivo cerca de 200 vezes maior que o protótipo atual seria capaz de gerar oxigênio suficiente tanto na manutenção dos astronautas em Marte quanto permitindo que lançassem foguetes.

E quanto à possibilidade de produzir oxigênio pela eletrólise da água? Não só pode ser feito, como esse é o processo realizado na Estação Espacial Internacional. A estação espacial é o exemplo máximo de reciclagem. Toda a água é reciclada, o que significa que o suor ou a urina de ontem se tornam o café de hoje. Claro, isso acontece depois que todas as águas residuais atravessam um elaborado sistema de purificação. Parte da água passa, então, por eletrólise para produzir oxigênio e hidrogênio, usando eletricidade fornecida pelos gigantescos painéis solares. O oxigênio é produzido, dessa forma, em escala suficiente para a respiração dos astronautas. O hidrogênio, por sua vez, combina-se com o dióxido de carbono que os astronautas exalam para produzir água e metano. Essa água segue seu caminho, sendo adicionada ao suprimento total, enquanto o metano é liberado para o espaço. Como a reciclagem não é perfeita, parte da água acaba se perdendo, de modo que periodicamente a estação precisa ser reabastecida com água transportada por naves espaciais.

Caso o sistema de eletrólise falhe por algum motivo, um suprimento de oxigênio de emergência está disponível em tanques de oxigênio pressurizados e, quando estes acabam, em geradores químicos de oxigênio. Esses dispositivos são baseados em uma reação química realizada por muitos estudantes do ensino médio. Ao aquecer clorato de sódio na presença de um catalisador, como dióxido de manganês, o resultado será cloreto de sódio e oxigênio. A estação espacial está abastecida com recipientes que contêm clorato, o catalisador e ferro em pó fino. Quando necessário, uma cápsula de percussão com uma pequena quantidade de certo produto químico sensível a choques dispara uma miniexplosão, que incendeia o pó de ferro para, com sua queima, produzir calor necessário na decomposição do clorato de sódio, liberando oxigênio. Esse é o mesmo processo químico usado no fornecimento do oxigênio de emergência em aviões.

Claro, tais geradores químicos não poderiam suprir as necessidades de oxigênio em Marte. No entanto, a eletrólise da água poderia contribuir, caso exista alguma forma de água subterrânea, como se acredita ser possível. Por enquanto, porém, parece que o Experimento de Utilização de Recursos *In Situ*, instalado com sucesso pela Perseverance, pode abrir caminho ao pouso de naves tripuladas em Marte e ao retorno seguro dessas pessoas para a Terra. Não há dúvida de que os cientistas que projetaram o experimento eram inteligentes, criativos, altamente qualificados e determinados. Em outras palavras, eles tinham muito desse *moxie*.

Testículos de boi

"Você precisa experimentá-las", respondeu o garçom quando perguntei sobre as *prairie oysters*, iguaria disponível no menu de um restaurante de Calgary. Fiquei intrigado. Sabia que, quando Plínio, o Velho, recomendou comer genitais de hiena embebidos em mel para "efeito estimulante" há cerca de 2 mil anos, a possibilidade de usar testículos de alguma forma para rejuvenescimento gerou muito interesse. Então, pensei, por que não ter uma experiência incomum comendo testículos de touro?

Era evidente desde a Antiguidade que a perda de testículos resultava em perda de virilidade e fertilidade. Embora John Hunter tivesse demostrado, já em 1771, que a masculinidade de um galo capão poderia ser restaurada pela reimplantação de seu testículo, foi somente em 1889 que começaram a surgir tentativas de injetar ciência no papel dos testículos dentro da fisiologia humana. Nessa época, o médico Charles-Édouard Brown-Séquard, aos 72 anos, afirmou que se sentiu rejuvenescido após injetar em si mesmo extratos testiculares de cães e porquinhos-da-índia. Dado que pesquisas recentes mostraram o fato de seus extratos não conterem nada além de traços de substâncias hormonais, não há dúvida de que Brown-Séquard havia experimentado o efeito placebo. Na época, porém, sua "pesquisa" cativou não apenas membros do público, que avidamente compravam extratos de Brown-Séquard produzidos por vendedores ambulantes, mas também estimulou outros cientistas a explorar mais a fundo esse assunto.

Um deles foi o cirurgião Serge Voronoff, aluno de Medicina na França após emigrar da Rússia em 1884, aos 18 anos. Estudou com Alexis Carrel, um cirurgião que ganharia o Prêmio Nobel de Medicina e Fisiologia de 1912 por seu método de sutura dos vasos sanguíneos. Foi essa técnica que Voronoff colocaria em uso, de forma singular, após conhecer as afirmações feitas por Brown-Séquard de recuperação da força juvenil e da potência sexual.

Os experimentos de Voronoff começaram após seu retorno à França depois de trabalhar como médico no Egito entre 1896 a 1910. Em hospitais egípcios, tratou eunucos e notou que esses homens castrados tinham músculos flácidos, falta de energia e problemas de memória. Assim, refletindo a respeito da experiência de Brown-Séquard, concluiu que ela ocorrera devido a produtos químicos produzidos pelos testículos; surgiu, então, a ideia de substituir as repetidas doses injetáveis de extratos pela implantação de um testículo diretamente no escroto.

Voronoff começou enxertando testículos de ovelhas e cabras mais jovens nos de animais mais velhos. Afirmou ter obtido a restituição do vigor juvenil desses animais. Percebendo que seria difícil encontrar doadores de testículos humanos, Voronoff fechou um acordo com o governo francês para obter os testículos de criminosos executados. A publicidade positiva que o autotratamento de Brown-Séquard recebeu foi a garantia para que não faltassem homens idosos dispostos a se tornarem receptores dos implantes. Na verdade, não havia homens sendo enforcados em número suficiente para atender à demanda. Voronoff concluiu que os doadores mais adequados seriam nossos primos, os macacos.

Em 12 de junho de 1920, Voronoff implantou fatias de testículos de chimpanzé no escroto de um homem. Logo afirmou que obteve ótimos resultados. Após diversas cirurgias desse tipo, apresentou suas descobertas no Congresso Internacional de Cirurgiões realizado em Londres no ano de 1923, quando recebeu grande aclamação. Outros médicos seguiram seus passos, fato que ocasionou certa escassez na oferta de testículos de macaco – Voronoff remediou o problema inaugurando sua própria fazenda de macacos na Itália. Ele adquiriu um castelo próximo do local onde realizava suas cirurgias, enquanto cobrava preços exorbitante por seus procedimentos de "rejuvenescimento". No entanto, a moda dos testículos de macaco logo desapareceu, especialmente quando começaram a se espalhar notícias de que os receptores dos enxertos continuavam a envelhecer normalmente.

Embora Voronoff seja o mais célebre entre os médicos que trabalharam com implantes testiculares, ele não foi o primeiro a realizar tais cirurgias. Em 1915, George Frank Lydston, igualmente estimulado pelo relatório de Brown-Séquard, implantou testículos de vítimas de acidentes em homens mais velhos em Chicago. Já em 1904, ele havia feito experimento em animais e, antes realizar sua cirurgia pioneira, havia costurado o testículo de um cadáver em seu próprio escroto com a ajuda de um colega. Lydston relatou

|212|

"uma sensação de acentuada euforia e alegria de espírito". Infelizmente, ele também acreditava na eugenia e pensava que testículos transplantados poderiam "curar" a homossexualidade.

Ao mesmo tempo em que Lydston estava experimentando implantes testiculares, Leo Stanley, um médico da prisão de San Quentin, também realizou transplantes de testículos de homens executados em outros presos, embora não possuísse experiência como cirurgião. Quando ficou sem doadores, passou a utilizar testículos de cabra, um procedimento que John Romulus Brinkley – cujo diploma médico procedia de uma instituição de fachada – tornaria célebre. Esse "médico das gônadas de cabra" realizou mais de 600 implantes desse tipo, de cabras para homens, antes de ser colocado fora do mercado por vários processos de negligência médica.

A mídia deu ampla cobertura a respeito de transplantes testiculares, levando alguns homens ao seguinte questionamento: se dois testículos tornam um homem másculo, três não dariam resultados ainda melhores? Surgia um mercado clandestino completo, incluindo relatos de homens sendo dopados com clorofórmio para terem seus testículos furtados. A paixão por esses implantes, no entanto, teve fim em 1935, quando a testosterona pura foi isolada. Isso deu início à era da terapia com testosterona, que não é isenta de controvérsias.

De volta às *prairie oysters*, a experiência gustativa não é algo que eu gostaria de repetir. No que diz respeito aos efeitos possíveis, sabemos que a testosterona é produzida pelos testículos, mas eles não armazenam o hormônio. Além disso, qualquer testosterona ingerida oralmente torna-se inativa ao passar pelo fígado. O touro aproveitaria melhor seus testículos do que eu.

Mas é natural!

A natureza é incrível. Coloque uma semente no solo e uma planta emergirá. Duas células se unem e temos um bebê. Dois núcleos de hidrogênio se fundem no Sol e geram energia. Pegue o pólen de uma flor, polvilhe em um

O SURPREENDENTE MUNDO DA CIÊNCIA

tipo diferente e uma nova variedade vai aparecer. Essa flor é natural? Ela não teria sido produzida se uma mão humana não tivesse feito sua intervenção. Mas essa mão também não é natural?

Por que levantar essa questão? Porque há muito tempo me incomoda a forma como o termo "natural" é usado. Há duas questões aqui. A primeira delas relaciona-se com a implicação de que substâncias naturais são inerentemente mais seguras do que as sintéticas; e a segunda diz respeito à ampliação bastante imaginativa do significado de "natural". Certamente, "natural" não é sinônimo de segurança. Cogumelos *Amanita muscaria*, plantas de tabaco, sapos-dardos-venenosos, águas-vivas e cobras produzem uma grande variedade de toxinas naturais. Podemos acrescentar que bactérias, vírus, fungos e parasitas são igualmente naturais. Quando uma célula se divide e acidentalmente produz uma mutação no DNA que leva ao câncer, bem, trata-se de um processo "natural". De fato, muitas pesquisas científicas se concentram no uso de conservantes e medicamentos sintéticos para enganar a natureza de uma forma decididamente não natural. A adoração acrítica das qualidades "naturais" é injustificada.

E quanto ao uso questionável do termo? Recentemente, me deparei com um batom anunciado como "natural". Como nunca vi batom crescendo em arbustos ou árvores, nem secretado por algum animal, fiquei pensando sobre qual seria justificativa do uso dessa expressão. Acredite ou não, na verdade existe uma *árvore de batom*. Claro, ela não produz batom, mas um corante que pode ser usado para formular cosméticos. *Bixa orellana*, o urucuzeiro, é um arbusto nativo da América do Sul e do México que produz uma fruta vermelha deslumbrante, cujas sementes (urucum) são usadas para extração de certo corante, conhecido como *anato*, sendo seu principal componente o carotenoide bixina.

De fato, o anato pode estar presente em batons que são anunciados como "naturais". Embora reações adversas ao anato sejam raras, elas certamente foram notadas na literatura. Alergias e exacerbação da síndrome do intestino irritável podem ocorrer. Há até mesmo um relato de anafilaxia grave com perda de consciência poucos minutos após um homem consumir sanduíche com queijo gouda. O uso de anato para dar a tonalidade amarela ao gouda é comum.

Também deve ser mencionado que, embora os outros componentes de um batom "natural" – como manteiga de karité, óleo de mamona, cera de abelha,

|214|

óleo de coco e ácido sórbico – também possam ser encontrados na natureza, uma grande quantidade de processamento é necessária antes que eles possam fazer parte de um produto como o batom. Solventes são usados para a extração de óleos e ceras, e as sementes de mamona precisam ser cuidadosamente processadas para garantir que não haja resíduos da toxina ricina. Embora o ácido sórbico ocorra naturalmente, ele é produzido industrialmente pela reação de crotonaldeído com ceteno. Claro, isso é irrelevante. As propriedades do ácido sórbico não dependem se ele foi produzido em laboratório ou nos verdes frutos da sorveira do Himalaia.

Um exagero ainda maior ocorre com outra alegação: "origem natural". Um dos ingredientes mais comuns em xampus, cremes dentais e vários agentes de limpeza é o lauril sulfato de sódio (SLS), um composto que atua como surfactante e detergente. Surfactantes são substâncias que podem se inserir no meio das moléculas de água e reduzir a atração existente entre elas. Isso permite que a água se espalhe mais facilmente para "molhar" uma superfície, permitindo também que o líquido se estenda em torno de bolhas de ar para gerar espuma. Quanto aos detergentes, são moléculas com uma extremidade atraída por substâncias oleosas e outra, por água – dessa forma, o processo de enxágue com uma solução de detergente costuma remover sujeiras gordurosas. O SLS é um excelente surfactante e detergente, o que explica seu uso generalizado.

As alegações de que o composto SLS é cancerígeno não têm base científica; contudo, certas afirmações de que ele possa agir como um irritante para a pele têm seu mérito. O alto ruído da mídia social, exagerando riscos reais e mitificações, resultou em consumidores deixando de lado produtos que contêm SLS. Tal postura representa um desafio para a indústria, pois esse ingrediente é barato e eficaz. Uma tática tem sido cobri-lo com um manto de segurança, sugerindo que é "de origem natural". Sim, é, de fato – se esticarmos um pouco os fatos. O lauril sulfato de sódio é produzido através de uma reação do álcool laurílico com ácido sulfúrico. O álcool laurílico surge de um tratamento do ácido láurico com vários agentes redutores, e o ácido láurico, por sua vez, vem da hidrólise da trilaurina, gordura isolada do óleo de coco. Assim, o SLS é parcialmente "de origem natural", mas muita química está envolvida na transformação da gordura de coco no produto final. Além disso, "de origem natural" é uma expressão sem qualquer relevância quando se trata de segurança ou eficácia.

Outro método para "ocultar" o SLS foi assunto de um artigo do *Wall Street Journal*, que acusou a Honest Company, da atriz Jessica Alba, de não ser honesta, como o nome indica, ao declarar que seus produtos não continham SLS. Em resposta, a empresa afirmou que seus produtos não são formulados com SLS, mas sim com *coco-sulfato de sódio*. A gordura do coco na verdade contém vários ácidos graxos, incluindo os ácidos esteárico, oleico, mirístico, palmítico, linoleico, cáprico, caprílico e láurico, sendo que este último constitui cerca de 50% da composição. Com a síntese de SLS, o ácido láurico é separado e sulfatado, mas também é possível sulfatar a mistura e usá-la. Claro, com isso haverá cerca de 50% de SLS no composto. O *Wall Street Journal* estava certo, e o artigo desencadeou um processo de *propaganda enganosa*, para o qual a empresa de Alba fez um acordo de US$ 1,5 milhão.

Já passou da hora de livrar a publicidade do discurso vazio em torno do "natural" e espalhar a mensagem de que a segurança de um produto químico não é determinada pelo fato de ser feito pela Mãe Natureza em uma planta ou por um químico em seu laboratório. A segurança só pode ser determinada por meio de estudo científico adequado. E lembre-se: a Mãe Natureza pode ser bem desagradável. Afinal, os vírus são naturais. As vacinas, não.

Grafeno!

Sir André Geim, professor de Física na Universidade de Manchester, teve a honra de ser a única pessoa a receber o Prêmio Nobel e o IgNobel. O Nobel representa o ápice da realização científica; já o IgNobel, realizado pela revista humorística *Annals of Improbable Research* (Anais de pesquisas improváveis), tem como objetivo "honrar conquistas que, em primeiro lugar, fazem as pessoas soltarem gargalhadas; depois, fazem-nas pensar".

Geim recebeu o IgNobel de Física em 2000 por levitar um pequeno sapo com um poderoso ímã; depois, dividiu o Nobel de Física de 2010 com Sir Konstantin Novoselov por isolar o grafeno, um material notável que é mais fino, mais forte, mais flexível e um melhor condutor de calor e eletricidade do que qualquer substância conhecida.

Que fique claro, Geim e Novoselov não "descobriram" o grafeno. Sua citação no Nobel diz o seguinte: "Por experimentos inovadores envolvendo o material bidimensional grafeno". Os experimentos citados começaram com um pedaço de grafite, um pouco de fita adesiva e um entendimento de que o grafite é composto de planos de átomos de carbono, cada um ligado a três vizinhos, 120 graus de distância, em uma rede semelhante a uma tela de arame. Os planos podem deslizar em relação uns aos outros, o que explica por que o grafite é um excelente lubrificante. Uma analogia seria um baralho de cartas – cada carta representaria uma camada plana de átomos de carbono. O termo *grafeno* se refere justamente a uma única dessas camadas.

Agora imagine usar um pedaço de fita para remover uma carta que está no topo do baralho. Foi exatamente isso que Geim e Novoselov fizeram com seu pedaço de grafite e fita adesiva. Depois, colaram a fita em um substrato de silício e a removeram, deixando uma folha de grafeno com a espessura de um átomo para trás. Qualquer um pode replicar esse experimento usando fita e a ponta de um lápis, que é feito de grafite. Faça uma marca no papel e aplique um pedaço de fita por cima. Quando a fita for retirada, parte do grafite terá sido transferido para a fita. Pegue outro pedaço de fita, cole sobre a mancha da primeira e retire. Outra porção do grafite será transferida para a segunda fita. Imagine repetir esse processo até que reste apenas uma camada de grafite. Você acaba de produzir grafeno!. Mas não seria o primeiro a realizar tal feito.

Em 1859, o químico inglês Benjamin Collins Brodie tratou grafite com um ácido forte e observou a suspensão de pequenos cristais posteriormente. Sem conhecer nada a respeito da estrutura atômica do grafite à época, pensou ter produzido uma nova forma de carbono. Na verdade, havia produzido óxido de grafeno: uma folha de grafeno com alguns átomos de oxigênio ligados a ela. Sem perceber, tornou-se pioneiro na pesquisa do grafeno. As bases teóricas para entender a estrutura do grafeno foram estabelecidas em um artigo de 1947, escrito por um professor de Física da Universidade McGill, Philip Wallace, que estudava grafite – naquele momento histórico, tais estudos eram de grande interesse, devido ao papel do grafite no controle do fluxo de nêutrons em reações nucleares.

Dando continuidade ao trabalho de Brodie, o professor de Química alemão Hanns-Peter Boehm, em 1962, tratou grafite oxidado com solução alcalina e, usando um microscópio eletrônico, identificou o que ele sugeriu ser "provavelmente um único plano do favo de mel de carbono na rede de grafite". Tal feito preparou o cenário para o isolamento de grafeno puro por Geim e Novoselov.

Embora o método de fita adesiva possa produzir pequenas quantidades de grafeno, adequadas ao estudo de suas propriedades, não é adequado para síntese de grandes quantidades. Entusiasmados com os usos potenciais do material, químicos e físicos em todo o mundo logo produziram artigos em diversas publicações sobre grafeno, enquanto diversos métodos para a produção desse material em quantidades consideráveis foram descobertos. Expor gás metano a uma folha de cobre superaquecida resulta em depósitos de grafeno no cobre; utilizar grafite como eletrodo em uma reação de eletrólise leva à remoção de pequenos flocos de grafeno. Ultrassom e micro-ondas também podem ser usados para "esfoliar" grafite, produzindo, assim, grafeno.

Depois da descoberta de que o grafeno pode ser produzido em larga escala, a questão torna-se o que fazer com ele. Baterias de duração ultralonga, telas de computador dobráveis, filtros de dessalinização de água, células solares aprimoradas e microcomputadores super-rápidos estão a caminho. Até agora, porém, as únicas aplicações comerciais significativas envolveram a mistura de grafeno com outros materiais para fazer raquetes de tênis, tacos de hóquei e pneus mais fortes – ao menos, como alguns afirmam.

Contudo, diante do surto de covid-19, outro uso tornou-se convencional. Surgiram diversos tipos de máscaras faciais que incorporavam alguma forma de grafeno. Em uma de suas variedades, o grafeno é gerado pela exposição, em um feixe de laser, da camada de TNT de uma máscara. Tal procedimento resultaria em uma melhor capacidade de repelir gotículas portadoras de vírus, permitindo, igualmente, a esterilização rápida da máscara pela exposição à luz solar. Outra máscara inclui uma camada de óxido de grafeno, que tem propriedades antivirais potentes, uma vez que é capaz de cortar fisicamente o revestimento lipídico externo de um vírus, tornando-o inofensivo.

Esse tipo de uso levantou algumas questões: essas máscaras seriam realmente inofensivas para o seu usuário? Poderiam liberar pequenas partículas de grafeno? Seriam tais partículas prejudiciais se inaladas? A Health Canada acredita que essa é uma possibilidade razoável, pelo menos com um tipo de máscara distribuída para escolas e creches. No entanto, sem detalhes das descobertas da Health Canada, não é possível avaliar os riscos.

Certamente, a inalação de qualquer material particulado, especialmente menor que 5 nanômetros, pode causar problemas – pois nessa escala *nano*, efeitos que podem não ser previstos com base nas propriedades em massa, como o desencadeamento de uma resposta inflamatória, podem surgir. Considere, no entanto, que existem muitas formas de grafeno e de óxido de grafeno com diferentes efeitos tóxicos potenciais. Então, no que diz respeito ao risco das máscaras, vamos relembrar o famoso ditado de Sherlock Holmes: "É um erro capital teorizar antes de ter dados. Sem que se perceba, os fatos passam a ser distorcidos para se adequarem às teorias, em vez das teorias se adequarem aos fatos".

Por enquanto, é apropriado seguir o conselho da Health Canada e evitar as máscaras em questão, mas não vamos jogar o bebê fora com a água do banho. De fato, se o filme *A primeira noite de um homem* fosse refeito hoje, a palavra sussurrada no ouvido do jovem Benjamin poderia muito bem ser "grafeno" em vez de "plástico". O potencial do material é empolgante, mas ainda falta lançar luz na sombra de sua toxicidade.

Fita adesiva

O presidente dos EUA Franklin Roosevelt ficou intrigado ao receber uma carta de Vesta Stoudt, mulher que trabalhava em uma fábrica de munições. O trabalho de Vesta: embrulhar cartuchos que seriam usados para propulsar granadas de fuzil. Os cartuchos eram embalados em caixas de papelão, posteriormente revestidas com cera para evitar a penetração de umidade no material. Para abrir uma dessas caixas, era necessário puxar uma aba que pendia de uma fita de papel, usada para selar as abas da caixa revestida com cera. Stoudt notou que a aba era frágil e frequentemente rasgava quando puxada.

O SURPREENDENTE MUNDO DA CIÊNCIA

Isso significava que os soldados perderiam um tempo valioso arranhando a cera para colocar as mãos nos cartuchos, dando tempo ao inimigo para se aproximar. Como Stoudt tinha dois filhos no exército, sua preocupação era considerável. E então ela teve uma ideia.

Em sua carta para Roosevelt, Stoudt ofereceu uma solução. Em vez da fita ser de papel, ela sugeriu que fosse feita de um tecido forte. A implementação dessa ideia parecia bastante simples – logo, o presidente encaminhou a carta ao Conselho de Produção de Guerra, que solicitou uma fita à prova d'água cuja base fosse de tecido. Tal desafio foi atendido pela Permacel, uma divisão da Johnson & Johnson, empresa que já possuía certa experiência no desenvolvimento de fitas para uso médico. Com o objetivo de selar as caixas de munição, os cientistas criaram uma camada de tecido firmemente entrelaçado entre o adesivo à base de borracha e um revestimento de polietileno. O tecido usado foi *cotton duck,*** mas o nome nada tinha a ver com aves aquáticas. Deriva, na verdade, de *doek*, palavra holandesa para um tipo de lona empregada na feitura de trajes usados por marinheiros. O polietileno, um plástico introduzido pela Imperial Chemical Industries na década de 1930, foi a chave para tornar a fita à prova d'água. Mas esse não foi o único papel que desempenhou durante a guerra. O polietileno era um material isolante fundamental na construção de radares, e sua leveza possibilitou seu uso em aviões.

Os soldados perceberam que a nova fita tinha muitos usos além de selar caixas de munição. Ela era útil quando reparos eram necessários para todos os tipos de equipamentos, sendo usada até mesmo nos ferimentos, quando não havia mais nada disponível. Alguns historiadores levantaram a ideia de que os soldados, seja porque estavam cientes da conexão com *cotton duck* ou porque achavam que a fita era capaz de resistir à umidade da água como um pato, começaram a chamar esse material de *duck tape* ("fita de pato"). É difícil encontrar evidências para isso, mas está claro que, em 1975, a empresa Manco registrou a marca *Duck Tape*, junto com o logotipo, um pato amarelo de desenho animado. A empresa explicou que se tratava de uma "brincadeira com o fato de que as pessoas costumam se referir à fita adesiva

---

* N.T.: Optamos por manter essa expressão em inglês, uma vez que parece não ser comum sua tradução. Contudo, poderia ser traduzida para "lona de algodão".

como 'fita de pato'". A expressão *duct tape* tornou-se usual após a guerra, quando os fabricantes de dutos de aquecimento e ar-condicionado descobriram que essa fita era útil para conectar componentes. A cor foi alterada do verde oliva original para prateado graças ao pó de alumínio, o que permitia à fita mesclar-se com os dutos de estanho.

Tendo seu nome derivado de "pato" ou "duto", vários usos inteligentes foram encontrados para esse tipo de fita adesiva. Durante a Guerra do Vietnã, orifícios nas pás das hélices de helicópteros, causados por fogo inimigo, foram temporariamente reparados com ela; em 1970, a fita salvou as vidas dos três astronautas da Apollo que tiveram de utilizar o módulo lunar como "bote salva-vidas" após a explosão de um tanque de oxigênio. A fita adesiva foi fundamental para modificar os filtros de dióxido de carbono em formato quadrangular, existentes no módulo de comando, para se encaixarem nos receptáculos arredondados do módulo lunar. Em 1972, os astronautas Harrison Schmitt e Eugene Cernan, da Apollo 17, consertaram o para-lama de seu *rover* lunar com fita adesiva.

Então, em 1998, surgiu uma pesquisa impressionante. Max Sherman e Iain Walker, do laboratório Lawrence Berkeley, na Califórnia, descobriram que a fita adesiva "falhou indubitavelmente" em prevenir perdas de energia em sua utilização nos dutos de aquecimento e resfriamento de casas. Como seria de se esperar, a revelação de que a "duct tape" não deveria ser usada em dutos causou frenesi na mídia. Mas tal acontecimento teve efeito benéfico: consumidores exigindo que seus dutos fossem selados com materiais superiores, conhecidos no mercado como *mástique*. Trata-se de um material que pode ser produzido com vários acrílicos, silicones ou borrachas sintéticas, resultando em considerável economia de energia. De fato, os códigos e regras de construção civil foram alterados para evitar o uso inadequado de fita adesiva.

Claro, a fita adesiva continua popular para outras aplicações. Ela passou a ser usada para manter lanternas traseiras quebradas no lugar, prender perucas e até mesmo remover verrugas. Um artigo de pesquisa muito divulgado em 2002 relatou que a fita adesiva, aplicada a uma verruga por dois meses, era mais eficaz do que o tratamento usual com nitrogênio líquido, embora estudos subsequentes não tenham corroborado essa descoberta. Um juiz em Ohio certa vez ordenou que a boca de um réu abusivo fosse mantida fechada com fita adesiva durante o julgamento, enquanto criminosos, pelo menos em filmes, utilizam fita adesiva para amarrar suas vítimas a cadeiras. Uma citação inteligente, atribuída a certo G. Weilacher, que circula por diversos meios, diz o seguinte: "Só precisamos de duas ferramentas na vida: WD-40 para fazer as coisas andarem e fita adesiva para fazê-las parar". Uma mulher engenhosa certa vez impediu o marido de deixar o assento do vaso sanitário levantado, prendendo-o com fita adesiva. Tomara que ele tivesse boa mira.

Porcelana e alquimia

Rumpelstiltskin era um diabinho astuto com a notável habilidade de fiar palha e transformá-la em ouro, conforme descrito no clássico conto de fadas dos Irmãos Grimm. Poderia tal história, publicada pela primeira vez em 1812, ter sido estimulada por um alquimista astuto da vida real, que alegava ter realizado a obscura missão de transformar materiais comuns em ouro?

Em algum momento no início dos anos 1700, o jovem Johann Friedrich Böttger tornou-se aprendiz de um boticário de Berlim. Na época, a pesquisa por medicamentos se mesclava com a busca pela *pedra filosofal*, lendário mineral que, quando combinado com metais básicos, produziria ouro. Até mesmo cientistas famosos, como Isaac Newton e Robert Boyle, aventuraram-se na alquimia, mas não obtiveram sucesso. Böttger, no entanto, convencera-se de que o segredo estava ao seu alcance, caso conseguisse apenas levantar fundos para seus experimentos. O dinheiro certamente entraria, pensava Böttger, se pudesse demonstrar que estava no caminho certo. Como era um grande adepto das conjurações e artimanhas, enganou crédulos ao afirmar já dispor do segredo da transmutação – empregava truques para fazer uma pepita de ouro surgir em seu cadinho.

As histórias das façanhas de Böttger chegaram aos ouvidos de Augusto II, apelidado, *o Forte*, governante da Saxônia e rei da Polônia. Sedento por ouro, Augusto mandou prender Böttger, que ficou trancafiado com uma série de livros e aparelhos alquímicos; tais aparatos deveriam ser empregados para produzir aquele metal precioso. Após anos de fracasso, com a ameaça de execução pairando sobre sua cabeça, Böttger arquitetou um esquema para salvar seu pescoço. Admitiu que sua busca pela pedra filosofal havia sido inútil, mas afirmou ter descoberto, durante o andamento das experiências, outro segredo até então pouco conhecido – a produção de *ouro branco*, como a porcelana era conhecida à época. Tais declarações intrigaram Augusto, que havia se apaixonado pela substância, cuja descoberta remonta à Dinastia Tang, no século VIII, na China (a expressão em inglês *china*, usada como sinônimo de porcelana, relaciona-se com o local de origem, em termos históricos, desse material). Como todas as tentativas europeias de reproduzir o processo chinês fracassaram, o rei decidiu dar a Böttger uma chance de mostrar o que ele podia fazer. Para garantir que ele não era vítima de um estratagema, Augusto designou Ehrenfried Walther von Tschirnhaus, o principal cientista saxão da época, para supervisionar o projeto.

Tschirnhaus trabalhara com Newton e Boyle; ele próprio fora cativado pela perspectiva de fazer porcelana. Ao contrário da cerâmica europeia, a porcelana era branca, translúcida e não porosa. Introduzida na Europa por Marco Polo, tal substância, semelhante ao vidro, foi chamada de "porcelana" do antigo italiano *porcellana*, nome dado a um tipo de caracol marinho, cuja concha é lisa e brilhante. Supunha-se que, como toda cerâmica, a produção de porcelana envolvia submeter a argila ao calor. Mas o tipo de argila, a temperatura necessária e quaisquer outros componentes que pudessem ser úteis para a produção daquele material eram um mistério para os ceramistas europeus.

Em seus experimentos alquímicos, Böttger utilizara cadinhos feitos de grés especialmente duráveis. Assim, notou que, quando aquecia certos minerais neles, os próprios cadinhos desenvolviam um brilho esbranquiçado. De fato, foi provavelmente tais observações que despertaram a ideia de tentar produzir porcelana. Tschirnhaus tentou descobrir o segredo da porcelana derretendo uma amostra chinesa para ver quais seriam seus componentes. Para obter a alta temperatura necessária, empregou uma série de lentes, que focavam a luz do Sol na amostra; aprendera a polir e cortar lentes com ninguém menos que Christian Huygens, o polímata holandês que revolucionou a fabricação de telescópios.

Böttger e Tschirnhaus, então, aqueceram diferentes tipos de argila a temperaturas nunca antes alcançadas pelos fornos europeus e adicionaram várias substâncias ao material aquecido, denominadas *fundentes*, promovendo dessa forma a fusão. Por fim, localizaram um tipo de argila chamada caulinita, batizada dessa forma em homenagem a Gaoling, região da China onde foi originalmente encontrada – quando misturada com alabastro (sulfato de cálcio), na função de fundente, produzia um material duro semelhante à porcelana. Devido às impurezas de ferro, era avermelhado e viria a ser conhecido como *grés Böttger*. O sucesso finalmente veio quando pasta de caulinita, quartzo (dióxido de silício) e um fundente de feldspato (mineral de silicato de alumínio e potássio) foram despejados em um molde e queimados – primeiro, em temperatura mais baixa e depois, muito alta. Augusto entusiasmou-se com tais resultados e montou uma fábrica na cidade de Meissen para produzir as primeiras estatuetas e louças de porcelana europeias, comparáveis às importações chinesas.

O rei acumulou uma coleção de cerca de 30 mil peças *Meissen*, bem como de porcelana chinesa – mais ou menos oito mil delas sobreviveram e encontram-se em exposição no museu Zwinger, em Dresden. Algumas peças Meissen são muito valiosas: um bule de chá que pertenceu à Princesa Sophia de Hanover, mãe do Rei George I da Inglaterra, está avaliado em mais de US$ 320 mil. Lamentavelmente, Friedrich Böttger nunca viu os lucros de seu trabalho. Embora Augusto tenha concedido sua liberdade, com a condição de que ele nunca revelasse o segredo da porcelana, morreu endividado aos 37 anos, provavelmente envenenado por todas as toxinas que inalou em sua busca por riquezas. Da próxima vez que você servir o jantar em um prato de porcelana, ou se maravilhar com suas miniaturas Lladró, Royal Doulton, Herend, Royal Dux ou, se tiver sorte, Meissen, pense em Böttger, o larápio ocultista cujos experimentos alquímicos resultaram na solução de um mistério: o *ouro branco*.

Chumbo – é realmente tóxico

O médico francês Louis Tanquerel des Planches fez uma observação interessante no início do século XIX. Oficiais da marinha em alguns navios se queixavam de dores musculares e cólicas abdominais, enquanto marinheiros comuns pareciam ser poupados dessa aflição. Descobriu-se que as cabines dos oficiais eram pintadas rotineiramente, mas os alojamentos dos marinheiros não. A tinta branca à época era, geralmente, produzida com óleo de linhaça e carbonato de chumbo. Assim, os oficiais apresentavam os sintomas de envenenamento por chumbo.

Foi possível para Des Planches fazer essa conexão porque havia notado sintomas semelhantes em vários de seus pacientes no Hôpital de la Charité, em Paris. Uma característica comum entre todos eles era sua exposição, de alguma forma, ao chumbo – por meio de tintas, cosméticos, alimentos, bebidas ou trabalho. O carbonato de chumbo era usado por mulheres da nobreza para dar ao rosto uma aparência pálida, os doces por vezes eram coloridos com cromato de chumbo e as bebidas, consumidas em canecas de estanho. Canos de água e esgoto de chumbo eram os mais comuns, expondo os trabalhadores a esse metal durante sua fabricação.

Des Planches juntou tudo e, em 1839, lançou um tratado clássico a respeito da *Doença Saturnina*, como denominava o envenenamento por chumbo. Tal expressão vinha de um nome: Saturno, antigo deus romano, divindade demoníaca e irascível. Irritação do intestino, condição que afligia muitos romanos, era chamada de *gota saturnina*. A causa dessa moléstia, provavelmente, foi o envenenamento por chumbo, já que os romanos usavam canos e louças desse metal. De fato, Vitrúvio, o engenheiro de Júlio César, fez a seguinte observação: "A água é mais saudável em canos de barro que em canos de chumbo", um alerta contra o uso do chumbo em tais aplicações. Hipócrates, igualmente, já havia observado o envenenamento por chumbo entre mineiros, e Dioscórides, um médico grego empregado pelo Exército romano, escreveu que o chumbo faz "a mente ruir", uma observação que se encaixa com o entendimento atual de que a toxicidade do chumbo afeta o cérebro.

O chumbo pode até ter sido a razão pela qual a mente de Van Gogh "ruiu". Não há dúvida de que o artista sofria de problemas psiquiátricos e também apreciava utilizar cromato de chumbo amarelo, como em seus célebres girassóis. Ele frequentemente lambia seus pincéis para alisar os pelos. Outros casos de problemas mentais atribuídos à toxicidade do chumbo surgem ao longo da história. No século XVIII, a cólica de Devonshire,* na Inglaterra, provavelmente foi causada pela ingestão de sidra feita em prensas revestidas com chumbo. Beethoven pode ter sofrido de envenenamento por chumbo ao beber vinho barato, adoçado ilegalmente com acetato de chumbo. Portanto, não existem dúvidas – quando o chumbo tetraetila (TEL) começou a ser adicionado à gasolina, em plena década de 1920, a toxicidade do chumbo era bem conhecida.

Os primeiros motores a gasolina tinham um problema – "batiam" devido à queima irregular do combustível no cilindro. Como isso reduzia a potência, imediatamente se iniciou uma busca pela solução. Thomas Midgley, engenheiro da General Motors, tentou cânfora, acetato de etila, cloreto de alumínio, iodo, etanol e até manteiga derretida como aditivos "antidetonantes" para gasolina. O etanol funcionou bem, mas não pôde ser patenteado; portanto, a GM não estava interessada. Por outro lado, as empresas de petróleo estavam preocupadas com essa possibilidade, pois adicionar etanol à gasolina levaria à redução da necessidade de petróleo.

Midgley persistiu em suas pesquisas e finalmente surgiu com o chumbo tetraetila, substância descoberta em 1854. Ele prevenia admiravelmente as "batidas" do motor. Tal descoberta interessou a GM, mas havia a questão espinhosa da toxicidade. Diante de um grupo de repórteres céticos em uma entrevista coletiva, Midgley tentou acalmar as preocupações lavando as mãos em uma solução de chumbo tetraetila. Uma demonstração curiosa, dado que ele próprio havia passado vários meses se recuperando de sintomas que lembravam envenenamento por chumbo. Na mesma semana em que Midgley realizou sua infame lavagem de mãos, cinco trabalhadores morreram na fábrica da Standard Oil, onde o chumbo tetraetila fora produzido. Também houve relatos de trabalhadores alucinando, enquanto um dos prédios onde pesquisadores realizavam experiências com chumbo tetraetila veio a ser conhecido como "prédio do gás maluco". Em uma fábrica para produção de tetraetila em Nova Jersey, os trabalhadores passaram a ter alucinações com insetos, e a instalação foi chamada "casa das borboletas".

---

* N.T.: Trata-se de um mal que afetou inúmeras pessoas no condado de Devon, durante parte dos séculos XVII e XVIII, até ser diagnosticado como envenenamento por chumbo.

A controvérsia da gasolina com chumbo levou o governo a organizar uma conferência na qual o vice-presidente da Ethyl Corporation, que havia sido formada para produzir o aditivo, referiu-se ao chumbo tetraetila como "uma dádiva de Deus". Alice Hamilton, a maior autoridade do país em chumbo, argumentou que o diabo seria um proponente mais provável, alegando que "onde há chumbo, mais cedo ou mais tarde surgem casos de envenenamento por chumbo".

Instituições reguladoras ficaram do lado da indústria, alegando que chumbo em níveis baixos poderia ser tolerado e, em meados da década de 1920, gasolina com chumbo se tornou o principal combustível para automóveis. No entanto, a pesquisa sobre possíveis efeitos tóxicos continuou, e, na década de 1970, estudos mostraram que os níveis médios de chumbo no sangue aumentaram acentuadamente – especialmente em crianças – e que pessoas cujas residências estavam localizadas próximas às rodovias possuíam níveis ainda mais altos. Alguns cientistas chegaram a associar o aumento das taxas de criminalidade à gasolina com chumbo.

A eliminação gradual do chumbo na gasolina começou, finalmente, nos anos 1970, embora não tenha sido devido ao envenenamento das pessoas. Os envenenados foram os conversores catalíticos. Tais dispositivos surgiram para atender controles mais rigorosos no que dizia respeito à emissão de gases, mas os catalisadores não resistiram ao chumbo. Tal fato, juntamente com as crescentes preocupações sobre toxicidade, resultou na proibição do chumbo tetraetila na década de 1990, substituído por etanol e outros aditivos posteriormente desenvolvidos

Quando o chumbo tetraetila foi removido, algumas pessoas chegaram a protestar: argumentavam que a gasolina reformulada era menos potente e queriam a antiga variedade "com chumbo" de volta. Isso até levou a expressão "com chumbo" a associações com "poderoso" como significado; pois chegou a ser usada como gíria para café escuro e forte. "Não quero nada que seja como esse descafeinado anêmico e sem chumbo", alguns diriam, "dê-me o tipo robusto, 'com chumbo'". Tal utilização até gerou uma empresa chamada Leaded Coffee.*

---

* N.T.: A tradução, neste caso, seria literalmente "Café Chumbado".

Quando um estudo de 2021 documentou a associação entre o consumo de café escuro e o risco reduzido de insuficiência cardíaca, muitas reportagens da mídia começaram com "o ato de beber uma ou mais xícaras de café puro 'com chumbo' por dia pode estar associado a risco reduzido de insuficiência cardíaca a longo prazo". Não se preocupe, é apenas uma expressão – não há chumbo adicionado ao café.

Ah, aquele cheiro de livro velho!

"Adoro o cheiro de tinta de livro pela manhã", afirmava o filósofo e romancista italiano Umberto Eco, que, com toda certeza, conhecia algumas coisas a respeito de livros. Não apenas devido ao fato de ele ter escrito mais de 50, mas também porque em um deles – aliás, uma das obras mais célebres do autor –, *O nome da rosa*, o livro ocupa papel central. Trata-se da arma de um assassinato.

Nesse romance de mistério medieval, um monge fica perturbado com a suspeita de que alguns de seus colegas no monastério estejam lendo um texto antigo de Aristóteles, que ele acredita minar a fé em Deus. Tal fato, em sua concepção, constitui um crime punível com a morte. Conhecendo o hábito de umedecer os dedos para virar as páginas, o monge assassino impregna as páginas do livro com arsênico e despacha com sucesso aqueles que, aos seus olhos, são "hereges". Um frade franciscano, William de Baskerville (Eco é obviamente fã de Sherlock Holmes), expõe o assassino e tal revelação resulta no suicídio do vilão, que consome as páginas envenenadas do livro.

Poderia tal caso de "assassinato por livro" de fato ocorrer? Realmente, não é tão absurdo quanto parece, já que os compostos de arsênico podem ser tóxicos mesmo em níveis muito baixos. Embora *O nome da rosa* seja totalmente fictício, um bibliotecário pesquisador na Universidade do Sul da Dinamarca – com a ajuda de outro pesquisador, professor de Química – deparou-se com quantidades significativas de arsênico nas capas de três livros datados dos séculos XVI e XVII. Parte da tipografia desses livros estava obscurecida por misteriosas manchas de cor verde; na tentativa de ler o que estava escrito, tais tomos foram submetidos a uma análise por raios X. Surpreendentemente, esse processo revelou que o pigmento verde era acetoarsenito de cobre, também conhecido como verde-paris.

É possível que o arsênico tenha sido usado para contaminar esses livros, de forma semelhante ao que o monge louco de Eco fez? Embora isso não possa ser totalmente descartado, é muito mais provável que o composto de arsênico tenha sido empregado em alguma data posterior para proteger os livros contra insetos e traças. O verde-paris, que deriva seu nome dos esforços para acabar com os ratos que infestavam os esgotos de Paris, foi amplamente usado como pesticida até o século XX. Poderia ter sido adicionado às capas de livros para impedir que insetos e roedores se alimentassem delas. As plantas certamente estão no menu de pragas; como o papel é feito de papiro, linho, bambu, algodão ou árvores então, no que diz respeito aos insetos, qualquer cheiro de papel pode ser semelhante a tocar o sino do jantar.

Qualquer pessoa que tenha perambulado por sebos ou aberto um livro recém-impresso atestará que livros têm cheiro característico. Até o século XIX, o papel era feito principalmente de fibras de linho ou algodão, compostas essencialmente de celulose. Com o tempo e a exposição ao ar, principalmente se este contiver traços de ácidos, a celulose pode sofrer uma série de reações químicas que levam à liberação de diversos ácidos graxos, álcoois e aldeídos, todos com odores distintos. Esses cheiros, juntamente com aqueles liberados por fungos, como a fragrância de mofo do tricloroanisol, contribuem para o "cheiro de livro velho". O furfural, produzido pela decomposição da celulose, adiciona uma fragrância semelhante àquela da amêndoa e, curiosamente, pode ser usado para determinar a idade de um livro. Trata-se de uma substância encontrada em concentrações mais altas nos livros publicados após meados de 1800, quando a polpa das árvores substituiu o papel de algodão ou linho.

A pasta de celulose é basicamente celulose pura – como algodão ou linho, aliás –, mas também leva em sua composição lignina, um polímero fenólico reticulado complexo, que se decompõe para produzir uma série de compostos com vanilina; um deles, o odor característico de baunilha. Como a lignina também libera ácidos, ela aumentará a quantidade de furfural que se forma a partir da celulose, razão pela qual a quantidade de furfural detectada pode ser útil para determinar se determinado livro foi impresso antes ou depois da introdução da pasta de celulose. O papel feito dessa pasta teve seu conteúdo de furfural bastante ampliado, especialmente após a aplicação de um combinado de colofônia – resina obtida de pinheiros – e sulfato de alumínio; essas substâncias são empregadas para reduzir a absorção e minimizar o sangramento das tintas. Mas tal prática torna o papel mais ácido, levando à degradação aprimorada da celulose e ao aumento da formação de furfural.

O papel moderno utiliza principalmente pasta de celulose, da qual a lignina foi removida por um processo químico – exceto nas variedades mais baratas, como o papel-jornal, que consequentemente se degradará e amarelará mais rápido. Papéis sem lignina têm menos produtos de degradação, mas a polpação química utiliza bissulfito de sódio, com a possibilidade de liberação dos compostos derivados de enxofre, malcheirosos. Depois, há as colas usadas na encadernação, sendo o copolímero de acetato de vinila-etileno uma delas, o dímero de alquil ceteno para evitar a absorção de água e agentes de branqueamento, como peróxido de hidrogênio ou dióxido de cloro. Adicione a isso os solventes para tinta e temos a cacofonia de compostos que compõem o "cheiro de livro novo". Esse é o odor do qual algumas pessoas sentem falta quando leem livros eletrônicos. Claro que alguns inventores se destacaram, produzindo uma série de velas e sprays que imitam o "cheiro de livro". Assim, leitores de Kindle podem se deliciar com a fragrância *odeur de livre*, enquanto tentam seguir o enredo complexo de *O nome da rosa*. E, claro, não precisam se preocupar com qualquer possível exposição a venenos "ao virar das páginas".

As raízes do vinho francês

Parece que sapos e galinhas não tinham muito apetite por pulgões, pequenos insetos que sugam a seiva rica em nutrientes das plantas e são a ruína dos horticultores. Quando *Phylloxera vastatrix*, uma espécie de pulgão, passou a infestar os vinhedos franceses na última metade do século XIX, alguns vinicultores desesperados posicionaram sapos debaixo das videiras, esperando que essas criaturas se alimentassem dos pequenos insetos que ameaçavam destruir a indústria do vinho. Outros deixaram as galinhas vagarem pelo vinhedo, pensando que elas bicariam os insetos. Nenhuma das abordagens funcionou. Tais insetos também desafiaram os pesticidas disponíveis na época. Finalmente, Leo Laliman e Gaston Bazille, produtores de vinho franceses, encontraram uma solução para a infestação da filoxera e colocaram os vinhos franceses de volta nas mesas francesas, para alívio da população.

Ambos estavam familiarizados com os relatos de fracasso dos colonos franceses na América em cultivar as videiras que trouxeram da Europa. Os colonos não sabiam por que as videiras não prosperavam, mas notaram que não havia problema em cultivar uvas nativas americanas e mudaram para elas, embora a contragosto, pois acreditavam que as uvas francesas produziam vinhos melhores. Uma possível explicação para o fracasso das videiras francesas em se desenvolver na América surgiu em 1870, quando o entomologista americano Charles Valentine Riley confirmou que o pulgão filoxera destruía as raízes das videiras ao injetar certo tipo de veneno, que lhes permitia se banquetearem com a seiva.

Uma possibilidade: levando em conta o fato dos pulgões filoxera não serem nativos da Europa, seria o caso de os porta-enxertos americanos terem desenvolvido resistência ao veneno do inseto, mas não as videiras francesas? Laliman e Bazille, então, tiveram uma ideia: importar porta-enxertos americanos e enxertar brotos de videiras francesas neles. Essa tática funcionou. Os brotos cresceram e se desenvolveram, tornando-se videiras, que produziram as uvas desejadas. Embora as raízes americanas tenham salvado a indústria vinícola francesa, houve alguma justiça poética aqui, já que essa importação de plantas americanas acidentalmente introduziu a filoxera na Europa em primeiro lugar.

A filoxera não foi o único problema introduzido pelos espécimes botânicos americanos. Vários fungos com a capacidade de causar doenças em plantas também cruzaram o oceano. Um deles foi o míldio, um fungo que atrofia o crescimento das plantas. A região de Bordeaux, na França, foi particularmente afetada; assim, os vinicultores buscaram ajuda do professor de Botânica da Universidade de Bordeaux Pierre-Marie-Alexis Millardet. Enquanto caminhava pelos vinhedos, o professor fez uma descoberta interessante: as videiras que margeavam a propriedade, perto das estradas, não apresentavam mofo, embora outras vinhas tivessem sido afetadas. Ao questionar os produtores, descobriu que tinham problemas com transeuntes servindo-se das uvas. As perdas foram bastante significativas – o suficiente para que medidas fossem tomadas, materializadas na pulverização das videiras com uma mistura de sulfato de cobre e cal (hidróxido de cálcio). Tal processo resultava em um precipitado de hidróxido de cobre, que conferia sabor amargo às uvas além de ter uma cor verde pouco apetitosa. Millardet se perguntou se essa também seria a razão da falta de mofo nessas plantas. Testes logo revelaram que tal combinação de produtos químicos impedia a germinação de esporos de fungos e que a pulverização com essa "mistura de Bordeaux" prevenia a doença fúngica. Os paladares franceses ficaram muito gratos pelas investigações de Millardet a partir dos esforços feitos pelos vinicultores para deter os ladrões de uvas.

Nem todos os fungos são detestados pelos produtores de vinho. O *Botrytis cinerea*, mais conhecido como "podridão nobre", é bem-vindo por produtores de vinhos de sobremesa como o *Sauternes* de Bordeaux, alguns *Rieslings* na Alemanha e, talvez o mais famoso, *Tokaji Aszú* da Hungria. Uvas infectadas com esse fungo desidratam e murcham, o que significa que cerca de um quilo de uvas é necessário para produzir alguns mililitros de suco. Como o fungo não afeta o teor de açúcar, o vinho resultante é muito doce. Não é apenas a doçura que é valorizada, mas também o sabor, para o qual tal fungo contribui consideravelmente – especialmente por causa de compostos como o fenilacetaldeído, produzido por ele.

O surgimento do *Botrytis* requer condições climáticas e de solo muito especiais para prosperar e, além disso, como nem todas as uvas são afetadas, as murchas precisam ser colhidas manualmente. Por conta desses fatores, os vinhos produzidos graças a tal fungo são caros – um deles é *Essencia*, safra 2008, da região de Tokaj na Hungria. Esse vinho, fermentado por cerca de oito anos, tornou-se o mais caro do mundo. É vendido por espantosos US$ 40.000 por garrafa. Tal joia deve ser apreciada pelos enófilos apenas uma colherada por vez e, de acordo com alguns, de joelhos, para prestar, de forma apropriada, homenagem à sua incrível qualidade, que, consta, será mantida sem alterações por 200 anos. Talvez por volta do ano 2200, alguém inteligente consiga comentar algo a respeito disso, após colocar tal afirmação à prova.

Embora eu não tenha tido acesso a essa experiência sagrada, visitei Tokaj e provei o menos exaltado, mas ainda mundialmente famoso, *Tokaji Aszú*, também feito com uvas nobremente podres, que dizem ter sido chamado de vinho dos reis e rei dos vinhos por ninguém menos que Luís XIV. Para ser honesto, não foi esse motivo que me levou a provar uma garrafa em Tokay. Foi porque Sherlock Holmes certa vez ofereceu uma taça a Watson, dizendo: "Um vinho notável, Watson. Tenho certeza de que é da adega especial de Franz Joseph no Palácio de Schonbrunn". Se Holmes recomendou, deveria ser bom o suficiente para mim. Como se isso não fosse motivação suficiente, eu também sabia que, no livro *O fantasma da ópera*, o Fantasma oferece a Christine uma taça de *Tokaji* em sua visita ao seu covil, localizado debaixo da Ópera de Paris.

E como era o sabor do *Tokaji Aszú*? Posso dizer que foi um complemento delicioso para *paprikash* de vitela e *langos* que nos serviram. Abençoado seja o fungo.

Vamos jogar xadrez

Conheci o gambito da rainha muito antes da minissérie da Netflix com esse nome se tornar extremamente popular. Em 1955, na Hungria, então solidamente atrás da Cortina de Ferro, tínhamos aulas de xadrez em sala de aula. Os soviéticos acreditavam que a proficiência no jogo de tabuleiro mais popular do mundo poderia ser usada para demonstrar a superioridade intelectual do comunismo. Claro, no terceiro ano, eu não sabia nada sobre a Guerra Fria e apenas apreciava aprender como jogar. Depois de vir para o Canadá, meu interesse aumentou, pois ler publicações sobre xadrez não exigia conhecimento de inglês.

Não demorou muito para aprender o idioma; logo, mergulhei na leitura a respeito de um jovem fenômeno no mundo do xadrez que havia vencido o campeonato dos EUA em 1958 com a idade notavelmente precoce de 15 anos. Bobby Fischer repetiria essa performance mais sete vezes. Fiquei muito feliz quando soube que ele viria a Montreal em 1964 para jogar em uma exibição simultânea contra 56 especialistas na Sir George Williams University – na atualidade Concordia University. Eu estava lá para vê-lo derrotar 48 oponentes, empatar com 7 e perder para apenas um. No dia seguinte, na Biblioteca Pública Judaica, ele derrotou todos os 10 oponentes em outra brilhante exibição de xadrez simultâneo. Fischer parecia afável, espirituoso e tinha um senso de humor seco. Eu gostava dele.

Não ouvi muito mais sobre Bobby até um agitado fim de semana em setembro de 1972, embora mais tarde soube que ele havia aparecido em programas de entrevistas nos EUA criticando os soviéticos por fraudar torneios; declarara sem rodeios que estava pronto para participar do Campeonato Mundial de Xadrez. E como participou. Nas preliminares, Bobby derrotou dois grandes concorrentes com pontuações sem precedentes, de 6-0, obtendo assim o direito de jogar contra o então campeão, Boris Spassky, em Reykjavík, Islândia.

A perspectiva dessa partida no auge da Guerra Fria foi retratada como um confronto intelectual entre "comunistas" e "mundo livre". Pela primeira vez, uma partida de xadrez seria televisionada ao vivo. A febre do xadrez nos EUA disparou. Infelizmente, houve controvérsia desde o início, com Fischer recusando-se a aparecer em Reykjavík para a partida de abertura a menos que o prêmio em dinheiro fosse ampliado. Quando finalmente chegou, após um apelo patriótico de Henry Kissinger, ele reclamou que os espectadores estavam muito próximos, e as câmeras de televisão faziam muito barulho. Não jogaria a menos que a situação fosse remediada. Os organizadores finalmente cederam às exigências e as partidas foram disputadas em uma sala sem espectadores e equipada apenas com câmeras de circuito fechado.

Naquela que veio a ser chamado de "Partida do Século", Fischer derrotou Spassky, encerrando 24 anos de dominação soviética, tornando-se um herói para os americanos e para mim também. Li ansiosamente os relatórios da partida e fiquei exultante quando Spassky abandonou o jogo final no primeiro dia de setembro. Minha felicidade não duraria muito: no dia seguinte eu estava no Fórum de Montreal para assistir aos "amadores" soviéticos do hóquei demolirem os "profissionais" canadenses no primeiro jogo de outra "Partida do Século".

Ter seus heróis derrubados de um pedestal é muito perturbador. Enquanto os jogadores profissionais canadenses retornaram para derrotar os soviéticos no hóquei, Bobby Fischer logo começaria a oscilar em seu pedestal. Em 1975, ele deveria defender seu título contra a jovem sensação soviética, Anatoly Karpov, mas não foi o que aconteceu. Desta vez, a Federação Internacional de Xadrez não atendeu às crescentes e ultrajantes exigências de Fischer, que foi forçado a abdicar do título. Ele então desapareceu da vista do público até 1992, quando emergiu da reclusão para uma revanche com Boris Spassky na Iugoslávia, partida que ele venceu novamente. A essa altura, porém, a imprensa estava relatando as excentricidades e paranoias de Fischer. Ele acreditava que os aparelhos de televisão emitiam radiação perigosa, que os soviéticos tramavam para envenená-lo e que monitoravam suas atividades, utilizando sinais de rádio refletidos a partir de suas obturações dentárias. Por isso, removeu todas as obturações. Bobby se juntou à Worldwide Church of God (Igreja Mundial de Deus), cujo líder, Herbert Armstrong, profetizou que o mundo logo chegaria ao fim. Quando isso não se cumpriu, Bobby deixou a igreja e a atacou vigorosamente por ser "satânica".

Foi depois da partida de 1992 que Fischer não só cambaleou e caiu, figurativamente, do seu pedestal – ele desabou completamente. Os EUA haviam proibido a condução de qualquer tipo de atividade comercial na Iugoslávia por conta da guerra que ela travava contra a Bósnia e avisaram Fischer que se ele jogasse contra Spassky, seria preso se retornasse à sua terra natal. Conforme registrado pelas câmeras de televisão, ele cuspiu na carta, iniciando uma cruzada de ódio contra os EUA e, particularmente, contra os judeus, que, segundo suas afirmações, governavam e arruinavam o país. Bobby Fischer se tornou um antissemita furioso, apesar de tanto sua mãe quanto seu pai biológico serem judeus. Ele aplaudiu o ataque de 11 de setembro às Torres Gêmeas, solicitou o fechamento de sinagogas e a "execução de centenas de milhares de líderes judeus".

Banido dos EUA, viveu por um tempo nas Filipinas, Hungria e Japão. Em 2004, foi detido no Japão por tentar deixar o país com um passaporte dos EUA que fora revogado. A comunidade de xadrez islandesa veio em seu socorro, pedindo ao governo da Islândia que lhe concedesse asilo e cidadania, o que foi feito. Fischer viveu na Islândia até sua morte por doença renal em 2008, retirando-se do xadrez, mas não deixando de lado seus discursos lunáticos contra os judeus e os EUA. Sua condição mental foi discutida na literatura médica, mas como Fischer nunca teve avaliação formal feita por um psiquiatra, apenas poderiam ser propostas teorias, sendo transtorno de personalidade paranoide aquela que prevaleceu.

Bobby Fischer morreu sem testamento, deixando seus sobrinhos americanos; a esposa japonesa, Miyoko Watai; e Marylin Young, uma mulher filipina que alegou que Fischer era o pai de sua filha Jinky. Todos lutaram pela herança do enxadrista, avaliada em cerca de US$ 2 milhões. Uma petição de Young para que o corpo de Fischer fosse exumado foi aceita pela Islândia, mas a análise das amostras de DNA descartou que Fischer fosse o pai de Jinky. Um tribunal concluiu que Miyoko Watai, uma farmacêutica e presidente da Japan Chess Association, havia de fato se casado com o Fischer em 2004 no Japão e, portanto, tinha direito a herdar seus bens.

Bobby Fischer deixou um legado enigmático. Foi, sem dúvida, um dos jogadores de xadrez mais brilhantes de todos os tempos, mas suas realizações serão para sempre obscurecidas por sua descida ao abismo da paranoia racista.

Mas devemos voltar para aquelas aulas de xadrez que os soviéticos tornaram parte do currículo do ensino fundamental. Talvez eles estivessem realmente no caminho certo. Vários estudos desde a década de 1970 demonstraram que o xadrez aprimora o pensamento crítico e a criatividade. Dado o número de pessoas, nos dias de hoje, que alimentam crenças como a da Terra ser plana, das vacinas conterem microchips, do pouso na Lua ter sido uma falsificação, das varetas de radiestesia serem capazes de detectar água ou de colheres de metal dobradas pelo poder da mente, precisamos muito de pensamento crítico.

O pensamento crítico envolve chegar a conclusões a respeito de uma questão ou problema com base na interpretação adequada das observações, na diferenciação entre fatos e falácias, na consciência das leis da natureza e na familiaridade com exposições anteriores ao assunto. Como o xadrez pode ajudar nesse sentido? Pensemos nisso. O xadrez é essencialmente um jogo baseado na identificação de um problema e na tentativa de resolvê-lo dentro de um conjunto definido de regras. Tal jogo envolve aprender com especialistas e com os próprios erros e analisar os possíveis resultados de cada movimento. Isso é pensamento crítico. Mas há alguma evidência científica de que o xadrez possa promover esse tipo de pensamento? Sim, há.

Avaliar o pensamento crítico não é fácil, mas existem testes úteis, como o desenvolvido inicialmente pelos psicólogos Goodwin Watson e Edward Glaser em 1925, que passou por inúmeras revisões subsequentes. Utilizando um formato de múltipla escolha, os testes Watson-Glaser foram projetados para medir a capacidade de retirar inferências dos dados, reconhecer a validade de uma suposição e determinar se determinada conclusão pode ser logicamente tirada de um argumento. Em um estudo clássico, realizado no início dos anos 1980 em uma escola secundária da Pensilvânia, alunos matriculados em uma aula semanal de xadrez melhoraram suas pontuações nos testes de forma significativa quando comparados ao grupo de controle, também formado por estudantes.

Um estudo canadense de 1992, em uma escola primária de New Brunswick, comparou estudantes que aprenderam matemática da maneira tradicional com aqueles cujo curso de matemática foi enriquecido com xadrez. Tais alunos tiveram desempenho significativamente melhor em testes de resolução de problemas. Os benefícios do xadrez não se limitam a jovens estudantes. Um estudo de 2021 feito com idosos na Espanha mostrou que duas sessões de treino em xadrez por semana, com duração de 60 minutos cada, resultaram em melhor cognição dos jogadores, quando comparado a um grupo de controle, e os participantes até alegaram uma melhora na qualidade de vida. Não há desvantagens em jogar xadrez.

Chegou o momento de montar o tabuleiro. Mas não exatamente do jeito que eu fazia na escola primária. Os tempos mudaram – atualmente, jogo on-line com meu neto que está do outro lado do mundo. Talvez eu tente o gambito da rainha.

O autor

Joe Schwarcz é diretor do Centro de Ciência e Sociedade da Universidade McGill, cuja missão é separar aquilo que faz sentido daquilo que não faz. Também apresenta um programa de rádio, faz aparições na televisão e escreve colunas regulares para jornais. Além disso, é mágico amador e fã de Sherlock Holmes. Vive em Montreal, Quebec.

GRÁFICA PAYM
Tel. [11] 4392-3344
paym@graficapaym.com.br